高等学校地图学与地理信息系统系列教材

地理信息系统基础与地质应用

The GIS Foundation and Geologic Applications

主　编　贺金鑫
副主编　赵庆英　路来君　王明常
参　编　刘世翔　张天宇　梦　华　梁晓军

图书在版编目(CIP)数据

地理信息系统基础与地质应用/贺金鑫主编．—武汉：武汉大学出版社，2015.7(2024.6 重印)

高等学校地图学与地理信息系统系列教材

ISBN 978-7-307-15818-4

Ⅰ.地…　Ⅱ.贺…　Ⅲ.地理信息系统—应用—地质学—高等学校—教材　Ⅳ.P53-39

中国版本图书馆 CIP 数据核字(2015)第 103143 号

责任编辑：鲍　玲　　责任校对：汪欣怡　　版式设计：马　佳

出版发行：**武汉大学出版社**　(430072　武昌　珞珈山)

(电子邮箱：cbs22@whu.edu.cn 网址：www.wdp.com.cn)

印刷：湖北云景数字印刷有限公司

开本：787×1092　1/16　印张：16　字数：380 千字

版次：2015 年 7 月第 1 版　　2024 年 6 月第 2 次印刷

ISBN 978-7-307-15818-4　　定价：49.00 元

前　　言

地理信息系统（Geographic Information Systems，GIS）是在计算机硬、软件系统及网络环境支持下，对整个或部分地球表层（包括大气层）空间中的有关地理分布数据进行采集、存储、管理、运算、分析、显示和描述的技术系统。GIS 现已被广泛应用到测绘制图、地质矿产、环境保护、灾害救援、经济决策等社会生活中的诸多领域中。

以地质行业为例，近年来 GIS 在数字地质填图、矿产资源潜力评价、地质灾害监测预警等许多方面均发挥了十分重要的作用。与此同时，与 GIS 相关专业的本科生及研究生课程也逐渐被地质专业师生所重视。

因此，为真正满足地质专业师生的实际需要，本教材主要涵盖了“基础篇”、“应用篇”两大部分内容，并将 GIS 在地质中的具体应用作为重点。其中，基础篇包括 GIS 概述、地理空间数学基础、矢量数据处理与分析、栅格数据处理与分析、空间数据库、GIS 高级话题等 GIS 基本原理、方法方面的内容；应用篇包括 MapGIS 上机实践、数字地质填图工作方法、ArcGIS 上机实践、GIS 工程设计与开发等一些在实际的地质工作中，与 GIS 软件操作相关的内容。

本教材的基础篇，尤其是关于空间数据结构、空间数据库、空间分析等部分内容，主要借鉴了汤国安教授、黄杏元教授、邬伦教授等国内 GIS 领域权威专家学者的经典著作，在此向以上老师致以崇高的敬意！此外，本教材的应用篇综合了 MapGIS、ArcGIS 等软件的官方帮助文档、中国地质调查局发展研究中心李超岭研究员等编制的数字地质填图工作指南及沈阳瑞拓科贸有限公司韩易彬经理提供的资料等。在此一并表示感谢！

鉴于本书作者水平有限，该教材难免存在不足之处，恳请广大读者批评指正。

贺金鑫

2015 年 3 月于长春

目　　录

基 础 篇

应 用 篇

基　础　篇

第一章　GIS 概述

本章主要介绍有关地理信息系统的应用领域、基本概念、发展历史、组成结构等入门内容。

第一节　GIS 的应用领域

在国民经济建设和社会发展以及人们日常生活所接触和利用的现实世界数据中，约有80%与地理位置和属性及其时空分布有关；而地理信息系统（Geographic Information Systems，GIS）的产生和发展，正在深刻改变着人类社会的生产和生活方式。GIS 的主要应用领域包括：测绘与地图制图、环境保护、资源管理、城乡规划、灾害监测预报、国防军事、社会宏观决策支持等。

一、测绘与地图制图

GIS 起源于计算机辅助制图（Computer Aided Design，CAD），GIS 与遥感（Remote Sensing，RS）、全球定位系统（Global Positioning System，GPS）等技术手段在测绘领域的广泛应用，为测绘与地图制图带来了一场革命性的变化：地图数据获取与成图的技术流程发生了根本性改变；地图的成图周期极大缩短；地图成图精度大幅度提高；地图的品种更加丰富。如图 1.1 所示，以谷歌地图（Google Map）为代表的数字地图、电子地图、网络地图等一批崭新的地图形式为广大用户带来了巨大的应用便利，标志着测绘与地图制图领域进入了一个全新的时代。

图 1.1　谷歌地图航拍图
（图片来源：http://image.baidu.com）

二、环境保护

基于 GIS 建立区域空气、水、土壤等环境指标的监测、分析及预报信息系统，为实现环境监测与管理的科学化、自动化提供最基本的条件；在区域环境质量现状评价过程中，利用 GIS 技术，能够实现对整个区域的环境质量进行客观、全面的评价，以反映出区域中受污染的程度以及空间、时间分布状态等信息。图 1.2 为 NASA（National Aeronautics and Space Administration，美国国家航空航天局）绘制的我国 2008—2010 年 PM2.5 分布图。

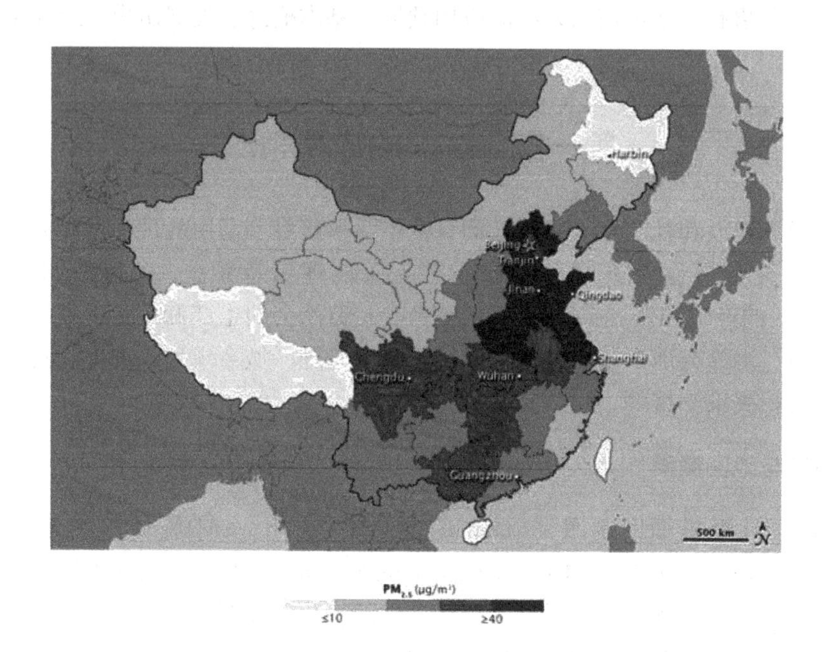

图 1.2　NASA 绘制的我国 PM2.5 分布图（2008—2010）

（图片来源：http://image.baidu.com）

三、资源管理

资源清查是 GIS 最基本的职能之一，这时系统的主要任务是将各种来源的数据汇集在一起，并通过系统的统计和分析功能，按多种边界和属性条件，提供区域多种条件组合形式的资源统计和原始数据的快速再现。如图 1.3 所示，矿产资源评价 GIS 是在矿产预测工作中，借助 GIS 的数据获取、管理、分析、模拟和展示空间相关的计算机系统功能，进行地质、矿产、物探、化探、遥感等信息的综合分析和自动化的矿产预测工作。另外，以土地利用 GIS 为例，可以输出不同土地利用类型的分布和面积，按不同高程带划分的土地利用类型，不同坡度区内的土地利用现状，以及不同时期的土地利用变化等，为资源的合理利用、开发和科学管理提供依据。

四、城乡规划

城市与区域规划中要处理许多不同性质和不同特点的问题，它涉及资源、环境、人

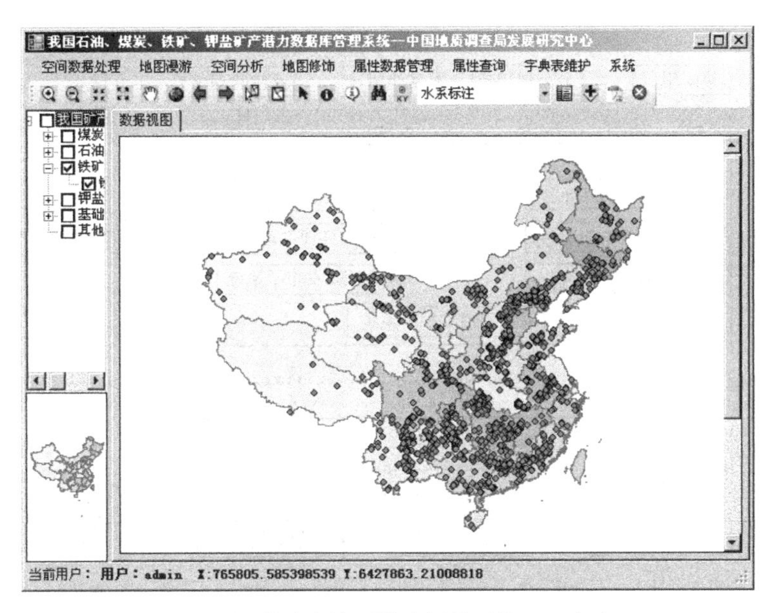

图 1.3　基于 GIS 的矿产资源潜力评价系统（王永志，2008）

口、交通、经济、教育、文化和金融等多个地理变量和海量数据。GIS 的数据库管理有利于将这些数据信息归并到统一系统中，然后进行城市与区域多目标的开发和规划，包括城镇总体规划、城市建设用地适宜性评价、环境质量评价、道路交通规划、公共设施配置以及城市环境的动态监测等。这些规划功能的实现，有 GIS 的空间搜索方法、多种信息的叠加处理和一系列分析软件予以保证。我国大城市数量居世界前列，根据加快中心城市的规划建设和加强城市建设决策科学化的要求，利用 GIS 作为城市规划、管理和分析的工具，具有十分重要的意义。如图 1.4 所示，以城市大比例尺地形图为基础图形数据，在此基础上综合叠加地下及地面的 8 大类管线（包括上水、污水、电力、通信、燃气、工程管线等）以及测量控制网、规划路等基础测绘信息，形成一个基于测绘数据的城市地下管线 GIS 系统。从而实现了对地下管线信息的全面、现代化管理，为城市规划设计与管理部门、市政工程设计与管理部门、城市交通部门与道路建设部门等提供地下管线的查询服务。

五、灾害监测预报

利用 GIS 并借助遥感遥测的数据，可以有效进行地震、泥石流、山体滑坡、森林火灾、农田受旱、洪水等多种灾情的监测和预警，能够为救灾抢险提供及时准确的信息。如图 1.5 所示，当 2008 年“5·12”汶川大地震、2010 年墨西哥湾漏油事件、2012 年北京暴雨内涝等发生后，GIS 技术在抢险救灾工作中均发挥了重要作用。

六、国防军事

现代战争的一个基本特点就是 3S 技术被广泛运用到从战略构思到战术安排的各个环节。它往往在一定程度上决定了战争的成败。如在海湾战争期间，美国国防制图局为了战

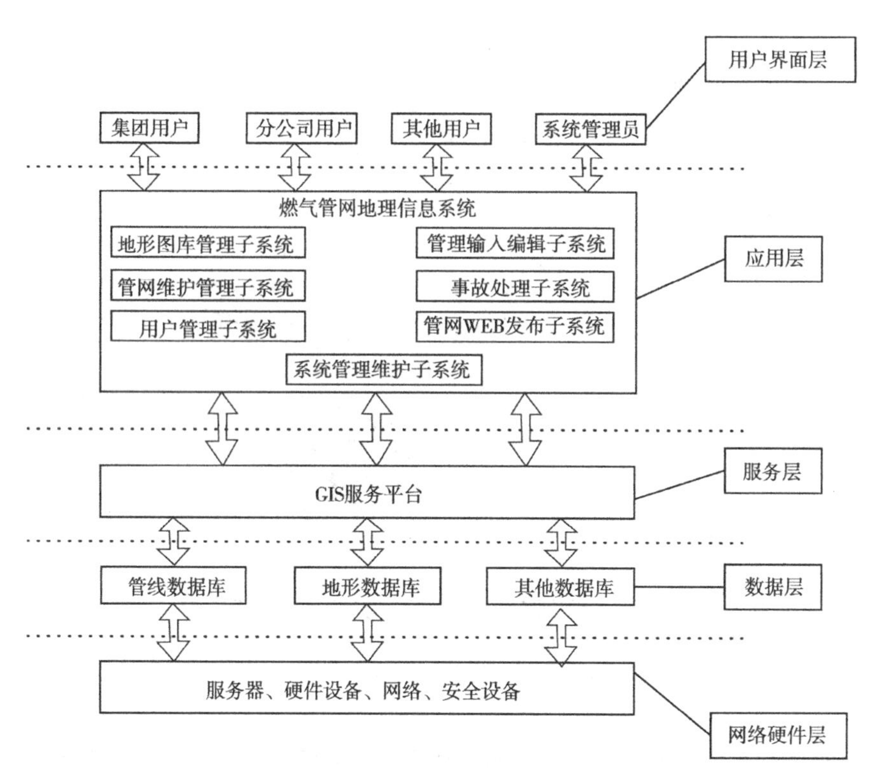

图 1.4　城市管网 GIS

(图片来源：http://image.baidu.com)

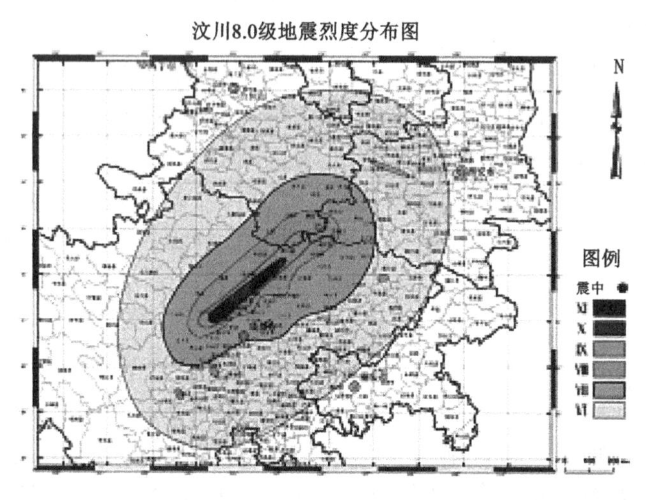

图 1.5　2008 年汶川 8.0 级地震烈度分布图

(图片来源：http://image.baidu.com)

争需要在工作站上建立了 GIS 与遥感的集成系统，它能利用自动影像匹配和自动目标识别技术，处理卫星和高空侦察机实时获取的战场数字影像，并及时地将反映战场现状的正射影像叠加到数字地图上，直接传送到海湾前线指挥部和五角大楼，为军事决策提供 24h 的实时服务。

七、社会宏观决策支持

GIS 利用数据库技术，通过一系列决策模型的构建和比较分析，为国家宏观决策提供依据。例如，系统支持下的土地承载力的研究，可以解决土地资源与人口容量的规划。在对三峡地区的研究中，通过利用 GIS 等技术方法建立环境监测系统，为三峡工程宏观决策提供了建库前后环境变化速度和演变趋势等可靠的数据。

总之，GIS 正逐渐成为国民经济各相关领域中必不可少的应用工具，它的不断成熟和完善必将为社会的进步与发展作出更大的贡献。

第二节　GIS 的基本概念

一、数据、信息、知识、智慧

数据（Data）是一种未经加工的原始资料，如数字、文字、符号、图像、视频、音频等。

信息（Information）是用文字、数字、符号、语言、图像等介质来表示事件、事物、现象等的内容、数量或特征，从而向人们（或系统）提供关于现实世界新的事实和知识，作为生产、建设、经营、管理、分析和决策的依据。信息具有客观性、适用性、可传输性和共享性等特征。

信息来源于数据，数据是客观对象的表示，而信息则是数据内涵的意义，是数据的内容和解释。例如，从实地或社会调查数据中可获取各种专门信息；从测量数据中可以抽取出地面目标或物体的形状、大小和位置等信息；从遥感图像数据中可以提取出各种地物的图形大小和专题信息等。

知识（Knowledge）是理解信息的模式，是对信息加工、吸收、提取、评价的结果，即有用的信息。

智慧（Wisdom）是高等生物所具有的基于神经器官（物质基础）的一种高级的知识综合运用能力。

数据、信息、知识、智慧的区别与联系如图 1.6 所示。

二、地理数据、地理信息

地理数据（Geographic Data）是各种地理特征和现象间关系的符号化表示，包括空间位置、属性特征（简称属性）及时域特征 3 部分：空间位置数据描述地物所在位置，这种位置既可以根据大地参照系定义，如大地经纬度坐标，也可以定义为地物间的相对位置关系，如空间上的相邻、包含等；属性数据亦被称为非空间数据，是属于一定地物、描述其特征的定性或定量指标；时域特征是指地理数据采集或地理现象发生的时刻/时段，时间数据对于环境模拟分析、灾害监测预警等领域十分重要，正受到地理信息科学界越来越多的重视。空间位置、属性及时间是地理空间分析的 3 个基本要素。

地理信息（Geographic Information）是有关地理实体的性质、特征和运动状态的表征

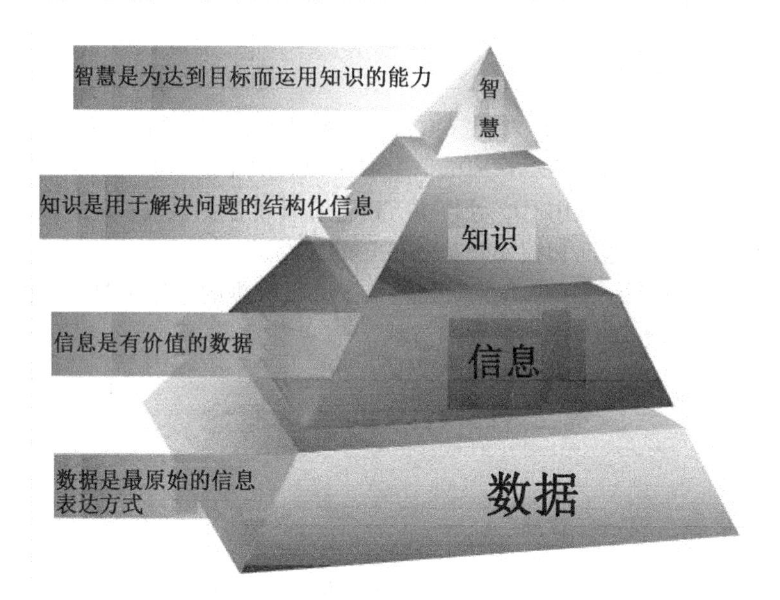

图 1.6　“数据”、“信息”、“知识”、“智慧”的区别与联系
（图片来源：百度图库）

和一切有用的知识，它是对表达地理特征与地理现象之间关系的地理数据的解释。地理信息除了具有信息的一般特性，还具有以下特性：

①空间分布性。地理信息具有空间定位的特点，先定位后定性，并在区域上表现出分布式特点，其属性表现为多层次，因此，地理数据库的分布或更新也应为分布式。

②数据海量性。地理信息既有空间特征，又有属性特征，另外，地理信息还随着时间的变化而变化，具有时间特征，因此其数据量十分巨大。尤其是随着全球对地观测计划不断发展，我们每天都可以获得上万亿兆关于地球资源、环境特征的“大数据”（Big Data）；这必然对数据处理与分析带来很大压力。

③信息载体的多样性。地理信息的第一载体是地理实体的物质和能量本身，除此之外，还有描述地理实体的文字、数字、地图和影像等符号信息载体以及纸质、磁盘、光盘、U 盘等物理介质载体。对于地图而言，它不仅是信息的载体，同时也是信息的传播媒介。

三、信息系统

1. 信息系统的基本组成

信息系统（Information System）是具有采集、管理、分析和表达数据能力的系统。在计算机时代，信息系统部分或全部由计算机系统支持，并由计算机硬件、软件、数据和用户 4 大要素组成：计算机硬件包括各类计算机处理及终端设备；软件是支持数据信息的采集、存储加工、再现和回答用户问题的计算机程序系统；数据则是系统分析与处理的对象，构成系统的应用基础；用户是信息系统所服务的对象。另外，智能化的信息系统还应包括知识。

2. 信息系统的类型

根据系统所执行的任务，信息系统可分为事务处理系统（Transaction Process System）和决策支持系统（Decision Support System）：事务处理系统强调的是数据的记录和操作，如铁路订票系统是其典型示例之一；决策支持系统是用以获得辅助决策方案的交互式计算机系统，一般由语言系统、知识系统和问题处理系统共同构成，如矿产资源潜力评价系统等。

四、地理信息系统

地理信息系统（GIS）是在计算机硬、软件系统及网络环境的支持下，对整个或部分地球表层（包括大气层）空间中的有关地理分布数据进行采集、存储、管理、运算、分析、显示和描述的技术系统。GIS 处理、管理的对象是多种地理空间实体数据及其关系，包括空间定位数据、图形数据、遥感图像数据、属性数据、时态数据等，用于分析和处理在一定地理区域范围内分布的各种现象和过程，解决复杂的规划、决策和管理问题。

通过上述的分析和定义，本文提出的 GIS 基本概念如下：

①GIS 的物理外壳是计算机化的技术系统，它又由若干个相互关联的子系统构成，如数据采集子系统、数据管理子系统、数据处理和分析子系统、图像处理子系统、数据产品输出子系统等，这些子系统的结构、优劣将直接影响 GIS 的硬件平台、功能、效率、数据处理的方式和产品输出的类型。

②GIS 的操作对象是空间数据，即点、线、面、体这类具有二维、三维，甚至是四维要素的地理实体。空间数据的最基本特征是每一个数据都按统一的地理坐标进行编码，实现对其定位、定性和定量的描述，这是 GIS 区别于其他类型信息系统的根本标志，也是其技术难点之所在。

③GIS 的技术优势在于它的数据综合、模拟与分析评价能力，可以得到常规方法或普通信息系统难以得到的重要信息，实现地理空间过程演化的模拟和预测。

④GIS 与测绘学和地理学有着密切的联系。大地测量、工程测量、矿山测量、地籍测量、航空摄影测量和遥感技术为 GIS 中的空间实体提供了各种不同比例尺和精度的定位数据；电子测速仪、GPS 全球定位技术、解析或数字摄影测量工作站、遥感图像处理系统等现代测绘技术的使用，可直接、快速并自动地获取空间目标的数字信息产品，为 GIS 提供丰富和更为实时的数据源，并促使 GIS 向更高层次发展。地理学是 GIS 的理论依托，有学者断言，“地理信息系统和信息地理学是地理科学第二次革命的主要工具和手段。如果说 GIS 的兴起和发展是地理科学信息革命的一把钥匙，那么，信息地理学的兴起和发展将是打开地理科学信息革命的一扇大门，必将为地理科学的发展和提高开辟一个崭新的天地”。GIS 也被誉为地学的第三代语言——用数字形式来描述空间实体。

GIS 按研究的范围大小可分为全球性的、区域性的和局部性的；按研究内容的不同可分为综合性的与专题性的。同级的各种专业应用系统集中起来，可以构成相应地域同级的区域综合系统。在规划、建立应用系统时应统一规划这两种系统的发展，以减小重复浪费，提高数据的共享程度和实用性。

第三节　GIS 的发展历程

一、国际发展概况

综观 GIS 发展，可将 GIS 的发展历程分为以下几个阶段：

1. GIS 的开拓期（20 世纪 60 年代）

计算机在 20 世纪 50 年代末和 60 年代初获得广泛应用之后，迅速被应用于地理空间数据的存储和处理，使计算机成为地图信息存储和计算处理的装置，将很多地图转换为能被计算机利用的数字形式，出现了 GIS 的早期雏形。1963 年，加拿大测量学家 R. F. Tomlinson 首先提出了 GIS 这一术语，并建立了世界上第一个实用的 GIS——加拿大地理信息系统（CGIS），用于自然资源的管理和规划。这时 GIS 的特征是和计算机技术的发展水平联系在一起的，表现在计算机存储能力小，磁带存取速度慢。机助制图能力较强，地学分析功能比较简单，实现了手扶跟踪的数字化方法，可以完成地图数据的拓扑编辑，分幅数据的自动拼接，开创了格网单元的操作方法，发展了许多面向格网的系统。例如，美国哈佛大学的 SYMAP（Synteny Mapping and Analysis Program）是最著名的一例，另外还有 GRID、MLMIS 等系统。所有这些处理空间数据的主要技术，奠定了 GIS 发展的基础。这一时期 GIS 发展的另一显著标志，是许多有关的组织和机构纷纷建立，例如，美国在 1966 年成立了城市和区域信息系统协会（URISA），1969 年又建立了州信息系统全国协会（NASIS）；国际地理联合会（IGU）于 1968 年设立了地理数据收集和处理委员会（CGDSP）。这些组织和机构的建立，对于传播 GIS 的知识和发展 GIS 的技术，起到了重要的指导作用。

2. GIS 的巩固发展期（20 世纪 70 年代）

在 20 世纪 70 年代，计算机发展到第三代，随着计算机技术迅速发展，数据处理速度加快，内存容量增大，而且输入、输出设备比较齐全，推出了大容量直接存取设备——磁盘，为地理数据的录入、存储、检索、输出提供了强有力的手段，特别是人机对话和随机操作的应用，可以通过屏幕直接监视数字化的操作，而且制图分析的结果能很快得到，并可以进行实时编辑。这时，由于计算机技术及其在自然资源和环境数据处理中的应用，促使 GIS 迅速发展。例如，从 1970 年至 1976 年，美国地质调查局（USGS）建成了 50 多个信息系统，分别作为处理地理、地质和水资源等领域空间信息的工具。其他如加拿大、联邦德国、瑞典和日本等国也先后发展了自己的 GIS。GIS 的发展，使一些商业公司开始活跃起来，GIS 软件在市场上开始受到欢迎。在此期间，曾先后召开了一系列有关 GIS 的国际讨论会，国际地理联合会先后于 1972 年和 1979 年两次召开关于 GIS 的学术讨论会，1978 年 FIG 规定第三委员会的主要任务是研究 GIS，同年在联邦德国达姆斯塔特工业大学召开了第一次 GIS 讨论会等。这期间，许多大学（如美国纽约州立大学布法罗校区等）开始注重培养 GIS 方面的人才，并创建了 GIS 实验室。一些商业性的咨询服务公司开始从事 GIS 工作。总之，GIS 在这时受到了政府部门、商业公司和大学的普遍重视。这个时期 GIS 发展的总体特点是：GIS 在继承了 20 世纪 60 年代技术的基础之上，充分利用了新的计算机技术，但系统的数据分析能力仍然很弱；在 GIS 技术方面未有新的突破；系统的应用与开发多限于某个机构；专家个人的影响削弱，而政府影响增强。

3. GIS 技术大发展时期（20 世纪 80 年代）

由于大规模和超大规模集成电路的问世，推出了第四代计算机，特别是微型计算机和远程通信传输设备的出现为计算机的普及应用创造了条件，加上计算机网络的建立，使地理信息的传输时效得到极大提高。在系统软件方面，完全面向数据管理的数据库管理系统（DBMS）通过操作系统（OS）管理数据，系统软件工具和应用软件工具得到研制，数据处理开始和数学模型、模拟等决策工具结合。GIS 的应用领域迅速扩大，从资源管理、环境规划到应急反应，从商业服务区域划分到政治选举分区等，涉及了许多学科与领域，如古人类学、景观生态规划、森林管理、土木工程以及计算机科学等。这时期，许多国家制定了本国的 GIS 发展规划，启动了若干科研项目，建立了一些政府性、学术性机构，如美国于 1987 年成立了国家地理信息与分析中心（NCGIA），英国于 1987 年成立了地理信息协会。同时，商业性的咨询公司、软件制造商大量涌现，并提供系列专业化服务。GIS 不仅引起工业化国家的普遍兴趣，例如，英国、法国、联邦德国、挪威、瑞典、荷兰、以色列、澳大利亚等国都在积极解决 GIS 的发展和应用，而且不再受国家界线的限制，GIS 开始用于解决全球性的问题。

4. GIS 的应用普及时代（20 世纪 90 年代至今）

由于计算机的软硬件均得到飞速发展，网络已进入千家万户，GIS 已成为许多机构必备的工作系统，尤其是政府决策部门在一定程度上由于受到 GIS 的影响而改变了现有机构的运行方式、设置与工作计划等。另外，社会对 GIS 的认识普遍提高，需求大幅度增加，从而导致 GIS 应用的扩大与深化。国家级乃至全球性的 GIS 已成为公众关注的问题，例如，GIS 被列入美国政府制定的“信息高速公路”计划，“数字地球”、“智慧地球”、“玻璃地球”等战略也包括了 GIS。毫无疑问，GIS 将发展成为现代社会最基本的服务系统。

二、国内发展概况

我国在 GIS 方面的工作自 20 世纪 80 年代初开始。以 1980 年中国科学院遥感应用研究所成立全国第一个 GIS 研究室为标志，在几年的起步发展阶段中，我国的 GIS 在理论探索、硬件配制、软件研制、规范制定、区域试验研究、局部系统建立、初步应用试验和技术队伍培养等方面都取得了进步，并积累了经验，为在全国范围内开展 GIS 的研究和应用奠定了基础。

GIS 进入发展阶段的标志是从第七个五年计划开始。GIS 研究作为政府行为，被正式列入国家科技攻关计划，开始了有计划、有组织、有目标的科学研究、应用实验和工程建设工作。许多部门同时开展了 GIS 研究与开发工作，如全国性 GIS（或数据库）实体建设、区域 GIS 研究和建设、城市 GIS、GIS 软件或专题应用软件的研制和 GIS 教育培训等。通过近五年的努力，在 GIS 技术上的应用开创了新的局面，并在全国性应用、区域管理、规划和决策中取得了实际的效益。

自 20 世纪 90 年代起，GIS 步入了快速发展阶段。执行 GIS 和遥感联合科技攻关计划，强调 GIS 的实用化、集成化和工程化，力图使 GIS 从初步发展时期的研究实验、局部应用走向实用化和生产化，为国民经济重大问题提供分析和决策依据。努力实现基础环境数据库的建设，推进国产软件系统的实用化、遥感和 GIS 技术一体化。在 GIS 的区域工作重心上，出现了“东移”和“进城”的趋向，促进了 GIS 在北京、武汉、南京、广州等经济相对发达、技术力量比较雄厚、用户需求更为急迫的地区和城市首先实用化。这期间开展的主要研究及今后尚需进一步发展的领域有：重大自然灾害监测与评估系统的建设和应用；重点产粮区主要农作物估产；城市 GIS 的建设与应用；建立数字化测绘技术体系；国家基础 GIS 建设与应用；专业信息系统与数据库的建设和应用；基础通用软件系统的研制与建立；GIS 的规范化与标准化；基于 GIS 的数据产品研制与生产等。与此同时，经营 GIS 业务的商业公司逐渐增多。

进入 21 世纪后，以 MapGIS、SuperMap 等为代表的国产 GIS 软件日趋成熟，形成与国际品牌 GIS 软件竞争的局面；国家基础 GIS 全面建成，并投入公众服务体系；导航地图产业发展迅速，网络地图服务成为各大互联网站的基本服务。2012 年，地理信息产业被国家纳入七大战略性新兴产业之一。2014 年，国务院办公厅印发了《关于促进地理信息产业发展的意见》。表明地理信息产业的重用性日益显现，已经成为我国经济结构转型、实现经济社会科学发展的重要支撑。地理信息产业是国家推动工业化、信息化、城镇化的一股重要力量，是维护国家安全的重要保证，也是保障和改善民生的重要内容。

三、GIS 在地质行业的应用现状

1. GIS 在地质填图中的应用

传统的地质填图方法存在以下不足：①工作枯燥乏味、效率低下；②图件利用率低、管理繁杂；③制图综合能力差；④多图幅的综合分析受人为因素的影响大；⑤没有实现专题图的三维可视化。将 GIS 应用于地质填图，可实现各种专题图的数字化，建立图形和属性两类地学数据相结合的数据库，实现对地图数据的分层存储，易于管理和查询，可灵活地分幅检索、添加图幅、删除图幅，图件的更新、多图幅的拼接、制图综合和综合分析方便快捷。此外，利用 GIS 的数字高程模型（DEM）使三维立体填图成为现实。

2. GIS 在找矿中的应用

随着地学工作的深入和勘探技术的发展，已获得了大量的多源地学信息，如地质、地球物理、地球化学和遥感等资料。如何从众多的资料中提取有用信息进行综合分析达到矿产资源预测的目的，一直是地学界探索的课题。过去，应用人工方法来进行此项工作，不但费力、投资大，而且难以达到预期的效果，方法技术也不利于推广。如今，高速计算机的普及使得应用计算机技术快速地处理堆积如山的资料成为可能，尤其是已迅速发展起来的 GIS，为综合处理地学资料的矿产资源预测方法、技术开拓了广阔的前景，基于 GIS 的多层次模糊数学评价方法已经应用于我国西北的鄂尔多斯、准噶尔、柴达木等盆地及华北沁水盆地的煤层气资源评价，利用 GIS 进行煤层气有利勘探目标区的优选等，都取得了良好的效果。与传统的手工综合评价方法相比，基于 GIS 的资源评价方法具有许多优点：①使传统的手工叠加图像分析和多元分析的数学方法相结合，大大降低了劳动强度，提高了工作效率；②基于 GIS 的资源评价已经由原来的基于数据的理解转化为基于地质模型的理解，专家们可在评价系统中进行交互式地对多元评价信息进行对比、综合及分析中获得启发或认识，完善与总结规律；③基于 GIS 可产生一套科学的评价系统，评价系统的可维护性强。随着 GIS 技术的进一步发展和日臻完善，以及 GIS 技术被更多的地质工作者所了解和接受，GIS 将被更广泛地应用于地质的各个领域中。

第四节　GIS 的构成

完整的 GIS 主要由计算机硬件系统、计算机软件系统、地理空间数据和系统操作管理人员 4 个部分构成。其核心部分是计算机软硬件系统，空间数据库反映了 GIS 的地理内容，而管理人员和用户则决定了系统的工作方式和信息表示方式。

一、计算机硬件系统

计算机硬件是计算机系统中实际物理装置的总称，可以是电子的、电的、磁的、机械的、光的元件或装置，是 GIS 的物理外壳，系统的规模、精度、速度、功能、形式、使用方法甚至软件都与硬件有极大的关系，受硬件指标的支持或制约。GIS 由于其任务的复杂性和特殊性，必须由计算机硬件设备支持。GIS 的硬件系统一般包括如下 4 个部分：

①计算机主机：主板、CPU、内存等；

②数据输入设备：数字化仪、图像扫描仪、手写笔、光笔、键盘、通信端口等；

③数据存储设备：硬盘、光盘、U 盘、磁盘阵列等；

④数据输出设备：显示器、笔式绘图仪、喷墨绘图仪（打印机）、激光打印机等。

二、计算机软件系统

计算机软件系统是指 GIS 运行所必需的各种程序，通常包括：

1. 计算机系统软件

由计算机厂家提供的、为用户开发和使用计算机提供方便的程序系统，通常包括操作系统、汇编程序、编译程序、诊断程序、库程序以及各种维护使用手册、程序说明等，是 GIS 日常工作所必需的。

2. GIS 软件和其他支撑软件

可以是通用的 GIS 软件也可包括数据库管理软件、计算机图形软件包、CAD、图像处理软件等。GIS 软件按功能可分为以下几类：

（1）数据输入

将系统外部的原始数据（多种来源、多种形式的信息）传输给系统内部，并将这些数据从外部格式转换为便于系统处理的内部格式的过程。如将各种已存在的地图、遥感图像数字化，或者通过读取磁盘、光盘的方式录入遥感数据和其他系统已存在的数据，还包括以适当的方式录入各种统计数据、野外调查数据和仪器记录的数据等。

数据输入方式与使用的设备密切相关，通常有以下 3 种形式：①手扶跟踪数字化仪的矢量跟踪数字化，它是通过人工选点或跟踪线段进行数字化，主要输入有关图形中点、线、面、体的位置坐标；②扫描数字化仪的光栅扫描数字化，主要输入有关图像的网格数据；③键盘输入，主要输入有关图像、图形的属性数据（即代码、符号等），在属性数据输入之前，必须对其进行编码。

（2）数据存储与管理

数据存储和数据库管理涉及地理元素（表示地表物体的点、线、面、体）的位置、连接关系及属性数据如何构造和组织等。用于组织数据库的计算机系统称为数据库管理系统（DBMS）。空间数据库的操作包括数据格式的选择和转换，数据的连接、查询、提取等。

（3）数据分析与处理

数据分析与处理是指对单幅或多幅图件及其属性数据进行分析运算和指标量测，在该操作中，以一幅或多幅图件作为输入，而分析计算结果则以一幅或多幅新生成的图件表示，在空间定位上仍与输入的图件一致，故可称为函数转换。空间函数转换可分为基于点或像元的空间函数，如基于像元的算术运算、逻辑运算或聚类分析等；基于区域、图斑或图例单位的空间函数，如叠加分类、区域形状量测等；基于邻域的空间函数，如像元连通性、扩散、最短路径搜索等。量测包括对面积、长度、体积、空间方位、空间变化等指标的计算。函数转换还包括错误改正、格式变换和预处理等。

（4）数据输出与表达模块

输出与表达是指将 GIS 的原始数据或经过系统分析、转换、重新组织的数据以某种用户可以理解的方式提交给用户，如以地图、表格、数字或曲线的形式表示于某种介质上，或采用显示器、打印机、笔式绘图仪等输出，也可以将结果数据记录于磁存储介质设备或通过通信链路传输到用户的其他计算机系统中。

（5）用户接口模块

该模块用于接收用户的指令、程序或数据，是用户和系统交互的工具，主要包括用户界面、程序接口与数据接口；系统通过菜单方式或解释命令方式接收用户的输入。由于 GIS 功能复杂，且用户又往往为非计算机专业人员，用户界面是 GIS 应用的重要组成部分，它通过菜单技术、用户询问语言的设置，还可采用人工智能的自然语言处理技术与图形界面等技术，提供多窗口和鼠标选择菜单等控制功能，为用户发出操作指令提供方便。该模块还随时向用户提供系统运行信息和系统操作帮助信息，使 GIS 成为人机交互的开放式系统。

3. 应用分析程序

应用分析程序是系统开发人员或用户根据地理专题或区域分析模型编制的用于某种特定应用任务的程序，是系统功能的扩充与延伸。在优秀的 GIS 工具支持下，应用程序的开发应是透明的和动态的，与系统的物理存储结构无关，而随着系统应用水平的提高不断优化和扩充。应用程序作用于地理专题数据或区域数据，构成 GIS 的具体内容，这是用户最为关心的真正用于地理分析的部分，也是从空间数据中提取地理信息的关键。用户进行系统开发的大部分工作是开发应用程序，而应用程序的水平在很大程度上决定着系统的实用性、优劣和成败。

三、地理空间数据

地理空间数据是指以地球表面空间位置为参照的自然、社会和人文景观数据，可以是图形、图像、文字、表格和数字等，由系统建立者通过数字化仪、扫描仪、键盘或其他通信系统输入给 GIS，是系统程序作用的对象，是 GIS 所表达的现实世界经过模型抽象的实质性内容。不同用途的 GIS 其地理空间数据的种类、精度都是不同的，但基本上都包括以下 3 种互相联系的数据类型。

1. 某个已知坐标系中的位置

即几何坐标，标识地理实体在某个已知坐标系（如大地坐标系、直角坐标系、极坐标系、自定义坐标系）中的空间位置，可以是经纬度、平面直角坐标、极坐标，也可以是矩阵的行、列数等。

2. 实体间的空间相关性

即拓扑（Topology）关系，表示点、线、面、体之间的空间联系，如网络节点与网络线之间的枢纽关系，边界线与面实体之间的构成关系，面实体与岛或内部点的包含关系等。空间拓扑关系对于地理空间数据的编码、录入、格式转换、存储管理、查询检索和模型分析都具有重要意义，是 GIS 的特色之一。

3. 与几何位置无关的属性

即常说的非几何属性或简称属性（Attribute），是与地理实体相联系的地理变量或地理意义。属性分为定性和定量的两种，前者包括名称、类型、特性等，后者包括数量和等级，定性描述的属性如岩石类型、土壤种类、土地利用类型、行政区划等，定量的属性如面积、长度、土地等级、人口数量、降雨量、河流长度、水土流失量等。非几何属性一般是经过抽象的概念，通过分类、命名、量算、统计得到。任何地理实体至少有一个属性，而 GIS 的分析、检索和表示主要是通过属性的操作运算实现的，因此，属性的分类系统、量算指标对 GIS 的功能有较大的影响。

此外，元数据（Metadata）一般被认为是“关于数据的数据”，可以用来辅助地理空间数据的组织与管理。

总之，GIS 特殊的空间数据模型决定了其特殊的空间数据结构和特殊的数据编码管理方式，也决定了 GIS 具有特色的空间数据管理方法和空间数据分析功能，也使 GIS 成为地学研究的重要工具手段之一。

四、系统开发、管理和使用人员

人是 GIS 中的重要构成因素；GIS 从其设计、建立、运行到维护的整个生命周期，处处都离不开人的作用。仅有系统软硬件和数据还构成不了完整的 GIS，需要人进行系统组织、管理、维护和数据更新、系统扩充完善、应用程序开发，并灵活采用地理分析模型提取多种信息，为研究和决策服务。

第五节　GIS 数据的组织

一、图形数据的组织

由于在实际 GIS 应用中采集到的矢量或栅格数据文件通常较大，因而必须对图形数据进行有效组织，主要包括分层、分幅两种方式。

1. 图形数据分层

（1）图形数据分层的定义

对于一张图，可按对象的属性、类型划分为不同的集合，当这些集合空间叠置在一起时，便显示一张图的影像，这就是图形数据分层；图形数据分层是进行地学图谱分析最基本的方法。

（2）图形数据分层的方法

1）按逻辑特征分层

①以属性分层：属性往往反映数据库结构，按属性划分便于检索与管理。

②以图形对象类型分层：一般将点状对象、线状对象、面状对象分层存放，使图形显示易于控制。

2）按存储特征分层

①独立存储：各层数据各自存放在独立的文件中，文件内只包含相同的属性数据，便于管理，如在 MapInfo 软件中，一个 Map 可由多个 Layer 组成，而每个 Layer 保存为一个文件。

②混合存储：一个文件存放多层数据，系统提供分层、管理的内部机制。

（3）图形数据分层的优点

①使图形数据信息按某种规则进行划分，从而使数据含义明晰，易于识别。

②图形分层可在一定程度上减少内外存数据交换量，提高系统效率。

③在某些情况下，图形分层显示效果较好，尤其在图像重叠覆盖时表现明显。

④图形数据分层有利于明确空间关系，对于识别空间数据的信息机理有所帮助。

（4）图形数据分层的缺点

①分层过多会增加用户的操作步骤，使用户无法一次获取全部信息。

②分层使一些程序处理过程变得复杂。

③对于某些 GIS 软件，分层可能引起操作不便。

2. 图形数据分幅

（1）图形数据分幅的定义

按空间位置不同，将图形对象划分为不同的集合，这一过程称为图形数据分幅。GIS 软件一般都支持将一幅地图划分为多幅地图的功能。

（2）图形数据分幅的方法

1）等间隔分幅法

为适应纸质地图的特点，对地理要素、图形对象的具体特点不加以考虑，仅以地理位置范围对图形进行划分。对于小比例尺地图，一般按照国家规定的图幅编号规则进行分幅；对于大比例尺地图，一般按照相关管理部门自行确立的规则予以分幅。具体内容详见第二章第七节。

2）区域分幅法

按行政区划或用户自定义的空间区域对图形进行分幅，其图幅编号一般考虑区域特征，具体内容详见第二章第七节。

（3）图形数据分幅的优点

①当存储海量地学数据时，通过分幅将数据分放于适当数量的文件中，可平衡数据文件大小，便于数据的输入/输出与信息共享。

②适当的分幅可提高用户对幅内信息的识别能力，从而提高应用效率。

（4）图形数据分幅的缺点

①等间隔分幅法人为分割地理要素的完整性，会造成拼幅、空间拓扑关系维护与分析

方面的困难。

②区域分幅使数据在各个文件中分布不均匀。

③分幅过多虽然有利于数据的输入或输出，但操作过程往往因文件过多而变得繁杂。

二、属性数据编码

属性数据即空间实体的特征数据，一般包括名称、等级、数量、代码等多种形式，属性数据的内容有时直接记录在栅格或矢量数据文件中，有时则单独输入到数据库中存储为属性文件，通过关键码与图形数据相联系。对于要输入属性库的属性数据，通过键盘则可直接键入。对于要直接记录到栅格或矢量数据文件中的属性数据，则必须先对其进行编码，将各种属性数据变为计算机可以接受的数字或字符形式，便于GIS的存储与管理。

1. 编码原则

属性数据编码一般要基于以下3个原则：

①编码的系统性和科学性。编码系统在逻辑上必须满足所涉及学科的科学分类方法，以体现该类属性本身的自然系统性。另外，还要能反映出同一类型中不同的级别特点。一个编码系统能否有效运作，其核心问题就在于此。

②编码的一致性。一致性是指对象的专业名词、术语的定义等必须严格保证一致，对代码所定义的同一专业名词、术语必须是唯一的。

③编码的标准化和通用性。为满足未来有效的信息传输和交流，所制定的编码系统必须在有可能的条件下实现标准化。

我国目前正在研究编码的标准化问题，并对某些项目作了规定。如中华人民共和国行政区划代码使用国家颁布的GB—2260—80编码，其中有省（市、自治区）3位，县（区）3位。其余3位由用户自己定义，最多为10位。编码的标准化就是拟定统一的代码内容、码位长度、码位分配和码位格式为大家所采用。因此，编码的标准化为数据的通用性创造了条件。当然，编码标准化的实现将经历一个分步渐进的过程，并且只能是适度的，这是由地理对象的复杂性和区域差异性所决定的。

④编码的简洁性。在满足国际、国家或行业标准的前提下，每一种编码应该是以最小的数据量负载最大的信息量，这样，既便于计算机的存储和处理，又具有相当的可读性。

⑤编码的可扩展性。虽然代码的码位一般要求紧凑经济、减少冗余代码，但应考虑到实际使用时往往会出现新的类型需要加入到编码系统中，因此，编码的设置应留有扩展的余地，避免新对象的出现而使原编码系统失效、造成编码错乱现象。

2. 编码内容

属性编码一般包括以下3个方面的内容：

（1）登记部分

用来标识属性数据的序号，可以是简单的连续编号，也可划分不同层次进行顺序编码。

（2）分类部分

用来标识属性的地理特征，可采用多位代码反映多种特征。

（3）控制部分

用来通过一定的查错算法，检查在编码、录入和传输中的错误，在属性数据量较大情况下具有重要意义。

3. *编码方法*

编码的一般方法如下：

①列出全部制图对象清单；

②制定对象分类、分级原则和指标，将制图对象进行分类、分级；

③拟定分类代码系统；

④设定代码及其格式，设定代码使用的字符和数字、码位长度、码位分配等；

⑤建立代码和编码对象的对照表，这是编码的最终成果，也是数据输入计算机进行编码的依据。

属性的科学分类体系无疑是 GIS 中属性编码的基础。目前，较为常用的编码方法有层次分类编码法与多源分类编码法两种基本类型。

（1）层次分类编码法

层次分类编码是按照分类对象的从属和层次关系为排列顺序的一种代码，它的优点是能明确表示出分类对象的类别，代码结构有严格的隶属关系。图 1.7 以岩石分类编码为例，说明层次分类编码法所构成的编码体系。

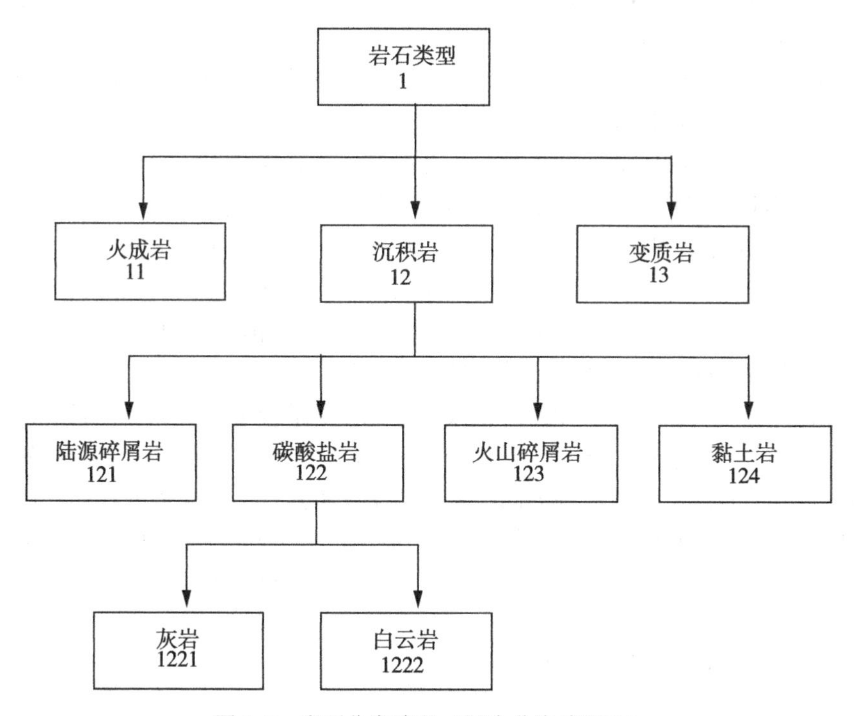

图 1.7　岩石分类编码（层次分类编码法）

（2）多源分类编码法

多源分类编码法又可称为独立分类编码法，是指对于一个特定的分类目标，根据诸多不同的分类依据分别进行编码，各位数字代码之间并无隶属关系。如用编码 111114322 分别表示：常年河，通航，河床形状为树形，主流长 7km，宽 25m，河流弯曲，2.5km 的弯曲平均数为 40m，弯曲的平均深度为 50m，弯曲的平均宽度大于 75m。由此可见，多源分类编码法一般具有较大的信息载量，有利于对空间信息进行综合分析。

在实际工作中，经常将以上两种编码方法结合使用，以达到更理想的效果。

第六节　常用 GIS 软件简介

一、国外 GIS 软件

1. ArcGIS

美国 ESRI 公司在全面整合了 GIS 与数据库、软件工程、人工智能、网络技术及其他多方面的计算机主流技术之后成功地推出了代表 GIS 最高技术水平的全系列 GIS 平台 ArcGIS。ArcGIS 是一个统一的地理信息系统平台（图 1.8），由以下 3 个重要部分组成。

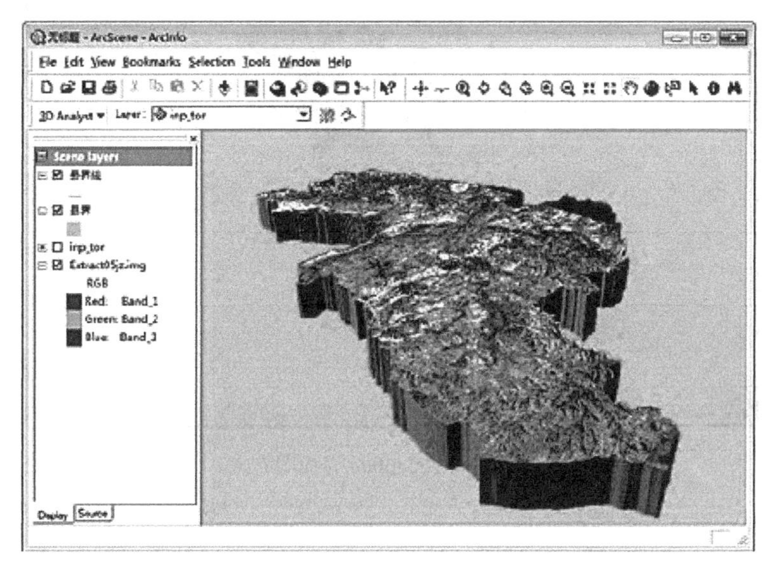

图 1.8　ArcGIS 界面图
（图片来源：http：//image. baidu. com）

①ArcGIS 桌面软件：一个一体化的、高级的 GIS 应用；

②ArcSDE 通路：一个用数据库管理系统（DBMS）管理空间数据库的接口；

③ArcIMS 软件：基于 Internet 的分布式数据和服务的 WebGIS。

其中，ArcGIS 桌面软件是指 ArcView、ArcEditor 和 ArcInfo，它们分享通用的结构、通用的代码基础、通用的扩展模块和统一的开发环境，从 ArcView 到 ArcEditor 再到 ArcInfo 的功能由简到繁。所有的 ArcGIS 桌面软件都由一组相同的应用环境构成：ArcMap、ArcCatalog 和 ArcToolbox。通过这 3 个应用的协调工作可以完成任何从简单到复杂的 GIS 工作，包括制图、数据管理、地理分析和空间处理。还包括与 Internet 地图和服务的整合、地理编码、高级数据编辑、高质量的制图、动态投影元数据管理、基于向导的截面和对近 40 种数据格式的直接支持等。此外，通过 ArcIMS 和 ArcSDE，ArcGIS 还可以获取更丰富的空间数据资源。

总之，ArcGIS 是一个强大的、统一的、可伸缩的系统，它可以适应广大 GIS 用户的广泛需求。

2. MapInfo

在美国 MapInfo 公司开发的 GIS 系列软件产品中，被使用最多的是 MapInfo Professional 和 MapBasic。其中，MapInfo Professional 是基于普通微机的桌面地图信息软件，其主要特点如下：

①快速数据查询，高速屏幕刷新，使用户界面具有良好的图形显示效果，如图 1.9 所示。

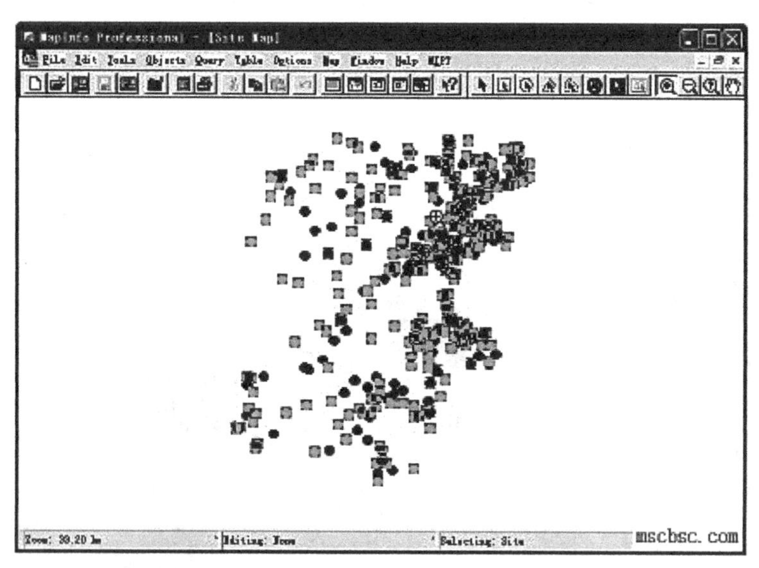

图 1.9　MapInfo 界面图

（图片来源：http：//image. baidu. com）

②集成能力强，是能够根据数据的地理属性分析信息的应用开发工具，是功能强大的地图数据组织和显示软件包。

③数据可视化和数据分析能力较强，可以直接访问多种数据库的数据。

④专题地图制作方便，且数据地图化方便。

⑤同时支持 32/64 位的应用开发，适用于多种计算机操作系统。

⑥完整的客户机/服务器体系结构。

⑦完善的图形无缝链接技术。

⑧支持 OLE（Object Linking and Embedding，对象链接与嵌入）2.0 标准，使得其他开发语言能运用 Integrated Mapping 技术将 MapInfo 作为 OLE 对象进行开发。

MapBasic 是基于 MapInfo 平台的用户开发语言，包括 300 多条语句和功能。通过 MapBasic 的二次开发，能够扩展 MapInfo 的功能，实现程序的自动操作，而且可以方便地将 MapInfo 与其他软件进行集成，其主要特点如下：

①由于 MapBasic 是一种类 Basic 程序语言，所以使用简单。

②便于 MapInfo 界面的改造，功能的扩展与应用的可视化。

③支持 OLE Automation 和 DDE（动态数据交换）技术，易与其他应用软件进行连接。

④包含嵌入的 SQL 语句，数据查询、检索更加方便。

MapInfo Professional 和 MapBasic 都提供放大、缩小、漫游、选择、空间实体组合/分割等基本的图形操作功能；同时，MapBasic 可以直接读取点、线、面、体等空间实体和属性数据库，并提供条件分析、统计分析、缓冲区分析等空间分析功能。

二、国内 GIS 软件

1. MapGIS

MapGIS 是武汉中地数码科技有限公司研发的 GIS 软件，是一套可对空间数据进行采集、存储、检索、分析和图形表示的计算机系统（图 1. 10）。该软件产品在由国家科技部组织的国产 GIS 软件测评中连续三年均名列前茅，是国家科技部向全国推荐的唯一国产 GIS 软件平台。以该软件为平台，开发出了用于城市规划、通信管网及配线、城镇供水、城镇煤气、综合管网、电力配网、地籍管理、土地详查、GPS 导航与监控、作战指挥、公安报警、环保监测、大众地理信息制作等一系列应用系统。其主要功能特点包括：

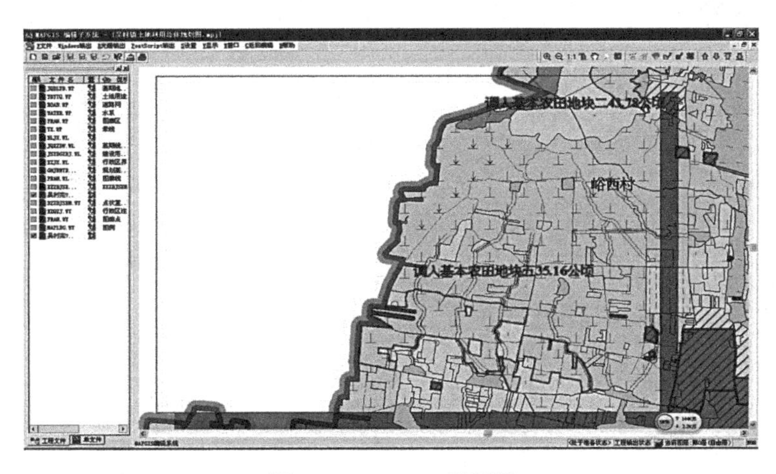

图 1. 10　MapGIS 界面图
（图片来源：http：//image. baidu. com）

①以 Windows 为平台，采用 C++语言开发。

②支持大型网络数据库管理。

③具有扫描仪和数字化仪输入等主要输入手段及完备的误差校正方法。

④具有丰富的图像编辑工具及强大的图形处理能力。

⑤具有实用的属性动态定义编辑功能和多媒体数据、外挂数据库的管理能力。

⑥地图库管理具有较强的地图拼接、管理、显示、漫游和灵活、方便的跨图幅检索能力，可管理多达千幅地图。

⑦采用矢量数据和栅格数据并存的结构，两种数据结构的信息可以有效、方便地互相转换和准确套合。

⑧具有功能齐全、性能优良的矢量空间分析、DTM（Digital Terrain Model）分析、网格分析、图像分析功能及拓扑空间查询和三维实体叠加分析能力。

⑨提供开发函数库，可方便地进行二次开发。

⑩齐全的外设驱动能力和国际标准页面语言 PostScript 接口，可输出符合地图公开出版质量要求的图件。

⑪电子沙盘系统提供了强大的三维交互可视化环境，利用 DEM（Digital Elevation Model）数据与专业图像数据，可生成二维和三维透视景观。

⑫图像配准镶嵌系统提供了强大的控制点环境，以完成图像的几何控制点的编辑处理，从而实时完成图像之间的配准、图像与图形的配准、图像的镶嵌、图像的几何校正、几何变换和灰度变换等功能。

2. SuperMap

北京超图软件股份有限公司是亚洲领先的 GIS 平台软件企业，从事 GIS 软件的研究、开发、推广和服务。依托中国科学院强大的科研实力，超图软件立足技术创新，研制了新一代 GIS 软件——SuperMap GIS，形成了全系列 GIS 软件产品，如图 1.11 所示。

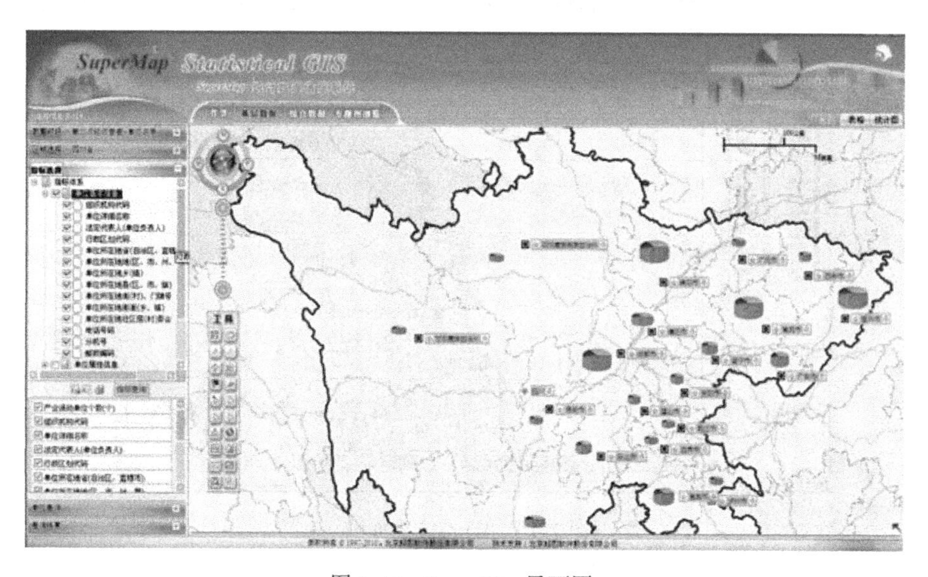

图 1.11　SuperMap 界面图

（图片来源：http：//image. baidu. com）

☞ 本章思考题

1. GIS 的基本定义。
2. 试述“数据”、“信息”、“知识”、“智慧”的区别与联系。
3. 试述 GIS 的典型应用领域。
4. 试述图形数据分层与分幅的区别与联系。
5. 试述 GIS 中属性数据编码的两种常见方式。

第二章　地理空间数学基础

地理空间的数学基础是 GIS 空间位置数据定位、量算、转换和参与空间分析的基准。所有空间数据必须纳入相同空间参考基准下才可以进行空间分析。地理空间的数学基础主要包括地球空间参考、空间数据投影及坐标转换、空间尺度及地理格网等。地球空间参考解决地球的空间定位与数学描述问题，空间数据投影及坐标转换主要解决如何把地球曲面信息展布到二维平面，空间尺度规定在多大的详尽程度研究空间信息，地理格网在于建立组织空间信息空间区域框架方法，实现空间数据的科学有效管理。掌握地理空间数学基础是正确应用 GIS 完成各种空间分析与应用的基础。空间定位最直接的表示方式是地图，地图的重要特征之一就是具有一定的数学基础，即地图的坐标网、控制网、比例尺和地图投影等（袁勘省，2007）。没有空间数学基础的空间分析就失去了严密的科学性和实用价值，没有地理空间数学基础就不可能获得正确的方位、距离、面积等数据以及各要素的空间关系和形状。因此，地图投影是地图上确定地理要素分布位置和几何精度的数学基础，为了控制地图地理要素分布位置和几何精度，由一定数学法则构成了地图学的数学方法，即地图上各地理要素与相应的地物要素之间保持一定的对应关系。地图投影的实质是将地球椭球面上的经纬线按照一定的数学法则转移到平面上。

第一节　地 球 形 状

众所周知，地球是一个近似球体，其自然表面是一个极其复杂的不规则曲面。为了深入研究地理空间，有必要建立地球表面的几何模型。根据大地测量学的研究成果，地球表面几何模型可以分为以下 4 类：第一类是地球的自然表面，它是一个起伏不平，十分不规则的表面，包括海洋底部、高山高原在内的固体地球表面。第二类是相对抽象的面，即大地水准面。地球表面的 72%被流体状态的海水覆盖，可以假设当海水处于完全静止的平衡状态时，从海平面延伸到所有大陆下部，而与地球重力方向处处正交的一个连续、闭合的水准面，这就是大地水准面。水准面是一个重力等位面。对于地球空间而言，存在无数个水准面，大地水准面是其中一个特殊的重力等位面，它在理论上与静止海平面重合。大地水准面包围的形体是一个水准椭球，称为大地体。尽管大地水准面比起实际的固体地球表面要平滑得多，但实际上由于地质条件等因素的影响，大地水准面存在局部的不规则起伏，并不是一个严格的数学曲面，在测量和 GIS 应用中仍然存在极大的困难。第三类是地球椭球面。总体上讲，大地体非常接近旋转椭球，而后者的表面是一个规则的数学曲面。所以在大地测量以及 GIS 应用中，一般都选择一个旋转椭球作为地球理想的模型，称为地球椭球。在有关投影和坐标系统的叙述内容中，地球椭球有时也常被称为参考椭球。第四类是数学模型，是在解决其他一些大地测量学问题时提出来的，如类地形面、准大地水准面、静态水平衡椭球体等。

一、地球体

15世纪末16世纪初的地理探索大发现时，证明了地球是圆的，从“天圆地方说”到如今利用人造地球卫星进行地球椭球体的精确测定，反映了这样一个事实：随着科学技术的进步，人们对大地形状的认识也在不断前进。时至今日，人们早已接受了地球是球体的结论，但是地球究竟是一个怎样的球体，却并不是所有人都能准确回答的。16—17世纪推翻“地心说”，提出“日心说”。为了更好地了解地球形状，首先由远及近地观察地球的自然表面：从航天飞行器上观察地球表面，它似乎是一个表面光滑、蓝色美丽的正球体。再从飞机机舱的窗口俯视大地，展现在面前的大地表面，是一个极其复杂的表面。如果回到地面上，做一次长距离的野外考察，则深刻体会到地球表面是那样地崎岖不平。总而言之，地球的自然表面并非光滑。地球的自然表面是一个极不规则的曲面，有高山、深谷、平原和海洋等。陆地上最高点珠穆朗玛峰高出平均海水面8 844.43 m；海水面下同样具有高低悬殊的复杂地形，海洋最深处在马里亚纳海沟，为-11 034 m；两点的高程差将近20 000 m。

大地水准面所包围的球形体，即地球的真实形状。根据天文大地测量、地球重力测量、卫星大地测量等精密测量，都提供了这样一个事实：地球并不是一个正球体，而是一个极半径略短、赤道半径略长，北极凸出，南极凹进；中纬度南半球凸出，北半球凹进，形状不规则，近似梨形的椭球体（熊介，1988）。

二、大地椭球体

为了探求一个合格的基准面，经过人们不断地探索与实践，设想当海水面完全处于静止形态下并延伸到大陆内部，使它成为一个处处与铅垂线垂直的连续的闭合曲面，这个曲面叫大地水准面（图2.1），由它包围的形体叫大地椭球体，即大地球体。大地球体类似于一个两极稍扁、赤道略鼓的不规则球体。由水准面起算至某点的高度称为高程，以大地水准面为基准的高程，称为绝对高程或海拔。通过测量可得地球自然表面上任意点的高程。大地水准面是由验潮站长期观测的平均海平面确定。由于构成底层的物质分布不均和地表起伏的影响，引起重力方向的局部变化，所以大地球体仍然是一个具有起伏的不规则曲面。经过进一步推算，可以认为大地球体虽然比较复杂并具有一定的起伏，但是对整个地球而言，其影响并不太大，而且它的表面是一个纯数学面，可以用简单的数学公式表达。

大地水准面的意义如下：①由略微不规则的大地水准面包围的大地体，是地球形体的一级逼近，是地球形状的极近似。表达了大部分自然表面的形状，而且大地水准面以上多出的陆地质量几乎就是陆地下缺少的质量。②由于大地水准面包围的大地体表面存在一定的起伏波动，对大地测量学或地球物理学可应用重力场理论进行研究，但在制图业务中，均把地球当作正球体。③由于大地水准面是实际重力等位面，可使用仪器测得海拔高程（某点到大地水准面的高度）。

三、旋转椭球体

大地体是由大地水准面包围而成的，由于大地水准面是一个不规则的曲面，因此，它

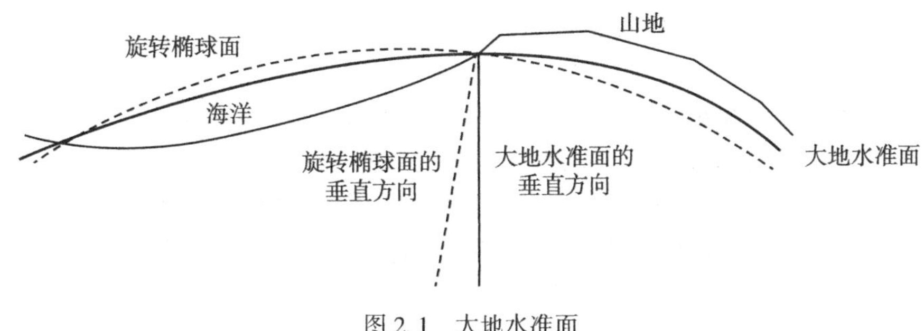

图 2.1　大地水准面

的表面仍然不能用数学模型定义或表达，必须寻求一个与大地体非常接近的规则形体来代替大地球体。人们考虑地球时刻都在绕地轴旋转，它应该是一个旋转椭球体（或称地球椭球体），是由经线圈绕地轴回转而成的。所有经线圈都是相等的椭圆，而赤道和所有纬线圈都是正圆。测量上为了处理大地测量的结果，采用与地球大小形状接近的旋转椭球体并确定它和大地原点的关系，称为参考椭球体。19 世纪，经过精密的重力测量和大地测量，进一步发现赤道也并非正圆，而是一个椭圆，直径的长短也有差异。这样，从地心到地表就有 3 根不等长的轴，所以测量学上又用 3 轴椭球体来表示地球的形状。地球椭球体表面是一个可以用数学模型定义和表达的曲面，这就是地球数学表面。地球椭球体表面可以称为对地球形体的二级逼近。测量与制图工作将以地球椭球体表面作为几何参考面，将大地体上进行的大地测量结果归算到这一参考面上。

旋转椭球体有长半轴和短半轴之分，短半径用 b 表示，长半径（赤道半径）用 a 表示，f 为地球扁率。地球椭球体的形状和大小取决于 a、b、f，称 a、b、f 为地球椭球体三要素。地图投影的拟定和计算，通常以这种旋转椭球面为依据，称为地球椭球面或参考椭球面（图 2.2）。

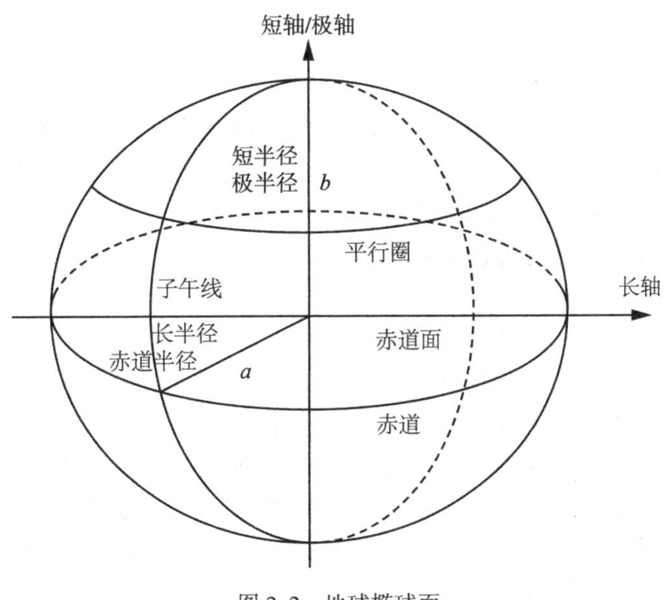

图 2.2　地球椭球面

a、b、f的具体测定是近代大地测量工作的一项重要内容。由于实际测量工作是在大地水准面上进行的，而大地水准面相对于地球椭球表面又有一定的起伏，并且重力随纬度变化而变化，因此，必须对大地水准面的实际重力进行多地、多次的测量，再通过统计平均值来消除偏差，即可求得表达大地水准面平均状态的地球椭球体三要素值（管泽霖，宁津生，1981）。近半个世纪以来，世界著名的天文大地测量学家推算了数种地球椭球体。特别是近20年，人造卫星大地测量学和电子计算技术的发展，使地球体的推算更趋于准确。表2.1是世界各国常用的椭球体参数。

表2.1 **世界上各国常用的椭球体参数值**

名　称	发表时间	长半径/km	短半径/km	扁率
埃弗雷斯特	1830	6 377.276	6 356.075	1/300.80
白塞尔	1841	6 377.397	6 356.079	1/299.15
克拉克	1866	6 378.206	6 356.584	1/294.98
克拉克	1880	6 378.249	6 356.515	1/293.47
海福特	1909	6 378.388	6 356.912	1/297.00
克拉索夫斯基	1940	6 378.245	6 356.863	1/298.30
1980年大地参考坐标系（GRS—80）	1980	6 378.137	6 356.752	1/298.257
WGS—84	1984	6 378.137	6 356.752	1/298.257

第二节 地球空间参考

一、球面坐标系

在经典的大地测量中，常用地理坐标和空间直角坐标的概念描述地面点的位置。根据建立坐标系统采用椭球的不同，地理坐标又分为天文地理坐标和大地地理坐标。前者是以大地体为依据，后者是以地球椭球为依据。空间直角坐标分为参心空间直角坐标系和地心空间直角坐标系，前者以参考椭球中心为坐标原点，后者以地球质心为坐标原点。

1. 天文地理坐标

天文地理坐标（图2.3）以地心（地球质量中心）为坐标原点，Z轴与地球平自转轴重合，ZOX是天文首子午面，以格林尼治平均天文台定义。OY轴与OX、OZ轴组成右手坐标系，XOY为地球平均赤道面。地面垂线方向是不规则的，它们不一定指向地心，也不一定同地轴相交。包括测站垂线并与地球平自转轴平行的平面叫天文子午面。

天文纬度为测站垂线方向与地球平均赤道面的交角，常以φ表示，赤道面以北为正，以南为负。天文经度为首天文子午面与测站天文子午面的夹角，常以λ表示，首子午面以东为正，以西为负。需要说明，由于地表面并不是大地水准面，所以在大地测量学中也将高程列入天文坐标中。

2. 大地地理坐标系

大地地理坐标系是依托地球椭球用定义原点和轴系以及相应基本参考面标示较大地域地理空间位置的参照系。大地地理坐标也简称大地坐标。一个点在大地坐标系中的位置以大地纬度与大地经度表示，如图 2.4 所示。*WAE* 为椭球赤道面，*NAS* 为大地首子午面，P_D为地面任一点，P 为 P_D在椭球上的投影，则地面点 P_D对椭球的法线 P_DPK 与赤道面的交角为大地纬度，常以 B 表示。从赤道面起算，向北为正，向南为负。大地首子午面与 P 点的大地子午面间的二面角为大地经度，常以 L 表示。以大地首子午面起算，向东为正，向西为负。

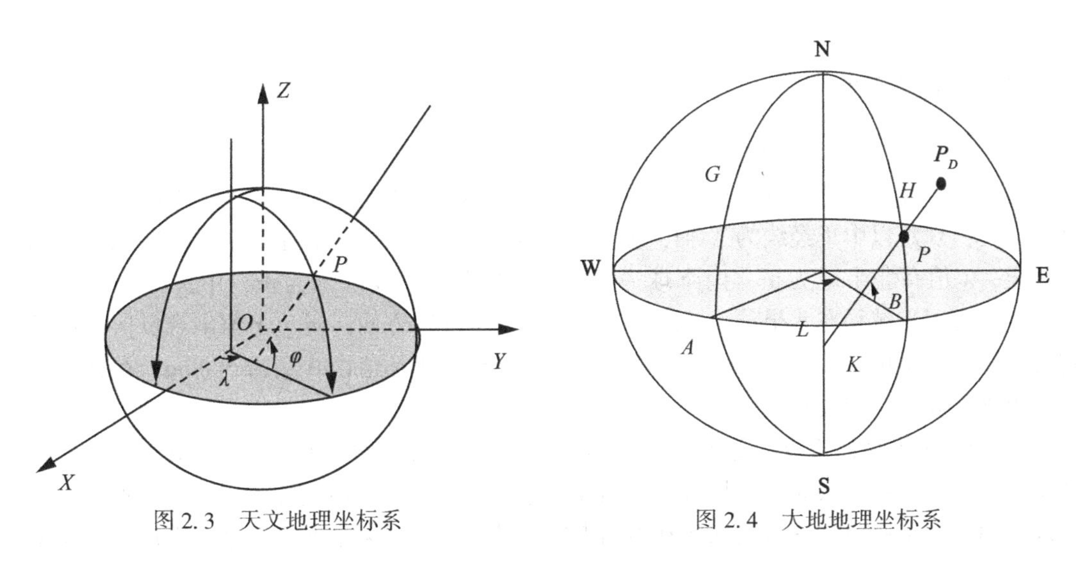

图 2.3　天文地理坐标系　　图 2.4　大地地理坐标系

3. 空间直角坐标系

参心空间直角坐标系是在参考椭球上建立的三维直角坐标系 *O-XYZ*（图 2.5）。坐标

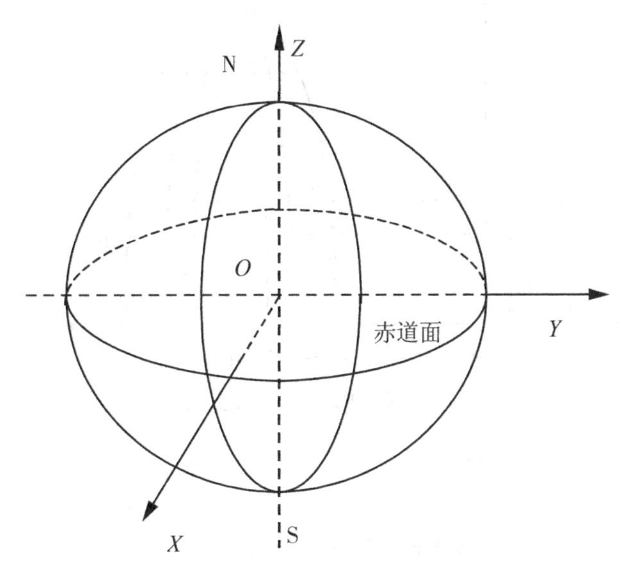

图 2.5　参心空间直角坐标系

系的原点位于椭球的中心，Z 轴与椭球的短轴重合，X 轴位于起始大地子午面与赤道面的交线上，Y 轴与 XZ 平面正交，$O\text{-}XYZ$ 构成右手坐标系。在建立参心坐标时，由于观测范围的限制，不同的国家或地区要求所确定的参考椭球面与局部大地水准面最密合。由于参考椭球不是唯一的，所以，参心空间直角坐标系也不是唯一的。

地心地固空间直角坐标系的定义是：原点 O 与地球质心重合，Z 轴指向地球北极，X 轴指向格林尼治平均子午面与地球赤道的交点，Y 轴垂直于 XOZ 平面构成右手坐标系。地球自转轴相对地球体的位置并不是固定的，地极点在地球表面上的位置是随时间而变化的。因此，在具体建立时，根据选取的实际地极的不同，地心地固空间直角坐标系的实际定义也不相同。

二、平面坐标系

（1）高斯平面直角坐标系

为了便于地形图的量测作业，在高斯-克吕格投影带内布置了平面直角坐标系统。具体构成是：规定以中央经线为 X 轴，赤道为 Y 轴，中央经线与赤道交点为坐标原点。同时规定，X 值在北半球为正，南半球为负；Y 值在中央经线以东为正，中央经线以西为负。由于我国疆域均在北半球，X 值皆为正值。为了计算方便，避免 Y 值出现负值，还规定各投影带的坐标纵轴均西移 500km，中央经线上原横坐标值由 0 变为 500km，在整个投影带内 Y 值就不会出现负值了。

由于用高斯-克吕格投影每个投影带都有一个独立的高斯平面直角坐标系，则位于两个不同投影带的地图点会出现具有相同的高斯平面直角坐标，而实际上描述的却不是一个地理空间。为了避免这一情况和区别不同点的地理位置，高斯平面直角坐标系规定在横坐标 Y 值前标以投影带的编号。如图 2.6 所示，A、B 两点原来的横坐标分别为：

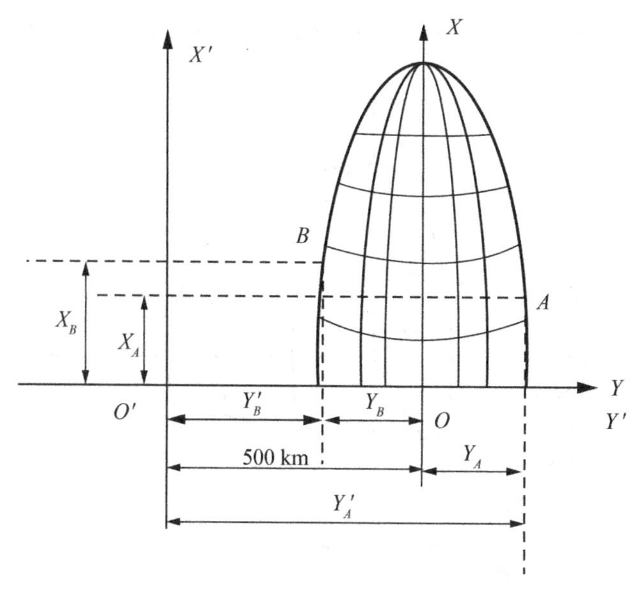

图 2.6　高斯平面直角坐标系

$$Y_A = 238\ 765.2\text{m},\ Y_B = -148\ 572.3\text{m}$$

纵坐标轴西移500km后，其横坐标分别为：

$$Y_A' = 738\ 765.2\text{m},\ Y_B' = 351\ 427.7\text{m}$$

加上带号，如A、B两点位于第19带，其通用坐标为：

$$Y_A'' = 19\ 738\ 765.2\text{m},\ Y_B'' = 19\ 351\ 427.7\text{m}$$

实际应用中，一般得到的是通用坐标，要获得其实际坐标需要先去掉该点通用坐标前面的高斯坐标分带号，再将其横坐标东移500km，恢复其本来坐标位置。

（2）地方独立平面直角坐标系

由于国家坐标中每个高斯投影带都是按一定间隔划分，其中央子午线不可能刚好落在城市和工程建设地区的中央，从而使高斯投影长度产生变形。因此，为了减小变形，将其控制在一个微小的范围内，认为计算出来的长度与实际长度基本相等，常常需要建立适合本地区的地方独立坐标系。

建立地方独立坐标系，实际上就是通过一些元素的确定来决定地方参考椭球与投影面。地方参考椭球一般选择与当地平均高程相对应的参考椭球，该椭球的中心、轴向和扁率与国家参考椭球相同，其椭球半径α增大为：

$$\alpha_1 = \alpha + \Delta\alpha_1 \tag{2-1}$$

$$\Delta\alpha_1 = H_m + \zeta_0 \tag{2-2}$$

式中，H_m为当地平均海拔高程；ζ_0为该地区的平均高程异常。

在地方投影面的确定过程中，应当选取过测区中心的经线或某个起算点的经线作为独立中央子午线；以某个特定使用的点和方位为地方独立坐标系的起算原点和方位，并选取当地平均高程面H_m为投影面。

三、高程系

高程是表示地球上一点至参考基准面的距离，就一点位置而言，它和水平量值一样是不可缺少的。它和水平量值一起，统一表达点的位置。它对于人类活动包括国家建设和科学研究乃至人们生活而言，是最基本的地理信息。从测绘学的角度来讨论，所谓高程是对于某一具有特定性质的参考面而言。没有参考面，高程就失去了意义，同一点其参考面不同，高程的意义和数值都不同。例如，正高是以大地水准面为参考面，正常高是以似大地水准面为参考面，而大地高则是以地球椭球面为参考面。这种相对于不同性质的参考面所定义的高程体系称为高程系统。

大地水准面、似大地水准面和地球椭球面都是理想的表面。经典大地测量学认为，大地水准面或似大地水准面在海洋上是和平均海面重合的。人们通常所说的高程是以平均海面为起算基准面，所以高程也被称作标高或海拔高，包括高程起算基准面和相对于这个基准面的水准原点（基点）高程，就构成了高程基准。高程基准是推算国家统一高程控制网中所有水准高程的起算依据，它包括一个水准基面和一个永久性水准原点。水准基面，通常理论上采用大地水准面，它是一个延伸到全球的静止海水面，也是一个地球重力等位面，实际上确定水准基面则是取验潮站长期观测结果计算出来的平均海面。一个国家和地区的高程基准，一般一经确定不应轻易变更。近几十年的研究表明平均海面并不是真正的重力等位面，它相对于大地水准面存在着起伏，并且由于高程基准观测地点及观测时间的影响，随着科学技术的不断进步，随着时间的推移会提出新的问题，所以不能避免必要时建立新的基准。

高程基准定义了陆地上高程测量的起算点，区域性高程基准可以用验潮站的长期平均海水面来确定，通常定义该平均海水面的高程为零。在地面预先设置好一固定点，联测其平均海水面的海拔高程。这个固定点就称为水准原点，其高程就是区域性水准测量起算高程。

由高程基准面起算的地面点的高度称为高程。一般地，一个国家只采用一个平均海水面作为统一的高程基准面，由此高程基准面建立的高程系统称为国家高程系，否则称为地方高程系。1985 年前，我国采用“1956 年黄海高程系”（以 1950—1956 年青岛验潮站测定的平均海水面作为高程基准面）；1985 年开始启用“1985 国家高程基准”（以 1952—1979 年青岛验潮站测定的平均海水面作为高程基准面）。

1. 1956 年黄海高程系

以青岛验潮站 1950—1956 年验潮资料算得的平均海面为零的高程系统。原点设在青岛市观象山，该原点以“1956 年黄海高程系”计算的高程为 72. 289m。

2. 1985 国家高程基准

由于“1956 年黄海高程系”所依据的青岛验潮站的资料系列（1950—1956 年）较短等原因，中国测绘主管部门决定重新计算黄海平均海面，以青岛验潮站 1952—1979 年的潮汐观测资料为计算依据，并用精密水准测量，位于青岛的中华人民共和国水准原点。得出 1985 年国家高程基准高程和 1956 年黄海高程的关系为：

1985 年国家高程基准高程＝1956 年黄海高程－0. 029m。

1985 年国家高程基准已于 1987 年 5 月开始启用，1956 年黄海高程系同时废止。

四、WGS-84 坐标系

WGS-84（World Geodetic System 1984），原点是地球的质心，空间直角坐标系的 Z 轴指向 BIH（Bureau Internationale de l'heure，国际时间）1984. 0 定义的地极（Conventional Terrestrial Pole，CTP）方向，即国际协议原点 CIO，它由 IAU（International Astronomical Union，国际天文联合会）和 IUGG（International Union of Geodesy and Geophysics，国际大地测量与地球物理联合会）共同推荐。X 轴指向 BIH 定义的零度子午面和 CTP 赤道的交点，Y 轴、Z 轴和 X 轴构成右手坐标系。WGS-84 椭球采用国际大地测量与地球物理联合会第 17 届大会测量常数推荐值，采用两个常用基本几何参数。WGS-84 是修正 NSWC9Z-2 参考系的原点和尺度变化，并旋转其参考子午面与 BIH 定义的零度子午面一致而得到的一个新参考系，Y 轴和 Z 轴、X 轴构成右手坐标系。它是一个地固坐标系。

WGS-84 地心坐标系可以与 1954 北京坐标系或 1980 西安坐标系等参心坐标系相互转换，其方法是：在测区内，利用至少 3 个以上公共点的两套坐标列出坐标转换方程，采用最小二乘原理解算出 7 个转换参数就可以得到转换方程。其中 7 个转换参数是指 3 个平移参数、3 个旋转参数和 1 个尺度参数。

第三节　地图比例尺

一、比例尺、分辨率、尺度概念及其相互关系

1. 比例尺

比例尺是表示图上距离比实地距离缩小的程度，因此也叫缩尺。用公式表示为：比例尺＝图上距离/实地距离。例如，比例尺＝1/1 万或 1∶1 万。

根据地图的用途，所表示地区范围的大小、图幅的大小和表示内容的详略等不同情况，制图选用的比例尺有大有小。地图比例尺大小的划分，在不同的用图单位有不同的分法，在测量规范中规定，地形图的比例尺有：1∶500、1∶1 000、1∶2 000、1∶5 000、1∶1 万、1∶25 000、1∶5 万、1∶10 万、1∶20 万、1∶50 万、1∶100 万。分母小于 5 000（包括5 000）的称为大比例尺图。在同样大小的图幅上，比例尺越大，地图所表示的范围越小，图内表示的内容越详细，精度越高；比例尺越小，地图上所表示的范围越大，反映的内容越简略，精确度越低。一般来说，大比例尺地图，内容详细，几何精度高，可用于图上测量。小比例尺地图，内容概括性强，不宜于进行图上测量。大比例尺地图覆盖较小的区域面积，包含更细致的信息；相反小比例尺地图覆盖较大区域，包含较少的细节。比例尺不同于分辨率，它们是相互独立的，正如可以用 1∶25 000、1∶5 万、1∶10万比例尺表示分辨率为 10m 的影像，但从采集数据中获取的信息又是以一定比例尺表达的。

2. 分辨率

分辨率就是屏幕图像的精密度，是指显示器所能显示的像素的多少。是和图像相关的一个重要概念，它是衡量图像细节表现力的技术参数，是用于度量位图图像内数据量多少的一个参数。简单来说，分辨率就是成像系统对图像细节分辨能力的一种度量，也是图像中目标细微程度指标，表示影像信息的详细程度。强调“成像系统”是因为系统的任一环节都有可能对最终图像分辨率造成影响，对“图像细节”的不同解释又会对图像分辨率有不同的理解。对图像光谱细节的分辨率能力的表达称为光谱分辨率；对图像成像过程中对光谱辐射的最小可分辨差异称为辐射分辨率；把对同一目标的序列图像成像的时间间隔称为时间分辨率；而把图像目标的空间细节在图像中的可分辨率的最小尺寸称为图像的空间分辨率。

3. 尺度

所谓尺度，在概念上是指研究者选择观察（测）世界的窗口。选择尺度时必须考虑观察现象或研究问题的具体情况。通常很难有一种确定的方法可以简便地选择一种理想的窗口（尺度），也不太可能以一种窗口（尺度）就能全面而充实地研究复杂的地理空间现象和过程，或者各种社会现象。在不同的学科、不同的研究领域会涉及不同的形式和类型的尺度问题，还会有不同的表述方式和含义。例如，在测绘学、地图制图学和地理学中通常把尺度表述为比例尺，在数学、机械学、电子学、光学、通信工程等学科中又往往把尺度表述为某种测量工具（Measuring Tool）或滤波器（Filter），在航空摄影、遥感技术中尺度则往往相应于空间分辨率（Spectral Resolution）。又例如，在进行空间分析时，从获取信息到数据处理、分析往往会涉及 4 种尺度问题，即观测尺度、比例尺、分辨率、操作

尺度，并且这些尺度之间是紧密相关的。尺度定义为“空间和时间被量测的间隔”（陈述彭，2001）。几乎所有的地学过程都依赖于尺度，如研究气象学、海洋学问题时，把整个地球作为一个动力系统来考虑，需要宏观尺度；而研究岩石节理的统计分析，根据控矿构造寻找资源则需要小尺度范围。

遥感影像信息是对地面物体及特征的反映，而几乎所有的地学过程都依赖于尺度，如在某一空间尺度下表现为同一性质的目标在另一尺度下则呈现不同性质。同样数据采集和分析的尺度直接影响获取信息层次和种类。所以，在遥感系统中，尺度与空间分辨率是不能混淆的重要概念。

在遥感的整个信息传递过程中，涉及不同形式的4种尺度问题，即地理尺度、操作尺度、比例尺、空间分辨率。所以说，尺度根据不同应用领域，具有不同含义。

4. *相互关系*

比例尺和分辨率的关系：空间分辨率越高，图像可放大的倍数越大，地图的成图比例尺也越大。图像需要放大的倍数，应以能否继续提供更多的有用信息为标志。根据这一指标所确定的最大放大倍数，称为这种图像的放大极限。放大倍数越大，可以制作的成图比例尺就越大。确定分辨率就可以计算其合理的成图比例尺。表明不同地物由于其空间尺度不同，与之相适应的空间分辨率和对象尺度也不同。目前，我国的国家基本比例尺地形图，采用摄影测量方法进行，航空影像和卫星影像的分辨率决定成图的比例尺和成图精度。

尺度和分辨率的关系：不同尺度可对应不同分辨率的遥感影像，微观尺度一般对应于高分辨率遥感影像，高分辨遥感影像的空间分辨率一般小于等于10m，卫星一般在距地面600km左右的太阳同步轨道上运行，重复覆盖同一地区的时间间隔为几天；中观尺度一般对应于中分辨率遥感影像，中分辨率遥感卫星影像的空间分辨率一般为80~10m，卫星一般在700~900km的近极地太阳同步轨道上运行，重复覆盖同一地区的时间间隔为几天至几十天；宏观尺度一般对应于中低分辨遥感影像，如气象卫星是空间分辨率相对较低的卫星采集系统，空间分辨率有1.1km和4km。

尺度和比例尺的关系：地图是以空间信息抽象表现在介质上，其目标是内容的可视化，地图生成以后就赋予比例尺定量。空间数据的多尺度表示是根据用尺的需要而抽象与概括，与介质无关，不需要比例尺量化。然而，由于地图和数据形成的认知过程的一致性，地图的比例尺和数据的尺度有密切的关系。因为在数字制图的资料收集时，人们非常注意这些数据来源于何种比例尺，精度和详细程度如何。数字制图和地理信息系统的数据库还必须按比例尺系统来搜集地图数据。如从1∶1万或1∶5万地图上获取的数据，在数据库中可以组成任一级别比例尺的地图。所以，精度和内容详细程度都比较高的地图数据库，地图存储可以是多尺度的。

二、多尺度表达概念

多尺度是随着数字制图的出现而产生的新概念。在数字制度中，尺度被理解为：空间信息被观察、表示、分析和传输的详细程度（田德森，1991）。由于信息-数据可被概括，相同的数据源就可以形成不同尺度规律（或称不同分辨率）的数据，即多尺度数据。所以，数据库存的大量空间信息，因计算机分析和描述地理信息比例尺（分辨率）的不同，便产生了几何、拓扑结构和属性不同的数字地图形式，是数据库的多重表达，或是“一库多比例尺数据”的数据库模型。

在传统地图中，客观世界直接通过几何图形，即符号被描绘于纸张上。而在数字环境下，各种地理实体是由空间数据来记录的，将数据符号化、可视化才能得到屏幕地图，可见空间数据才是这一切的最终描述。一旦进入了数字描述的环境，即空间数据库，比例尺至少在理论上应该成为一个连续的量，表现在用户可以通过缩放来改变显示比例尺。但是当前在数据库中存储的一般是固定的某一或某几个比例尺的空间数据，这就要求“以不变应万变”，即用固定比例尺的空间数据来表现出连续变化尺度下的不同分辨率。

从表现形式上，数字环境下地图的多尺度表达是地图信息随显示范围的变化而具有不同详细程度；从视觉角度上，数字环境下地图的多尺度表达是计算机的技术优势与视觉的感受机制相结合的地图表达方式。

三、地图比例尺的表示

传统地图上的比例尺通常可以有以下几种表现形式：数字式比例尺、文字式比例尺、图解式比例尺。

1. 数字式比例尺

数字式比例尺可以写成比的形式如：1∶10 000、1∶25 000、1∶50 000 等；亦可以写成分数形式如：1/10 000、1/25 000、1/50 000 等。

2. 文字式比例尺

文字式比例尺分两种：一种是写成“一万分之一”、“五万分之一”、“百万分之一”等；另一种是写成“图上 1cm 等于实地 1km”、“图上 1cm 等于实地 10km” 等。

3. 图解式比例尺

图解式比例尺可分为直线比例尺、斜分比例尺和复式比例尺。

- 直线比例尺是以直线线段形式标明图上线段长度所对应的地面距离。
- 斜分比例尺又称微分比例尺，它是按基本单位绘在图上，可以量取比例尺基本长度单位的百分之一。例如，比例尺基本单位为 2cm，在 1∶5 万图上代表 1km。

以上介绍的几种比例尺形式，主要用于大中比例尺地图。而在小比例尺地图上，由于投影原因使各条纬线（或经线）变形不同，因而不能用上述直线或斜分比例尺量算。为了便于在小比例尺地图上进行长度方面的简单量算，往往在小比例尺地图上设计一种复式比例尺。

- 复式比例尺又称投影比例尺，是一种根据地图主比例尺和地图投影长度变形分布规律设计的一种图解比例尺。在小比例尺制图中，地图投影引起的种种变形中，长度变形是主要的变形。因此，不仅要设计适合没有变形的点或线上的地图主比例尺，同时还要设计能适用于其他部位量算的地图局部比例尺。通常是对每一条纬线（或经线）单独设计一个直线比例尺，将各直线比例尺组合起来就称为复式比例尺。这种比例尺实际上是一种纬线比例尺。

第四节 地图定向与导航

一、地图定向的概念

在地形图南图廓的下方有一个表示方向的图，简称三北方向图，是真子午线北方向、坐标纵线北方向、磁子午线北方向的总称。真子午线北方向是沿地面某点真子午线的切线方向；坐标纵线北方向是高斯投影时投影带的中央子午线的方向，也是高斯平面直角坐标系的坐标纵轴线方向；磁子午线北方向是磁针在地面某点自由静止后磁针所指的方向。地图上的方向可以根据经纬线确定。某点经线、纬线的切线方向即为南北、东西方向。东是指地球自转的去向，西是地球自转的来向。南北方向则是与东西方向相垂直的方向。

二、地图上的方向

地图上有以下3种定向方法：①一般定向方法：无指向标的无经纬网的地图，上北下南，左西右东。②指向标定向方法：有指向标的地图，指向标指示北方。③经纬网定向方法：有经纬网的地图，经线切线指示南北，纬线切线指示东西。其中经纬网定向方法较为精确。

①在比例尺较大的地形图上，图幅内实际范围小，特别是远离极地地区的地图，经线与纬线都接近为平行的直线，在地图上判别方向有一个普通的规则，即“上北、下南、左西、右东”。

在一些比例尺较大的按经纬线划分图幅的图上，有时没有画上经线与纬线，在这种情况下，地图左右的图廓线就是南北线（经线），上下图廓线就是东西线（纬线）。有些图还专门画有指向标（方位针）以表示方向。

由于磁极与地极并不完全一致，所以磁北方向与真北方向常有一定的夹角。这个夹角叫做磁偏角。由于受到多种因素的影响，各个地区磁偏角的大小常不同。在一个地方用罗盘确定方向时，必须根据当地的磁偏角予以校正。

②在一些小比例尺的地图上，发现图上的经线不是平行的直线，而是向两极汇聚的弧线。纬线也是一些弯曲的弧线，且越向高纬度，弯曲程度越大。在这种图上判别方向，就只能以经线与纬线的切线方向为准，而不能笼统地运用“上北、下南、左西、右东”的规则了。例如，亚洲在阿拉斯加的西边，而不能认为在阿拉斯加的北边；同样的，北冰洋在亚洲的北边，而不能认为在亚洲的东边。

③有些地图是用指向标（方位针）表示方向的。指向标（方位针）的箭头指示的方向是南北方向，与指向标（方位针）的箭头垂直的方向就是东西方向。

1. 地形图的三北方向

地形图的三北方向分别是真北、磁北和坐标北（图2.7）。

真北即指向地球北极的子午线北，在地形图上即所有经线指示的北方，在按经纬线分幅的地形图上，东西图廓所指示的北方即为真北。

磁北即指向磁北极的磁子午线北，在地形图上磁南、磁北两点连线所指示的北方即为磁北。

坐标北是平面坐标系中，纵轴所指示的北方，在地形图上每条纵方里网所指示的北方即为坐标北。

在一般情况下，三北方向线，即磁子午线、真子午线、坐标纵线是不重合的。

2. 地形图的三偏角

由三北方向线彼此构成的夹角，称为偏角，分别叫子午线收敛角、磁偏角和磁坐偏角。

子午线收敛角指真北与坐标北的夹角，由真北量至坐标北，顺时针为正，逆时针为负，用 γ 表示。

磁偏角指真北与磁北的夹角，由真北量至磁北，顺时针为正，逆时针为负，用 δ 表示。

磁坐偏角指坐标北与磁北的夹角，由坐标北量至磁北，顺时针为正，逆时针为负，用 C 表示。

磁偏角 δ=子午线收敛角 γ+磁坐偏角 C

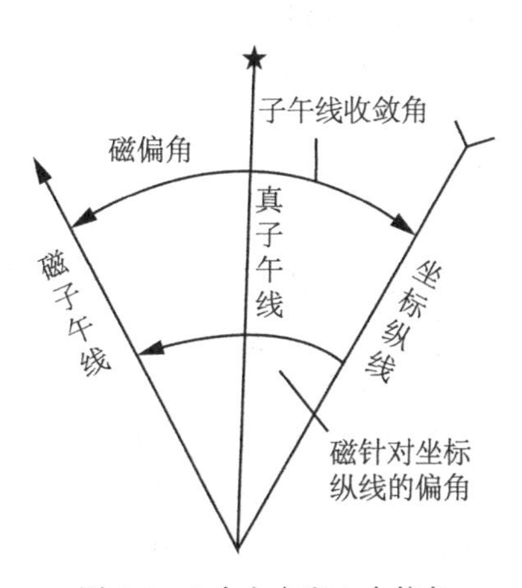

图 2.7　3 个方向和 3 个偏角

方位角是指从基准起始方向北端算起，顺时针至某方向线间的水平角，角值变化范围 0°~360° 。

方位角按基准方向不同有真方位角、磁方位角和坐标方位角之分。若基准方向为真北，其方位角为真方位角；若基准方向为磁北，其方位角为磁方位角；若基准方向为坐标北，其方位角为坐标方位角；

几种方位角的换算：

真方位角=磁方位角+磁偏角（δ）

真方位角=坐标方位角+子午线收敛角（γ）

磁方位角=坐标方位角−磁坐标偏角（C）

三、地图导航的概念

电子导航地图即数字地图，是利用计算机技术以数字方式存储和查阅的地图。电子导航地图存储数据的方法：一般使用矢量式图形储存，地图比例可放大、缩小或旋转而不影响显示效果；早期使用位图式存储，地图比例不能放大或缩小，现代电子导航地图软件一般利用 GIS 来存储和传送地图数据。

导航地图含有空间位置地理坐标，能够与空间定位系统结合，准确引导人或交通工具从出发地到达目的地的电子地图及数据集。其主要特点是对数据要素的要求不同。随着导航系统与应用的发展，其应用范围也扩展到基于位置服务、互联网应用等空间信息服务。

电子导航地图可以非常方便地对普通地图的内容进行任意形式的要素组合、拼接，形成新的地图。可以对电子导航地图进行任意比例尺、任意范围的绘图输出。非常容易进行修改，缩短成图时间。可以很方便地与卫星影像、航空照片等其他信息源结合，生成新的图种。可以利用数字地图记录的信息，派生新的数据，如地图上等高线表示地貌形态，但非专业人员很难看懂，利用电子导航地图的等高线和高程点可以生成数字高程模型，将地表起伏以数字的形式表现出来，可以直观立体地表现地貌形态。

在人们的日常生活中，地图发挥着重要的作用，纸制地图很早就广泛应用于交通、旅游、航海、勘探等领域。随着计算机软硬件技术的快速发展，尤其是大容量存储设备、图形图像卡的发展，美、日、欧等发达国家和地区早在 20 世纪 80 年代就开始了以导航、查询、管理为目的，应用于车辆导航、交通管理和安全保卫等领域的数字化道路地图的研制。因应用于导航，故又称导航地图。

地图导航是在移动定位技术支持下以提供导航服务为目的的电子地图系统，它是以计算机地图制图技术、GIS 技术、嵌入式技术、通信技术、移动定位技术综合应用的产物（常青，2005），已经越来越广泛地被应用到交通、旅游、救险、物流以及军事等诸多领域。它既可嵌入到移动设备（如手机、平板电脑）中，也可以用于中心管理系统。

地图导航按其应用模式可分为自由导航系统、中心管理系统和组合系统。

地图导航主要用来对车辆进行导航，其主要特征如下：

①能实时准确地显示车辆位置，跟踪车辆行驶过程。

②数据库结构简单，拓扑关系明确，可以计算出发地和目的地之间的最佳线路，“最佳”的标准可以为时间的多少、距离的长短、收费的多少等。

③软件运行速度快，空间数据处理与分析操作时间短。

④包含车辆导航所需的交通信息。

⑤信息查询灵活、方便。

第五节　空间数据投影

地图投影是地图学的重要组成部分之一，是构成地图的数学基础，在地图学中的地位是相当重要的。地图投影研究的对象就是如何将地球体表面描写到平面上，也就是研究建立地图投影的理论和方法，地图投影的产生、发展，至今已有一千多年的历史，研究与应用的领域也相当广泛。

地面点虽然可以沿法线表示到参考椭球面上，但是使用缩小的球面（如地球仪）不便于使用和保管，一般均使用平面图。参考椭球面是不可展曲面，不可能用物理的方法将它展成平面。因为那样必然会使曲面产生裂口、褶皱和重叠。因此，要把参考椭球面上的点、线、面换算到平面上，就要解决曲面到平面的矛盾。为了解决这一问题，地图投影便应运而生。

在数学中，投影的含义是指建立两个点集之间一一对应的映射关系。同样，在地图学中，地图投影的实质就是按照一定的数学法则，将地球椭球面上的经纬网转换到平面上，建立地面点位的地理坐标（B，L）与地图上相对应的平面直角坐标（X，Y）之间一一对应的函数关系。

一、地图投影的概念

1. 地图投影的产生

地图一般为平面，而它所描述的对象——地球椭球面是一个不可展开的曲面。将地球椭球面的点转换为平面上点的方法称为地图投影，即将椭球面上各点的球面坐标变换为平面相应点的直角坐标的方法。

地图投影概念来源于西方。在中世纪，古地中海地区航海业比较发达，使这一地区的地图学家较早接受了地球为椭球体的概念，因而产生了早期的地图投影。“投影”一词源于几何学，因为早期的地图投影多采用几何透视的方法来实现球面上的曲线（如经纬网）向平面转换，这种转换在几何学中叫做投影。现在的地图投影绝大多数是非透视的数学转换。然而，投影一词源远流长，沿用下来并不妨碍对其进行研究。

2. 地图投影的定义与实质

可以把地图投影理解为是建立平面上的点（用平面直角坐标或极坐标表示）和地球表面上的点（用纬度 φ 和经度 λ 表示）之间的函数关系。数学公式为：

$$\begin{cases} x = f_1(\varphi, \ \lambda) \\ y = f_2(\varphi, \ \lambda) \end{cases} \tag{2-3}$$

设法建立 x，y 与 φ，λ 之间的函数关系，那么只要知道地面点的经纬度（φ，λ），便可以在投影平面上找到相对应的平面位置（x，y），这样就可以按一定的制图需要，将一定间隔的经纬网交点的平面直角坐标系计算出来，并展成经纬网，构成新编地图的控制骨架。根据地图投影理论，采用不同的投影方法，可以得出不同的控制骨架，即不同的经纬网格。

3. 投影变形

使用地图投影的地图，虽然可以将地球表面完整地表示在平面上，但是这种“完整”，是通过对投影范围内某一区域的均匀拉伸和对另一区域的均匀缩小而实现的。有的投影在不同部位有时需要拉伸，有的时需要缩小。由此产生一个新问题，即经过投影制成的地图与地球面上相应的距离、面积和形状仍不能保持完全的相等和图形的完全相似。也就是说，通过地图投影并按比例尺缩小制成的地图，仍然存在长度、面积和角度的变化，这些变化在地图投影中称为变形。

因此，地球表面上的长度、面积、角度经过投影，一般其量、值都会发生某种变化，而这些变化是在解决具体投影中必须认识和研究的。为此，需要研究长度变形、面积变形和角度变形。

（1）长度比与长度变形

ds 是原球面上一微分线段，ds' 是投影面上对应图形、投影面上某一方向微分线段。ds' 与原球面上对应的微分线段 ds 之比叫长度比，用 μ 表示：

$$\mu = \frac{ds'}{ds} \tag{2-4}$$

长度比与1之差叫长度变形，用 v_μ 表示：

$$v_\mu = \frac{ds' - ds}{ds} = \frac{ds'}{ds} - 1 = \mu - 1 \tag{2-5}$$

当 v_μ 为正值时，表明投影后长度增加了；v_μ 为负值时，表明投影后长度缩短了；当 v_μ 为0时，表明无长度变形。

长度比是一个变量，不仅随点位不同而变化，而且在同一点上随方向变化而变化。任何一种投影都存在长度变形。没有长度变形就意味着地球表面可以无变形地描写在投影平面上，这是不可能的。

（2）面积比与面积变形

投影面上微分面积和相应原球面上微分面积之比即为面积比，用 P 表示，则有：

$$P = \frac{\pi \cdot ar \cdot br}{\pi r^2} = ab \tag{2-6}$$

面积比与1之差叫面积变形，用 v_p 表示，则有：

$$v_p = P - 1 \tag{2-7}$$

面积比或面积变形也是一个变量，它随点位的变化而变化。

（3）角度变形

某一角度投影后角值 β' 与它在球面上固有角度 β 之差的绝对值为角度变形，即 $|\beta - \beta'|$。

二、地图投影方法

地图投影所依据的是地球表面，因此把地球椭球面作为投影的原面；将地球表面的点、线、面投影到可展的曲面或者平面。地图投影的原理是在原面与投影面之间建立点、线、面的一一对应关系。其中点是最基本的，因为点连续移动而成为线，线连续移动而成为面。由于地图通常是表示在平面上，因而投影面必须是平面或者可展曲面。在可展曲面中可作为投影面的，只有圆柱面和圆锥面，因而这两种曲面沿着它们的一条母线切开，可以展成平面。

1. 几何投影法

利用透视几何的关系，将地球面上的点描写到投影面上（图2.8）。几何透视法是利用透视的关系，将地球面上的点投影到投影面（借助的几何面）上的一种投影方法。如假设地球按比例缩小成一个透明的地球仪般的球体，在其球心或球面、球外安置一个光源，将球面上的经纬线投影到球外的一个投影平面上，即将球面经纬线转换成了平面上的经纬线。

当利用透视法实施地图投影时，通常是把地球当做球体。透视投影法一般只用来绘制小比例尺地图，如一般地图集或书刊中的地图，可以用圆规、直尺等简单绘图工具，以几何图解法绘出经纬网，而不需要经过复杂的计算。

几何透视法是一种比较简单、原始的投影方法，有很大的局限性，难以校正投影变形，精度较低。

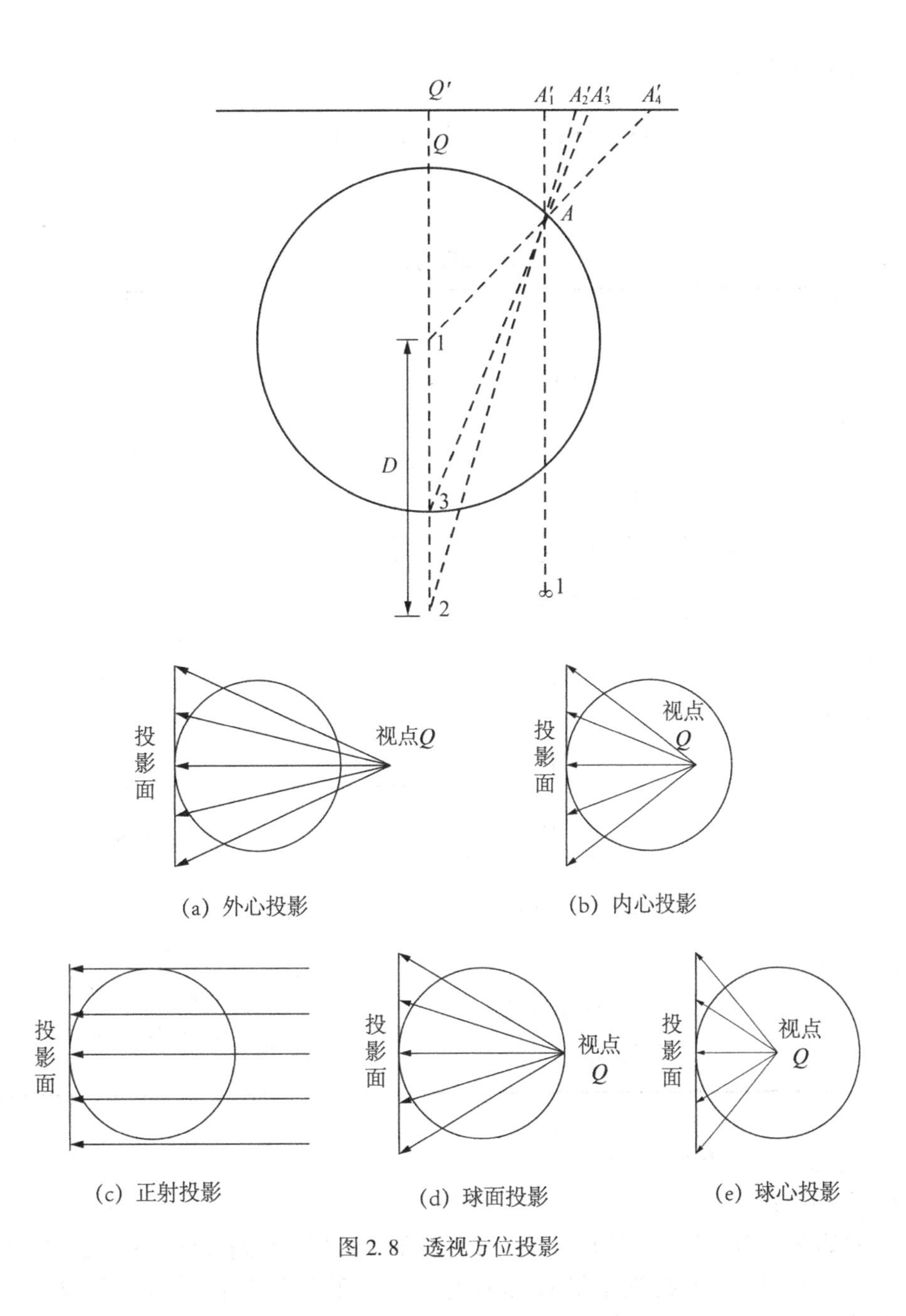

图 2.8　透视方位投影

2. 数学解析法

数学解析法是在球面与投影面之间建立点与点之间的函数关系，通过数学的方法确定经纬线交点位置的一种投影方法。地球面上的点是利用地理坐标经纬度来确定的，平面上的点一般多用平面直角坐标确定。根据投影性质和条件的不同，投影公式的具体形式是多种多样的。大多数的数学解析法往往是在透视投影的基础上，发展建立球面与投影面之间点与点的函数关系的，因此，这两种投影方法具有一定的联系。大多数地图投影采用了数学解析法。

三、地图投影的分类

地图投影种类繁多，国内外学者提出了许多地图投影的分类方案。通常采用以下两种分类方法（表2.2）。

表2.2 **地图投影的分类**

<table>
<tr><td rowspan="3">方位投影</td><td>透视方位投影</td><td>外心投影
内心投影
正射投影
球面投影
球心投影</td></tr>
<tr><td>非透视方位投影</td><td>等距离方位投影
等面积方位投影</td></tr>
<tr><td>伪方位投影</td><td></td></tr>
<tr><td rowspan="4">圆锥投影</td><td>透视圆锥投影</td><td></td></tr>
<tr><td>非透视圆锥投影</td><td>等距离圆锥投影
等面积圆锥投影
等角圆锥投影</td></tr>
<tr><td>伪圆锥投影</td><td></td></tr>
<tr><td>多圆锥投影</td><td>正轴多圆锥投影
横轴多圆锥投影</td></tr>
<tr><td rowspan="3">圆柱投影</td><td>透视圆柱投影</td><td>正射圆柱投影
球面圆柱投影
内心圆柱投影</td></tr>
<tr><td>非透视圆柱投影</td><td>等距离圆柱投影
等角圆柱投影</td></tr>
<tr><td>伪圆柱投影</td><td></td></tr>
</table>

1. 按地图投影的构成方法分类

（1）几何投影

几何投影源于透视几何学原理，并以几何特征为依据，将地球椭球面上的经纬网投影到平面上或投影到可以展成平面的圆柱表面与圆锥表面等几何面上，从而构成方位投影、圆柱投影和圆锥投影。又可根据球面与投影面的相对部位不同，分为正轴投影、横轴投影、斜轴投影。

（2）非几何投影

几何投影是地图投影的基础，但有其局限性。透过一系列的数学解析方法，由几何投影演绎产生了非几何投影，它们并不借助辅助投影面，而是根据制图的某些特定要求，如考虑制图区域形状等特点，选用合适的投影条件，利用数学解析方法，求出投影公式，确定平面与球面之间点与点间的函数关系。按经纬线形状，可将非几何投影分为伪方位投影、伪圆柱投影、伪圆锥投影、多圆锥投影。

2. 按地图投影的变形性质分类

地图投影按变形性质可分为等角投影、等积投影和任意投影。

四、高斯-克吕格投影

由于该投影是由德国数学家、物理学家、天文学家高斯于19世纪20年代拟定，后经德国大地测量学家克吕格于1912年对投影公式加以补充，故称为高斯-克吕格投影，即等角横切椭圆柱投影。假想用一个圆柱横切于地球椭球体的某一经线上，这条与圆柱面相切的经线，称中央经线。以中央经线为投影的对称轴，将东西各3°或1°30′的两条子午线所夹经差6°或3°的带状地区按数学法则、投影法则投影到圆柱面上，再展开成平面，即高斯-克吕格投影，简称高斯投影。这个狭长的带状经纬线网叫做高斯-克吕格投影带。

假想有一个椭圆柱面横套在地球椭球体外面，并与某一条子午线（此子午线称为中央子午线或轴子午线）相切，椭圆柱的中心轴通过椭球体中心，然后使用一定投影方法，将中央子午线两侧各一定经差范围内的地区投影到椭圆柱面上，再将此柱面展开即成为投影面（图2.9），此投影为高斯-克吕格投影。高斯-克吕格投影是正形投影的一种。

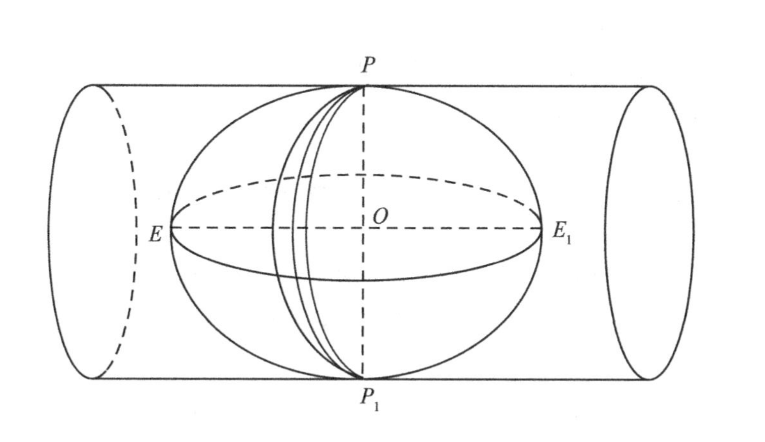

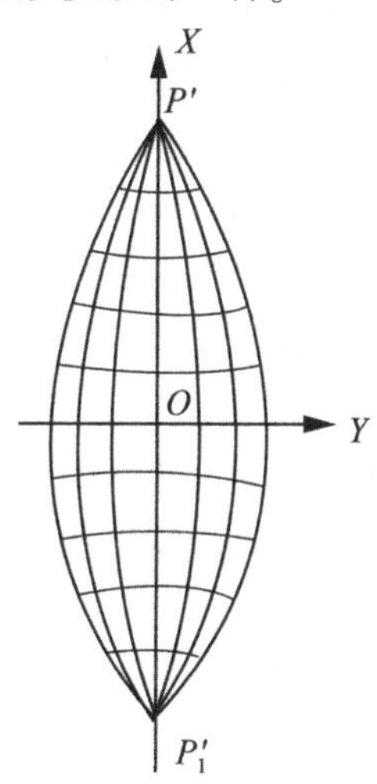

图2.9　高斯-克吕格投影示意图

高斯-克吕格投影可由以下3个条件确定：

①中央经线为直线，其他经线是对称于中央经线的曲线，中央纬线为直线，其他纬线是对称于中央纬线的曲线；

②投影具有等角性质；

③中央经线投影后保持长度不变。

根据以上3个条件可得高斯-克吕格投影的直角坐标公式：

$$\left.\begin{aligned} x &= s + \frac{\lambda^2 N}{2}\sin\varphi\cos\varphi + \frac{\lambda^4 N}{24}\sin\varphi\cos^3\varphi(5 - \tan^2\varphi + 9\eta^2 + 4\eta^4) + \cdots \\ y &= \lambda N\cos\varphi + \frac{\lambda^3 N}{6}\cos^3\varphi(1 - \tan^2\varphi + \eta^2) + \frac{\lambda^5 N}{120}\cos\varphi(5 - 18\tan^2\varphi + \tan^4\varphi) + \cdots \end{aligned}\right\} \tag{2-8}$$

高斯-克吕格投影的长度变形公式为：

$$\mu = 1 + \frac{1}{2\rho''^2}\cos^2\varphi(1+\eta^2)\eta^2 + \frac{1}{24\rho''^4}\cos^4\varphi(5-4\tan^2\varphi)\lambda^4 \tag{2-9}$$

高斯-克吕格投影子午线收敛角公式为：

$$\gamma = \lambda\sin\varphi + \frac{\lambda^3}{3}\sin\varphi\cos^2\varphi(1+3\eta^2) + \cdots \tag{2-10}$$

分析高斯-克吕格投影的长度变形公式，可得到其变形规律如下：

①中央子午线投影后为直线，且长度不变；

②除中央子午线外，其余子午线的投影均为凹向中央子午线的曲线，并以中央子午线为对称轴，投影后有长度变形；

③赤道线投影后为直线，但有长度变形；

④除赤道外的其余纬线，投影后为凸向赤道的曲线，并以赤道为对称轴；

⑤经线与纬线投影后仍然保持正交；

⑥所有长度变形的线段，其长度变形比均大于 1；

⑦距离中央子午线越远，长度变形越大。

此投影无角度变形，中央经线无长度变形，其他经线长度比大于 1。中央经线附近变形小，向东、向西方向变形逐渐增大。长度、面积变形均不大，其中长度变形不大于 0.14%，面积变形不大于 0.27%。

为保证精度，高斯投影采用了分带投影方法：即按照经差 6°或 3°进行分带。

我国规定 1∶2.5 万、1∶5 万、1∶10 万、1∶25 万、1∶50 万采用 6°分带投影，从 0°子午线起，依次编号 1，2，3……自西向东每隔经差 6°分成 1 带，全球共 60 带。我国 6°带中央子午线的经度，由 75°起每隔 6°而至 135°，共计 11 带（13～23 带），带号用 N 表示。

3°分带高斯投影的中央子午线一部分同 6°带中央子午线重合，一部分同 6°带的分界子午线重合，如用 n 表示 6°分带的带号，n' 表示 3°分带的带号，它们的关系如图 2.10 所示。其中，我国所属的分带共计 22 带（24～45 带）。

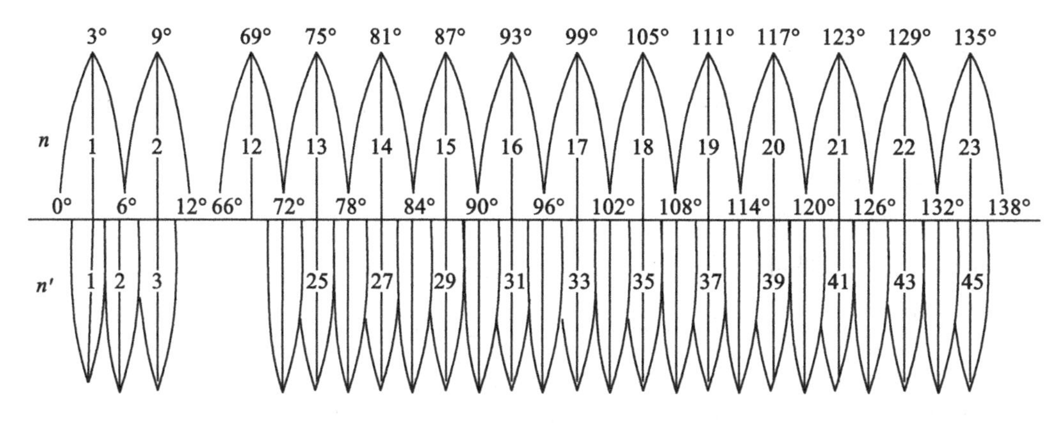

图 2.10　高斯-克吕格投影分带

第六节　空间坐标转换

一、空间坐标转换的基本概念

不同来源的空间数据一般会存在地图投影与地理坐标的差异，为了获得一致的数据，必须进行空间坐标的转换。空间坐标转换是把空间数据从一种空间参考系映射到另一种空间参考系中。空间转换有时也称投影变换。投影变换是地图制图的理论基础，主要用来解决换带计算、地图转绘、图层叠加、数据集成等问题。

根据所能获取的空间参考系信息的详细程度，实现空间坐标转换的具体方法各不相同。那么，对于空间坐标的转换有以下两个层面的解释：一是投影的转换，即在完成地理坐标值转换的同时，必须完成空间参考框架信息（包括参考椭球、大地基准面以及投影规则）的精确转换。此时，坐标转换的基本要求就是必须获取两种空间参考系的投影信息。二是单纯坐标值的变换，只需要把空间数据的坐标值从一种空间参考系映射到另一种空间参考系中，转换后的空间参考系信息直接采用目标空间参考系信息。此类转换一般通过单纯的数值变换完成，主要应用于无法同时获取两种空间参考系的投影信息。值得注意的是，所建立的数值变换方程一般仅适于当前空间区域，更换空间区域时必须建立新的数值变换公式。

二、空间直角坐标的转换

对于图 2. 11 所示的两个三维空间直角坐标，可以采用七参数坐标转换模型（式2-11）实现 $O_1\text{-}X_1Y_1Z_1$ 到 $O_2\text{-}X_2Y_2Z_2$ 的变换。

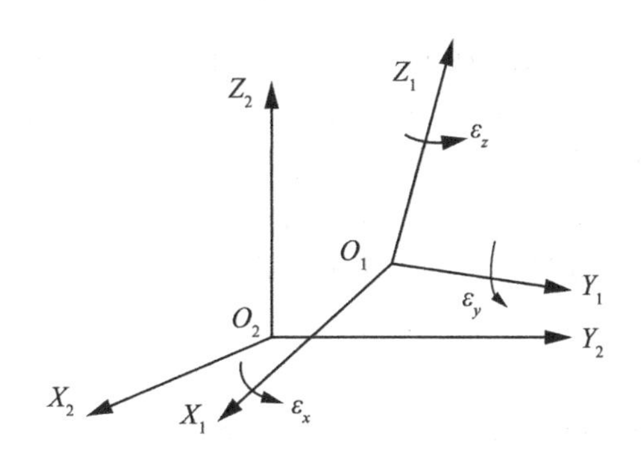

图 2. 11　三维空间坐标转换

$$\begin{bmatrix} X_1 \\ Y_1 \\ Z_1 \end{bmatrix} = \begin{bmatrix} \Delta X \\ \Delta Y \\ \Delta Z \end{bmatrix} + \begin{bmatrix} 1 & \varepsilon_z & -\varepsilon_y \\ -\varepsilon_z & 1 & \varepsilon_x \\ \varepsilon_y & -\varepsilon_x & 1 \end{bmatrix} \begin{bmatrix} X_2 \\ Y_2 \\ Z_2 \end{bmatrix} + m \begin{bmatrix} X_2 \\ Y_2 \\ Z_2 \end{bmatrix} \tag{2-11}$$

式中，ΔX、ΔY、ΔZ 为两空间直角坐标系坐标原点的平移参数；ε_x、ε_y、ε_z 分别表示绕 X 轴、Y 轴、Z 轴旋转的角度；m 为尺度变化参数。

在七参数转换模型中，如果 ε_x、ε_y、ε_z 为 0°，$m=1$，此时就是三参数法的坐标轴 3 次旋转。需要注意的是，转换模型仅适用于 ε_x、ε_y、ε_z 为微小转角的坐标变换。

三、投影解析转换

1. 同一地理坐标基准下的坐标变换

此时，如果参与转换的空间参考系的投影公式存在严密或近似的解析关系式，就可以建立两坐标系的解析关系式。应用建立的解析关系式，直接计算出当前空间参考系下的空间坐标 (x, y, z) 在另一种空间参考系中的坐标值 (X, Y, Z)。

对于多数投影系统，很难精确推求出它们之间的这种解析关系式。此时，就需要采用间接变换，即先使用坐标反算公式，将由一种投影的平面坐标换算为球面大地坐标：$(x, y) \to (B, L)$，然后再使用坐标正算公式把求得的球面大地坐标代入另一种投影的坐标公式中，计算出该投影下的平面坐标：$(B, L) \to (X, Y)$，从而实现两种投影坐标间的变换 $(x, y) \to (X, Y)$。例如，研究区域恰好横跨两个高斯-克吕格投影带，则应将两个投影带坐标统一到同一个投影带上才能实现图幅的拼接，这时就需用采用间接变换法。

2. 不同地理坐标基准下的坐标变换

地理坐标基准的不同，使得两种空间参考系的投影解析式之间很难建立直接的解析关系。所以，此时坐标变换一般要涉及以下两个内容：一是地理坐标基准的变换；二是坐标值的变换。实现整个坐标转换的基本过程为（以 WGS-84 坐标和 1980 西安坐标的转换为例）：

①$(B, L)_{84}$ 转换为 $(X, Y, Z)_{84}$，即空间大地坐标到空间直角坐标的转换。

②$(X, Y, Z)_{84}$ 转换为 $(X, Y, Z)_{80}$，坐标基准的转换，即参考椭球转换。该过程可以通过七参数或简化三参数法实现。

③$(X, Y, Z)_{80}$ 转换为 $(B, L)_{80}$，是空间直角坐标到空间大地坐标的转换。

④$(B, L)_{80}$ 转换为 $(x, y)_{80}$，通过高斯-克吕格投影公式计算出高斯平面坐标值。

不同地理坐标基准下的坐标变换，最大难点在于第二步涉及的转换参数。由于各地的重力值等各种因素的影响，不同地理坐标基准之间很难确定一套适合全区域且精度较好的转换参数。通行的做法是：在工作区内找 3 个以上的已知点，利用最小二乘配置法求解七参数。若多选几个已知点，通过平差的方法可以获得较好的精度。

四、数值拟合转换

如果无法获取参与坐标转换的空间参考的投影信息，可以采用下面叙述的单纯数值变换的方法实现坐标变换。

1. 多项式拟合变换

根据两种投影在变换区内的已知坐标的若干同名控制点，采用插值法，或有限差分法、有限元法、待定系数最小二乘法，实现两种投影坐标之间的变换。这种变换公式为：

$$\begin{cases} X = \sum_{i=0}^{m} \sum_{j=0}^{m-i} a_{ij} x^i y^j \\ Y = \sum_{i=0}^{m} \sum_{j=0}^{m-i} b_{ij} x^i y^j \end{cases} \tag{2-12}$$

如取 $m=3$ 时，有：

$$\begin{cases} X = a_{00} + a_{10}x + a_{01}y + a_{20}x^2 + a_{11}xy + a_{02}y^2 + a_{30}x^3 + a_{21}x^2y + a_{12}xy^2 + a_{03}y^3 \\ Y = b_{00} + b_{10}x + b_{01}y + b_{20}x^2 + b_{11}xy + b_{02}y^2 + b_{30}x^3 + b_{21}x^2y + b_{12}xy^2 + b_{03}y^3 \end{cases} \tag{2-13}$$

为了解算以上三次多项式，需要在两投影间选定相应的 10 个以上控制点，其坐标分别为 x_i、y_i和 X_i、Y_i，按照最小二乘法组成方程组，并解算该方程组，得系数 a_{ij}、b_{ij}，这样就可确定一个坐标变换方程，由该方程对其他待变换点进行坐标转换，也有人把这种坐标转换法称作待定系数法。

2. 数值-解析变换

数值-解析变换是先采用多项式逼近的方法确定原投影的地理坐标，然后将所确定的地理坐标代入新投影与地理坐标之间的解析式中，求得新投影的坐标，从而实现两种投影之间的变换。

第七节　地理格网

常规地图在按照区域存储和表达空间信息方面具有一套完整的规则，这套规则被称为空间区域框架方法，常被 GIS 在组织空间数据以建立数据库时所借鉴。任何地图都提供一个空间区域框架，概括起来可以分为自然区域框架、行政区域框架、自然-行政综合区域框架和地理格网区域框架。由于地理格网区域框架规定了相应投影方式和坐标系统，以及有固定的地理坐标范围为基本区域框架和相应的命名方式，所以国家出版的基础地图——地形图都是以地理格网区域框架作为存储和表达空间数据的基础。而一般的专题地图，或是以所研究的自然区域，或以自然-行政综合区域为区域框架，它们属于非固定（非标准）的区域框架。空间区域框架也是保证各专业、各层次和各区域地理信息的相互匹配、交换和数据共享，达到综合分析评价目的的基础，是信息采集、存储、提取的共同基础。地图投影和地理网格坐标系统就是这个框架的重要组成部分。

一、地理格网标准

我国 1990 年发布的 GB 12409—90 国家标准《地理格网》规定了我国采用的地理系统的划分规则和代码，形成了一整套科学的格网体系，系统性强。所规定的 10°×10°，4°×6°和直角坐标系统格网的划分为国际、国内与地理空间分布有关的信息资源的共享确定了一致的原则与统一的代码，是一项国家重要的基础标准，具有较高的科学性和合理性。这 3 种格网系统划分明确，代码唯一，既考虑到国际上有关信息交换的需要，又兼顾了国内不同领域内的应用要求，实用性强，便于实施。格网的分级与代码设计合理，充分考虑到发展的需要，便于细化与扩充使用，具有较好的扩展性和先进性。

1. 地理格网的含义

地理格网是指按一定的数学规则对地球表面进行划分而形成的格网。有人认为地理格网是地图分幅的代名词，并赋予“国土控制格网”的名称；有人认为地理格网是地球特定区域某种属性的统计单位，而常称之为“地理定位格网”。但不论是“控制格网”还是“定位格网”的说法，都曾造成某些误解，使有的部门牵强附会地引用这个标准去表示地理要素。为避免误解，标准最后定名为“地理格网”。

2. 格网划分体系

地理格网可以按经纬度坐标系统划分（称之为地理坐标格网），也可以按直角坐标系统划分（称之为直角坐标格网）。两者各有其用处，也各具有缺点。地理坐标格网体系着眼于全球范围宏观研究的需要，其优点是便于进行大区域乃至全球性的并接，它不随投影系统的选择而改变格网的位置，但这种格网所对应的实地大小不均匀，高纬度地区较小，低纬度地区较大。我国领土所覆盖的面积较大，这种差别尤为明显。直角坐标格网体系着眼于现实世界大量系统和数据生产单位实际采用直角坐标系的客观需求。因直角坐标格网具有实地格网大小均匀的优点，故它在局部的小区域是可行的。但直角坐标格网所对应的实地位置将随选用的地图投影的不同而改变。若采用高斯投影的6°带进行分割，则在分带的边缘会产生许多不完整的网格，无法进行全国性的整体拼接。然而这两种划分体系都可以互相转换（只是转换的派生数据较原生数据精度略差）。因此本标准确认了这两种划分体系并存，其中经纬度划分体系又分为4°×6°与10°×10°两个系统。

3. 格网系统

GB 12409—90 国家标准《地理格网》规定了我国采用以下 3 种格网系统：

①10°×10°格网系统。这是以纬差10°和经差10°为基本网格构成的多级地理格网系统，10°×10°格网系统主要适用于表示海洋、气象、地球物理等领域的信息。

②4°×6°格网系统。这是以纬差4°和经差6°为基础进行划分而构成的多级地理网格系统，它主要适用于表示陆地与近海地区全国或省（区）范围内各种地理信息。它的分级见表 2. 3。

表 2. 3　**4°×6°格网系统的分级（据蒋景瞳等，1999）**

格网等级	1	2	3	4	5	6	7	8	99
格网单元边长	30″	15″	7. 5″	3″	1. 5″	0. 75″	0. 3″	0. 15″	5″
比例尺	1：100 万	1：50 万	1：25 万	1：10 万	1：5 万	1：2. 5 万	1：1 万	1：5 000	1：20 万

③直角坐标格网系统。这是将地球表面按数学法则投影到平面上，再按一定的纵横坐标间距和统一的坐标原点对其进行划分而构成的多级地理格网系统，主要适用于表示陆地和近海地区进行规划、设计、施工等应用需要的地理信息。它的分级见表 2. 4。

表 2. 4　**直角坐标格网系统的分级（据蒋景瞳等，1999）**

格网等级	1	2	3	4	5	6	7	8	9	99	
格网单元边长/m	1 000	500	250	100	50	25	10	5	2. 5	200	100
比例尺*	1：100 万	1：50 万	1：25 万	1：10 万	1：5 万	1：2. 5 万	1：1 万			1：5000	1：20 万

注：* 直角坐标格网的比例尺与格网等级不是唯一对应的，一种比例尺可对应两种格网等级，用户可根据需要选择一种。

4. 格网设计原则

《地理格网》标准的设计遵循如下原则：

①科学性。地理格网按照地理象限、经纬度或直角坐标进行划分，这 3 种格网系统可以相互转换，具有严格的数学基础。

②系统性。3 种格网的分级各呈一定的比例关系，构成完整的系列，便于组成地区的、国家的或全球的格网体系。

③实用性。格网的划分，要充分考虑不同用户需求及现行的测绘基础，设计了 3 种系统的多级格网，以满足不同精度要求，便于用户选择。

④可扩展性。格网的分级与编码设计，充分考虑了发展的需要，使进一步细分时能在本标准的基础上进行扩充而不必改变原有的划分体系。

二、区域划分标准

根据区域管理、规划和决策的需要，在建立区域或专业 GIS 时，有必要将整个区域划分成若干种区域多边形，作为信息存储、检索、分析和交换的控制单元，也可以作为空间定位的统计单元，这就要求系统设计要规定统一的区域多边形控制系统，并规定各种多边形区域的界线、名称、类型和代码。

1. 区域多边形系统的含义及其划分原则

(1) 区域多边形系统的含义

地球上各种地理要素都是按一定的空间位置在一定范围内分布的，这些不同性质的范围形成各种各样的区域，每种区域都有其明确或模糊的边界。这种界线或者是由地理要素自然分布的现象所确定的，如大陆、水域、矿产分布范围；也可能是因管理和发展需要而划分的，如行政区、经济区；也可以是两者共同决定的，如自然保护区。这些区域在实地可能表现为多种多样，按一定数字法则反映在地图上时，是作为地理信息源，它表现为各种形状的多边形结构。可见多边形系统的含义是指由点、线、面等图形元素为基础所形成的空间数据的组织系统。多边形大致有两大类型：一是按照地理要素分布自身的质量特征，可以划分为诸如土地利用类型的耕地、园地、林地等，都是由各自组成要素的不同图斑而构成的多边形；二是按照综合的自然和社会要素。并考虑到管理、规划和决策需要，而划分为不同的区域多边形。

(2) 区域多边形划分的原则

不同区域多边形的划分可以不同，但划分要遵循一定的原则。其中以下是必须考虑的基本原则：

①区域多边形的选择必须和我国历史上长期形成的信息收集、统计和分析单元相一致，才能充分应用历史上丰富的信息资源。

②区域多边形的选择必须和国家现行管理制度相一致，才能充分发挥其应用效益，保证信息更新的连续性。

③区域多边形的选择要充分考虑到国家今后在资源开发、环境保护方面的发展需要，才能为区域管理、规划和决策提供科学依据。

④区域多边形的设计要与格网系统的设计相适应，才能保证在一定精度的前提下便于相互变换。

⑤区域多边形的设计必须充分考虑到它们的相对稳定性，使其具有修改、合并和上下延伸的可能性。

⑥区域多边形的设计必须充分考虑到用户查询检索信息和进行分析决策的基本单元、途径和使用频率等。

2. 行政分区

根据国家标准 GB 2260-91《中华人民共和国行政区划代码》规定，以县级（市辖区、地辖市和省直辖县级市、旗）为基本单元，包括县（市辖区、地辖市、省直辖县级市、旗）、地区（州、省辖市、盟）、省（自治区、中央直辖市）和国家四级，而且对县级以上的行政单元都进行了严格和科学的编码。县以下行政区的代码可以根据国家标准 GB 10114-88《县以下行政区划代码编制规则》自行编制。

3. 综合自然分区

根据国家标准 GB/T13923—92《国土基础信息数据分类与代码》规定，基础地理信息数据分为测量控制点、水系、居民地、交通、管线与垣栅、境界、地形与土质、植被这 8 大类，每个大类又划分为若干小类，并都分别以代码予以替代，最近又在原国家标准的基础上进行修订，从而形成具有 9 个一级类（在原标准 8 大类基础上增加一个大类），共有 42 个二级类、300 个三级类和 240 个四级类的严密的科学分类体系。编码方法是在上述分类基础上，即国土基础信息数据分为 9 个大类，并依次细分为中类、小类和属性分类，如图 2. 12 所示。分类代码由六位数字码组成，其结构如下：

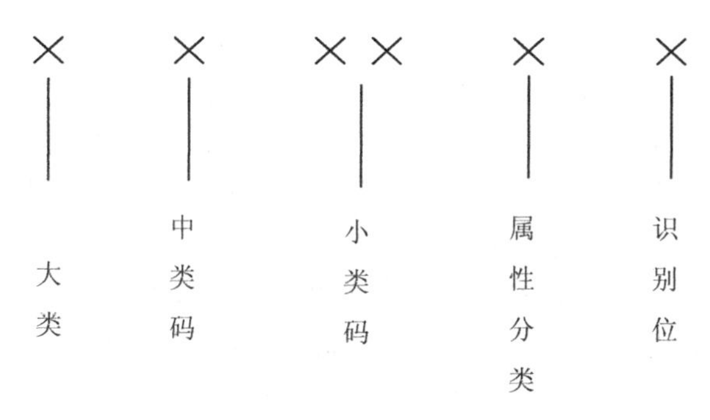

图 2. 12　综合自然分区分类代码

大类码、中类码、小类码和属性分类分别用数字顺序排列，识别位由用户自行定义，以便于扩充，一般为 0。

关于自然分区的国家标准，还有《中国植物分类与代码》（GB/T 14467—93）、《林业资源分类与代码（森林类型）》（GB/T 14721. 1—1993）、《中国土壤分类与代码》（GB/T 17296—2000）、《地下水资源分类分级标准》（GB/T15218—1994）等。

4. 管理分区

关于管理分区，已发布的国家标准主要有《铁路车站站名代码》（GB/T 10302—1988）、《公路桥梁命名编号和编码规则》（GB/T 11708—1989）、《城市地理要素、城市道路、道路交叉口、街坊、市政工程管线编码结构规则》（GB/T 14395—1993）等。例如，邮政分区标准中，把全国邮政分为省、邮区、邮局、支局和投递局五级，并进行全国统一编码。邮政编码采用四级六位数的编码结构，前两位数字表示省（直辖市、自治区）；前3位数字表示邮区；前4位数字表示县（市）；最后两位数字表示投递局。例如，邮编226156表示江苏省南通市海门县某投递局。

三、国家基本比例尺地形图标准

我国把1∶1万、1∶2.5万、1∶5万、1∶10万、1∶25万、1∶50万、1∶100万这7种比例尺作为国家基本地图的比例尺系列。其中地形图是基础地图，它的编绘都有统一的大地控制基础、统一的地图投影和统一的分幅编号；其作业严格按照测图规范、编图规范和图式符号进行。

1. 地形图的分幅

地图有两种分幅形式：矩形分幅和经纬线分幅。每幅图的图廓都是一个矩形，因此，相邻图幅是以直线划分的。矩形的大小多根据纸张和印刷机的规格而定。

地图的图廓是由经纬线构成的，故各国地形图都采用经纬分幅。我国的基本比例尺地图也是以经纬线分幅制作的。根据国家标准GB/F1398—92《国家基本比例尺地形图分幅和编号》规定，我国基本比例尺地形图均以1∶100万地形图为基础，按规定的经差和纬差划分图幅。其中，1∶100万地形图的分幅采用国际1∶100万地图分幅标准。每幅1∶100万地形图的范围是经差6°、纬差4°；纬度60°~76°为经差12°、纬差4°；纬度76°~88°之间经差24°、纬差4°。我国范围内百万分之一地图都是按经差6°，纬差4°分幅的。

每幅1∶100万地形图划分为2行2列，共4幅1∶50万地形图，每幅1∶50万地形图的范围是经差3°，纬差2°。各比例尺地形图的经纬差、行列数和图幅数呈简单的倍数关系，见表2.5。

表2.5 **地形图的经纬差、行列数及图幅数**

比例尺		1∶100万	1∶50万	1∶25万	1∶10万	1∶5万	1∶2.5万	1∶1万	1∶5 000
图幅范围	经度/°	6°	3°	1°30′	30′	15′	7′30″	3′45″	1′52.5″
	纬度/°	4°	2°	1°	20′	10′	5′	2′30″	1′15″
行列数	行数	1	2	4	12	24	48	96	192
	列数	1	2	4	12	24	48	96	192
图幅数量关系		1	4	16	144	576	2 304	9 216	36 864
			1	4	36	144	576	2 304	9 216
				1	9	36	144	576	2 304
					1	4	16	64	256
						1	4	16	64
							1	4	16
								1	4

2. 地形图的编号

（1）1∶100 万地形图的编号

该种地形图的编号为全球统一分幅编号。

行数：由赤道起向南北两极每隔纬差 4°为 1 列，直到南北 88°（南北纬 88°至南北两极地区，采用极方位投影单独成图），将南北半球各划分为 22 列，分别用拉丁字母 *A*，*B*，*C*，*D*，…，*V* 表示。

列数：从经度 180°起向东每隔 6°为一行，绕地球一周共有 60 行，分别以数字 1，2，3，4，…，60 表示。

由于南北两半球的经度相同，规定在南半球的图号前加一个 S，北半球的图号前不加任何符号。一般来讲，把列数的字母写在前，行数的数字写在后。例如，北京所在的一幅百万分之一地图的编号为 J50（图 2.13）。

由于地球的经线向两极收敛，随着纬度的增加，同是 6°的经差但其纬线弧长已逐渐缩小，因此规定在纬度 60°~76°的图幅采用双幅合并（经差为 12°，纬差为 4°）；在纬度 76°~88°间的图幅采用 4 幅合并（经差为 24°，纬差为 4°）。这些合并图幅的编号，列数不变，行数（无论包含 2 个或 4 个）并列写在其后。例如北纬 80°~84°，西经 48°~72°的一幅百万分之一的地图编号应为 U-19、U-20、U-21、U-22。

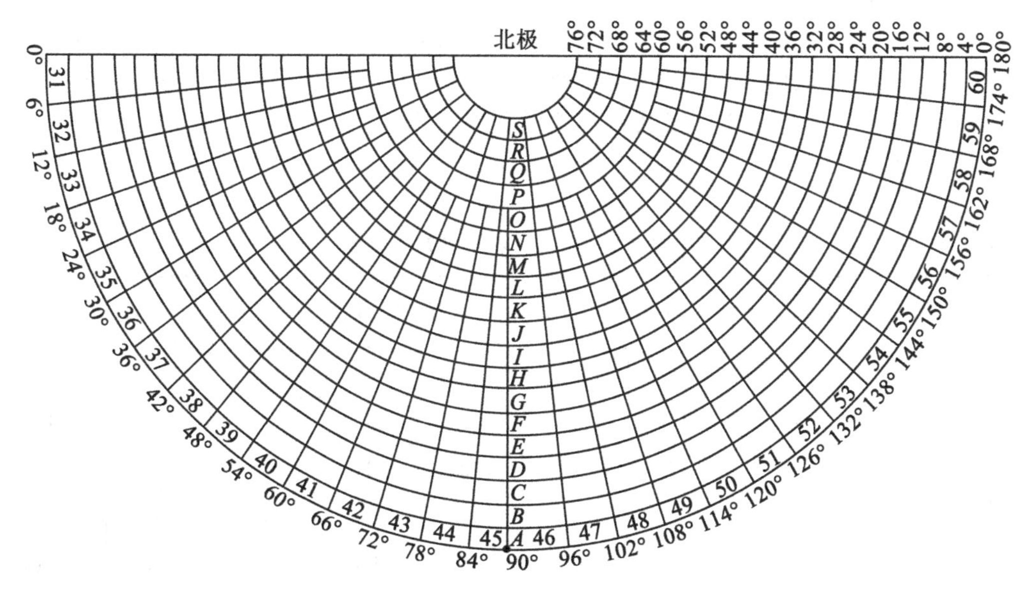

图 2.13　1∶100 万地形图的分幅和编号（北半球）

（2）1∶50 万~1∶5 000比例尺地图编号

由于历史原因，我国地形图的编号在 20 世纪 90 年代以前很不统一，20 世纪 90 年代以后 1∶50 万~1∶5 000地形图的编号均以 1∶100 万地形图编号为基础，采用行列编号的方法。将 1∶100 万地形图按所含各比例尺地形图的经差和纬差划分成若干行和列，横行从上到下、纵列从左到右按顺序分别用 3 位阿拉伯数字（数字码）表示，不足 3 位者前面补零，取行号在前、列号在后的排列形式标记；各种比例尺地形图分别采用不同的字符作为其比例尺代码，见表2.6。1∶50万~1∶5 000地形图的图号均由其所在1∶100万地形图的图号、比例尺代码和本图幅在1∶100万地形图中的行列号共10位代码组成。

表2.6　**比例尺代码**

比例尺	1∶50万	1∶25万	1∶10万	1∶5万	1∶2.5万	1∶1万	1∶5 000
代码	*B*	*C*	*D*	*E*	*F*	*G*	*H*

☞ 本章思考题

一、基础部分

1. 地球表面、大地水准面及地球椭球体面之间的关系是什么？
2. 地理空间数据的描述有哪些坐标系？相互的关系是什么？
3. 采用大地坐标与地心坐标表述地面上一点的位置各有什么优缺点？
4. 高斯-克吕格投影的变形特征是什么？为什么常常被用作大比例尺普通地图的地图投影？
5. 在数字地图中，地图比例尺在含义与表现形式上有哪些变化？
6. 如何进行不同基准下的高程转换？
7. 除地形图分幅外，谈谈还有何种地理空间框架？它们如何进行编码？
8. GPS数据如何与地图数字化数据进行集成？
9. 选择投影需要考虑哪些因素？如果要制作1∶10万的土地利用图，该选择何种类型的地图投影？

二、拓展部分

1. 试说明地球表面的磁偏角什么地方等于0°、90°、180°、大于90°、小于90°？
2. 试分析，经纬度为什么采用60进制而不是10进制？
3. 数字地图的出现对传统地图的概念与应用方式产生哪些影响？
4. 地图比例尺与空间分辨率之间的关系是什么？
5. 编程实现我国1980西安坐标系和1954北京坐标系的坐标转换。

第三章　矢量数据处理与分析

数据结构（Data Structure）即为数据组织的形式，是适合于计算机存储、管理和处理的数据逻辑结构。空间数据结构（Spatial Data Structure）则是地理实体的空间排列方式和相互关系的抽象描述；空间数据结构是GIS沟通信息的桥梁，只有充分理解GIS所采用的特定数据结构，才能正确有效地使用GIS。目前，GIS的空间数据结构主要包括矢量（Vector）和栅格（Raster）两种。其中，矢量数据是通过记录坐标的方式尽可能精确地表示点、线、面、体等地理实体，坐标空间设为连续，允许任意位置、长度和面积的精确定义；关于栅格数据的内容将在第四章中予以介绍。

第一节　矢量数据的输入与输出

一、矢量数据的输入方式

矢量数据的常见输入方式包括：

①利用各种定位仪器采集空间坐标数据（GPS、平板测图仪），依此来描述点、线、面等地理实体的空间位置。

②通过栅格数据转换而来，此方法在利用遥感数据动态更新GIS数据库时常用。

③通过纸质地图数字化得到。

④通过已有的数据进行模型计算得到。

二、矢量数据的输出方式

如图3.1所示，矢量制图通常采用矢量数据方式输入，根据坐标数据和属性数据将其符号化，然后通过制图指令驱动制图设备；也可以采用栅格数据作为输入，将制图范围划

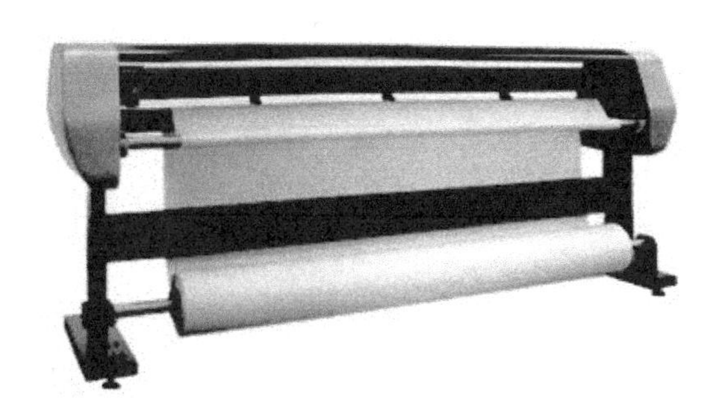

图3.1　绘图仪

分为单元，在每一单元中通过点、线构成颜色、模式表示，其驱动设备的指令依然是点、线。矢量制图指令在矢量制图设备上可以直接实现，也可以在栅格制图设备上通过插补将点、线指令转化为需要输出的点阵单元，其质量取决于制图单元的大小。

第二节　矢量数据编码

一、编码的基本内容

1. 点实体（Point）

点实体包括由单独一对 x、y 坐标定位的一切地理或制图实体。在矢量数据结构中，除点实体的 x、y 坐标外还应存储其他一些与点实体有关的属性数据来描述点实体的类型、制图符号和显示要求等。点是空间上不可再分的地理实体，可以是具体的也可以是抽象的，如野外地质露头点、GPS 采集点、道路交叉点等，如果点是一个与其他信息无关的符号，则记录时应包括符号类型、大小、方向等有关信息；如果点是文本实体，记录的数据应包括字符大小、字体、排列方式、比例、方向以及与其他非图形属性的联系方式等信息。

2. 线实体（Line）

线实体可以定义为直线元素组成的各种线型要素，直线元素由两对及以上的 x、y 坐标定义。最简单的线实体只存储它的起止点坐标、属性、显示符等有关数据。弧、链是 n 个坐标对的集合，这些坐标可以描述任何连续而又复杂的曲线。组成曲线的线元素越短，x、y 坐标数量越多，就越逼近于一条复杂曲线，既要节省存储空间，又要求较为精确地描绘曲线，唯一的办法是增加数据处理工作量。线实体主要用来表示线状地物（公路、水系、山脊线等）、符号线和多边形边界，有时也称为“弧”、“链”、“串”等。

3. 面实体（Polygon）

多边形（有时称为区域或面实体）数据是在二维平面空间描述地理空间信息的最重要一类数据。在区域实体中，具有名称属性和分类属性的，多用多边形表示，如行政区域、土地类型、矿产分布等；具有标量属性的，有时也用等值线来描述（如地形起伏、降水量等）。多边形矢量编码，不但要表示位置和属性，更重要的是能表达区域的拓扑特征，如形状、邻域和层次结构等，以便使这些基本的空间单元可以作为专题图的资料进行显示和操作，由于要表达的信息十分丰富，基于多边形的运算量大而复杂，因此多边形矢量编码比点和线实体的矢量编码要复杂得多，也更为重要。

4. 体实体（Body）

体实体是指具有三维坐标（x，y，z）的空间对象，具有长、宽、高等属性，通常用来表示人工或自然的三维目标，如建筑物、矿体等三维目标。体实体不属于本教材的主要研究内容。

二、矢量数据的拓扑关系

在 GIS 中，为了真实地反映地理实体，不仅要包括实体的位置、形状、大小和属性，还必须反映实体之间的相互关系。这些关系是指它们之间的邻接关系、关联关系和包含关系等拓扑（Topology）关系。

拓扑关系在地图上是通过图形来识别和解释的，而在计算机中，则必须按照拓扑结构加以定义。

如图 3.2 所示：*A*、*B*、*C*、*D* 为节点；*a*、*b*、*c*、*d*、*e* 为线段（弧段）；P_0、P_1、P_2、P_3、P_4为面（多边形）。

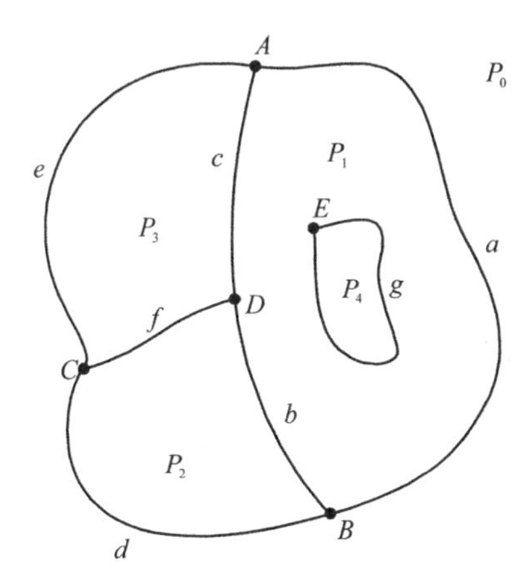

图 3.2　矢量数据的拓扑关系

①邻接关系：空间图形中同类元素之间的拓扑关系。例如，多边形之间的邻接关系，P_2与 P_3、P_1与 P_2，又如节点之间的邻接关系 *A* 与 *D*，*C* 与 *D* 等。

②关联关系：空间图形中不同元素之间的拓扑关系。例如，节点与弧段的关联关系 *A* 与 *e*、*a*、*c*；多边形与弧段的关联关系 P_2与 *e*、*c*、*f*。

③包含关系：空间图形中同类但不同级元素之间的拓扑关系。例如，多边形 P_1中包含有多边形 P_4。

如果要将节点、弧段、面相互之间所有的拓扑关系表达出来，可以组成 4 个关系表，见表 3.1、表 3.2、表 3.3 和表 3.4。

上述关系也可以只用其中的部分表来表示，而其余关系则隐含其中，需要时再建立临时关系表。例如，表 3.2 对于网络分析非常重要，而对于主要为面状目标的 GIS 来说则可以省略。

表 3.1 中，弧段前的负号表示面域中含有岛。表 3.3 中每一弧段的左、右节点分别作为起始节点和终止节点。

表 3.1　**面域与弧段的拓扑关系**

面域	弧段
P_1	*a*，*b*，*c*，−*g*
P_2	*b*，*d*，*f*
P_3	*c*，*f*，*e*
P_4	*g*

表 3.2　**节点与弧段的拓扑关系**

节点	弧段
A	*a*，*c*，*e*
B	*a*，*d*，*b*
C	*d*，*e*，*f*
D	*b*，*f*，*c*
E	*g*

表 3.3　**弧段与节点的拓扑关系**

弧段	节点
a	A，B
b	B，D
c	D，A
d	B，C
e	C，A
f	C，D
g	E，E

表 3.4　**弧段与面域的拓扑关系**

弧段	左邻面	右邻面
a	P_0	P_1
b	P_2	P_1
c	P_3	P_1
d	P_0	P_2
e	P_0	P_3
f	P_3	P_2
g	P_1	P_4

点、线、面矢量数据之间的关系，代表了空间实体之间的位置关系。分析点、线、面三种类型的数据，得出其可能存在的空间关系有以下几种：

1. 点-点关系

点和点之间的关系主要有两点（通过某条线）是否相连，两点之间的距离是多少；如城市中某两个点之间可否有通路，距离是多少。这是在现实生活中最为常见的点和点之间的空间关系问题。

2. 点-线关系

点和线的关系主要表现在点和线的关联关系上。如点是否位于线上，点和线之间的距离，等等。

3. 点-面关系

点和面的关系主要表现在空间包含关系上。如某个村庄是否位于某个县内，或某个县共有多少个村庄。

4. 线-线关系

线和线是否邻接、相交是线和线关系的主要表现形式。如河流和铁路的相交，两条公路是否通过某个点邻接。

5. 线-面关系

线和面的关系表现为线是否通过面或与面关联或包含在面之内。

6. 面-面关系

面和面之间的关系主要表现为邻接和包含的关系。

矢量数据的拓扑关系，对数据处理和空间分析具有重要的意义。

①根据拓扑关系，不需要利用坐标或距离，可以确定一种空间实体相对于另一种空间实体的位置关系。拓扑关系能清楚地反映实体之间的逻辑结构关系，它比几何数据具有更强的稳定性，不随地图投影而变化。

②利用拓扑关系有利于空间要素的查询，例如，某条铁路通过哪些地区，某县与哪些县邻接等。又如分析某河流能为哪些地区的居民提供水源，某湖泊周围的土地类型及对生物栖息环境做出评价等。

③可以根据拓扑关系重建地理实体。例如，根据弧段构建多边形，实现道路的选取，

进行最佳路径的选择等。

三、矢量编码的方法

矢量数据结构的编码形式，按照其功能和方法可分为：实体式、索引式、双重独立式和链状双重独立式。

1. 实体式

实体式数据结构是指构成多边形边界的各个线段，以多边形为单元进行组织。按照这种数据结构，边界坐标数据和多边形单元实体一一对应，各个多边形边界都单独编码和数字化，见表3.5。

表3.5　**多边形数据文件**

多边形	数据项
A	(x_1, y_1)，(x_2, y_2)，(x_3, y_3)，(x_4, y_4)，(x_5, y_5)，(x_6, y_6)，(x_7, y_7)，(x_8, y_8)，(x_9, y_9)，(x_1, y_1)
B	(x_1, y_1)，(x_9, y_9)，(x_8, y_8)，(x_{17}, y_{17})，(x_{16}, y_{16})，(x_{15}, y_{15})，(x_{14}, y_{14})，(x_{13}, y_{13})，(x_{12}, y_{12})，(x_{11}, y_{11})，(x_{10}, y_{10})，(x_1, y_1)
C	(x_{24}, y_{24})，(x_{25}, y_{25})，(x_{26}, y_{26})，(x_{27}, y_{27})，(x_{28}, y_{28})，(x_{29}, y_{29})，(x_{30}, y_{30})，(x_{31}, y_{31})，(x_{24}, y_{24})
D	(x_{19}, y_{19})，(x_{20}, y_{20})，(x_{21}, y_{21})，(x_{22}, y_{22})，(x_{23}, y_{23})，(x_{15}, y_{15})，(x_{16}, y_{16})，(x_{19}, y_{19})
E	(x_5, y_5)，(x_{18}, y_{18})，(x_{19}, y_{19})，(x_{16}, y_{16})，(x_{17}, y_{17})，(x_8, y_8)，(x_7, y_7)，(x_6, y_6)，(x_5, y_5)

实体式数据结构具有编码容易、数字化操作简单和数据编排直观等优点。但这种方法也有以下缺点：

①相邻多边形的公共边界要数字化两遍，造成数据冗余存储，可能导致输出的公共边界出现间隙或重叠。

②缺少多边形的邻域信息和图形的拓扑关系。

③岛只作为一个单独图形，没有建立与外界多边形的联系。

因此，实体式数据结构只用在简单的GIS中。

2. 索引式

索引式数据结构采用树状索引以减少数据冗余并间接增加邻域信息，具体方法是对所有边界点进行数字化，将坐标对以顺序方式存储，由点索引与边界线号相联系，以线索引与各多边形相联系，形成树状索引结构，如图3.3、图3.4所示。树状索引结构消除了相邻多边形边界的数据冗余和不一致的问题，在简化过于复杂的边界线或合并多边形时可不必改造索引表，邻域信息和岛状信息可以通过对多边形文件的索引处理得到，但是比较繁琐，因而给邻域函数运算、消除无用边、处理岛状信息以及检查拓扑关系等带来一定的困难，而且两个编码表都要以人工方式建立，工作量大且容易出错。

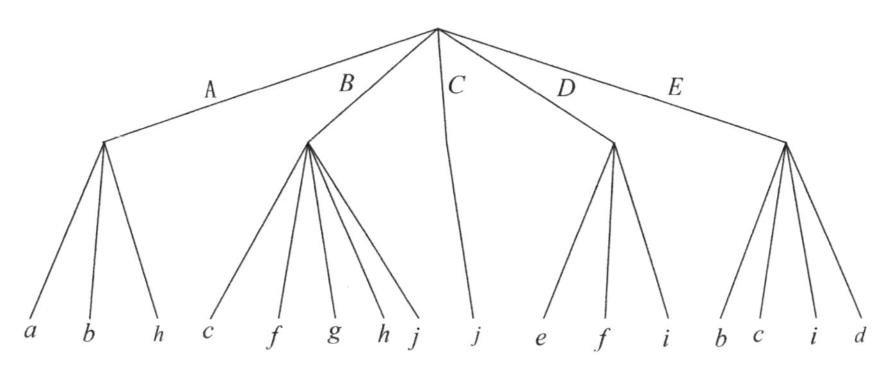

图 3.3　线与多边形之间的树状索引

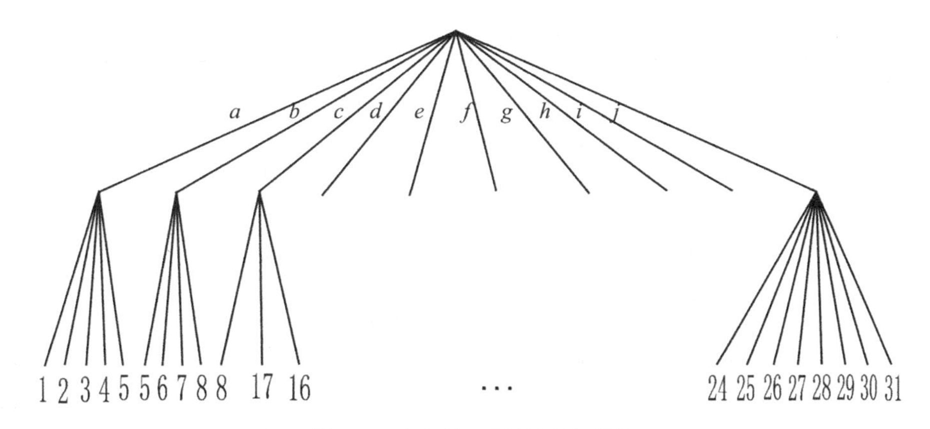

图 3.4　点与线之间的树状索引

3. 双重独立式

该数据结构最早是由美国人口统计局研制来进行人口普查分析和制图的，简称为 DIME（Dual Independent Map Encoding）系统或双重独立式的地图编码法。它以城市街道为编码的主体，其特点是采用了拓扑编码结构。

双重独立式数据结构是对图上网状或面状要素的任何一条线段，用其两端的节点及相邻面域来予以定义。例如，对图 3.5 所示的多边形数据，用双重独立数据结构表示见表 3.6：表中的第一行表示线段 a 的方向是从节点 1 到节点 8，其左侧面域为 O，右侧面域为 A。在双重独立式数据结构中，节点与节点或者面域与面域之间为拓扑邻接关系，节点与线段或者面域与线段之间为拓扑关联关系。利用这种拓扑关系来组织数据，可以有效地进行数据存储正确性检查，同时便于对数据进行更新和检索。因为在这种数据结构中，当编码数据经过计算机编辑处理以后，面域单元的第一个始节点应当和最后一个终节点相一致，而且当按照左侧面域或右侧面域来自动建立一个指定的区域单元时，其空间点的坐标应当自行闭合。如果不能自行闭合，或者出现多余的线段，则表示数据存储或编码出错，这样就达到了对数据自动编辑的目的。例如，从表 3.6 中寻找右多边形为 A 的记录，则可以得到组成 A 多边形的线及节点见表 3.7，通过这种方法可以自动形成面文件，并可以检查线文件数据的正确性。

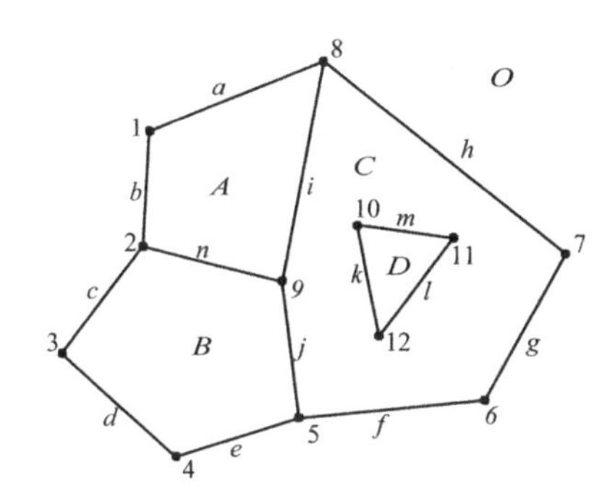

图 3.5　多边形原始数据

表 3.6　**双重独立式（DIME）编码**

线号	左多边形	右多边形	起点	终点
a	*O*	*A*	1	8
b	*O*	*A*	2	1
c	*O*	*B*	3	2
d	*O*	*B*	4	3
e	*O*	*B*	5	4
f	*O*	*C*	6	5
g	*O*	*C*	7	6
h	*O*	*C*	8	7
i	*C*	*A*	8	9
j	*C*	*B*	9	5
k	*C*	*D*	12	10
l	*C*	*D*	11	12
m	*C*	*D*	10	11
n	*B*	*A*	9	2

表 3.7　**自动生成的多边形 *A* 的线及节点**

线号	起点	终点	左多边形	右多边形
a	1	8	*O*	*A*
i	8	9	*C*	*A*
n	9	2	*B*	*A*
b	2	1	*O*	*A*

此外，这种数据结构除了通过线文件生成面文件外，还需要点文件，此处不再详细列出。

4. 链状双重独立式

链状双重独立式数据结构是对 DIME 数据结构的一种改进。在 DIME 中，一条边只能用直线两端点的序号及相邻的面域来表示，而在链状双重独立式数据结构中，将若干直线段合为一个弧段（或链段），每个弧段可以有许多中间点。在链状双重独立式数据结构中，主要有 4 个文件：多边形文件、弧段文件、弧段坐标文件、节点文件。多边形文件主要由多边形记录组成，包括多边形号、组成多边形的弧段号以及周长、面积、中心点坐标及有关“洞”的信息等，多边形文件也可以通过软件自动检索各相关弧段生成，并同时计算出多边形的周长和面积以及中心点的坐标，当多边形中含有“洞”时，则此“洞”的面积为负，并在总面积中减去，其组成的弧段号前也冠以负号；弧段文件主要由弧记录组成，存储弧段的起止节点号和弧段左右多边形号；弧段坐标文件由一系列点的位置坐标组成，一般从数字化过程获取，数字化的顺序确定了该条链段的方向。节点文件由节点记录组成，存储每个节点的节点号、节点坐标及与该节点连接的弧段。节点文件一般通过软件自动生成，因为在数字化的过程中，由于数字化操作的误差，各弧段在同一节点处的坐标不可能完全一致，需要进行匹配处理。当其偏差在允许范围内时，可取同名节点的坐标平均值。如果偏差过大，则弧段需要重新数字化。

对如图 3.6 所示的矢量数据，其链状双重独立式数据结构的多边形文件、弧段文件、弧段坐标文件见表 3.8、表 3.9 和表 3.10。

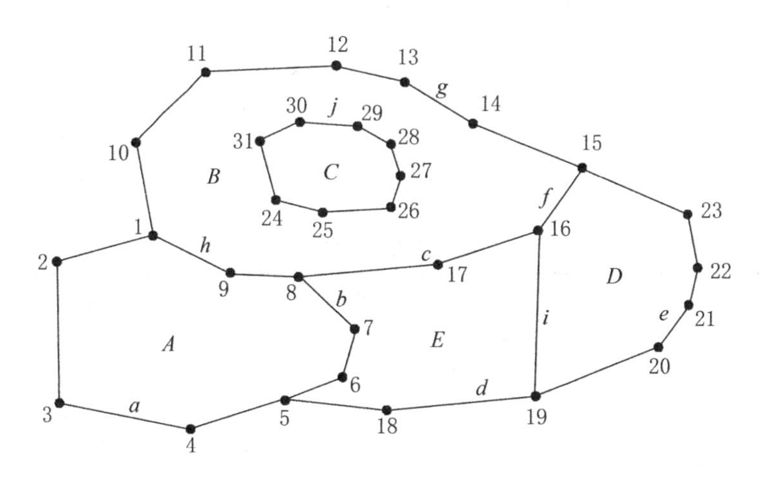

图 3.6　多边形原始数据

表 3.8　**弧段文件**

弧段号	起始点	终节点	左多边形	右多边形
a	5	1	*O*	*A*
b	8	5	*E*	*A*
c	16	8	*E*	*B*

续表

弧段号	起始点	终节点	左多边形	右多边形
d	19	5	*O*	*E*
e	15	19	*O*	*D*
f	15	16	*D*	*B*
g	1	15	*O*	*B*
h	8	1	*A*	*B*
i	16	19	*D*	*E*
j	31	31	*B*	*C*

表 3.9　**弧段坐标文件**

弧段号	点　号
a	5，4，3，2，1
b	8，7，6，5
c	16，17，8
d	19，18，5
e	15，23，22，21，20，19
f	15，16
g	1，10，11，12，13，14，15
h	8，9，1
i	16，19
j	31，30，29，28，27，26，25，24，31

表 3.10　**多边形文件**

多边形号	弧段号	周长	面积	中心点坐标
A	*h*，*b*，*a*			
B	*g*，*f*，*c*，*h*，*j*			
C	*j*			
D	*e*，*i*，*f*			
E	*e*，*i*，*d*，*b*			

第三节　矢量数据分析的基本方法

在 GIS 中，空间分析（Spatial Analysis）是评价一个 GIS 系统功能的重要指标之一，也是获取新的地学信息、进行空间综合决策的核心部分，因此，对空间分析做如下定义：

空间分析是基于空间数据的分析技术，以地学原理为依托，通过分析算法，从空间数据中获取有关地理对象的空间位置、空间分布、空间形态、空间形成及空间演变等信息。

与栅格数据分析处理方法相比，矢量数据一般不存在模式化的分析处理方法，而表现为处理方法的多样性与复杂性。本节选择几种最为常见的几何分析法，并以其为例，说明矢量数据分析处理的基本原理与方法。

一、包含分析

确定地理要素之间是否存在着直接的联系，即矢量点、线、面之间是否存在空间位置上的联系，这是地理信息分析处理中常提出的问题，也是在 GIS 中实现图形—属性对位检索的前提条件与基本的分析方法。例如，若在计算机屏幕上利用鼠标点击对应的点状、线状或面状图形，查询其对应的属性信息；或需要确定点状居民地与线状河流或面状地类之间的空间关系（如是否相邻或包含），都需要利用矢量数据的包含分析与数据处理方法。例如，要确定某个井位属于哪个行政区，要测定某条断裂线经过哪些城市建筑，都需要通过 GIS 信息分析方法中对已有矢量数据的包含分析来实现以上目标。

在包含分析的具体算法中，点与点、点与线的包含分析一般均可以分别通过先计算点到点，点到线之间的距离，然后，利用最小距离阈值判断包含的结果。点与面之间的包含分析，或称为 Point-Polygon 分析，具有较为典型的意义。可以通过著名的铅垂线算法来解决，如图 3.7 所示，由 P_t点作一条铅垂线，然后测试 P_t是在该多边形之内或之外。其基本算法的思路是：如果该铅垂线与某一图斑有奇数交点，则该 P_t点必位于该图斑内（某些特殊条件除外）。

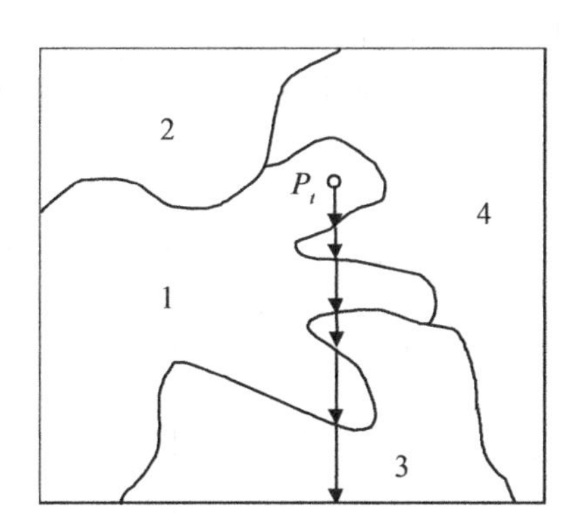

图 3.7　铅垂线算法

利用这种包含分析方法，还可以解决地图的自动分色，地图内容从面向点的制图综合，面状数据从矢量向栅格格式的转换，以及区域内容的自动计数（如某个设定的森林砍伐区内，某一树种的棵数）等。例如，确定某区域内矿井的个数，这是点与面之间的包含分析，确定某一县境内公路的类型以及不同级别道路的里程，是线与面之间的包含分析。其分析的方法是：首先对这些矿井、公路要点、线要素数字化，经处理后形成具有拓扑关系的相应图层；然后和已经存放在系统中的多边形进行点与面、线与面的叠加；最后对这个多边形或区域进行点或线段的自动计数或归属判断。

二、叠合分析

根据叠合对象图形特征，叠合分析可分为：点与多边形的叠合、线与多边形的叠合和多边形与多边形的叠合。

1. 点与多边形的叠合（Point-in-polygon Overlay）

确定一图层上的点落在另一图层的哪个多边形内，为新图层上的点产生新的属性，如图 3.8 所示。

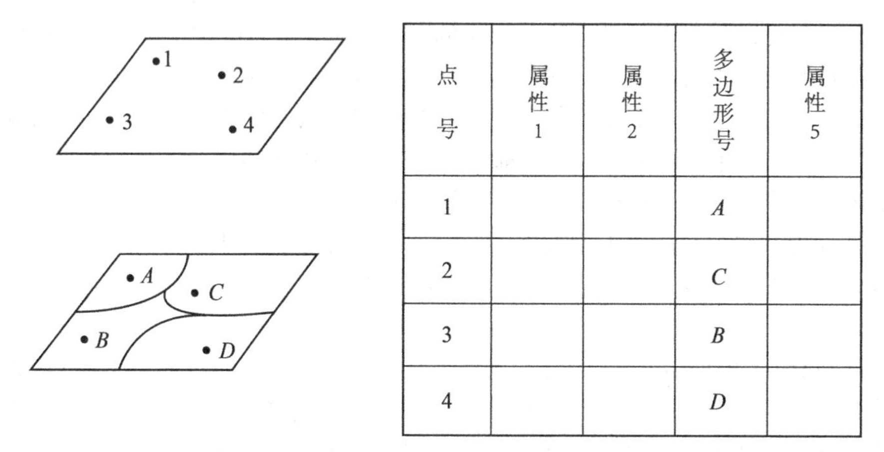

点号	属性1	属性2	多边形号	属性5
1			*A*	
2			*C*	
3			*B*	
4			*D*	

图 3.8　点与多边形叠合

2. 线与多边形的叠合（Line-in-polygon Overlay）

确定一图层上的弧段落在另一图层的哪个多边形内，为新图层上的每条弧段建立新的属性，如图 3.9 所示。

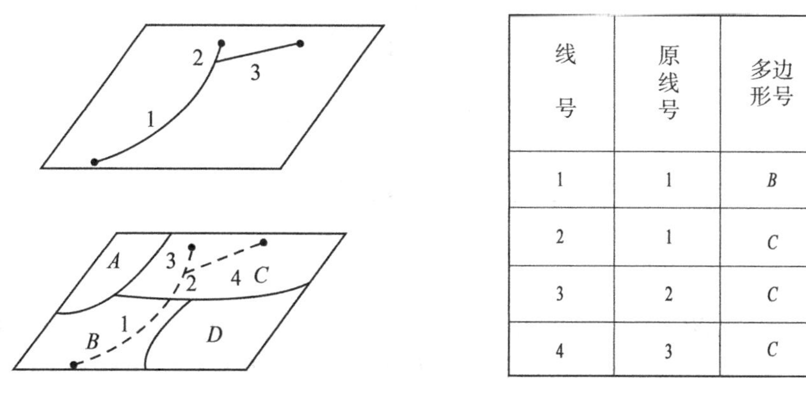

线号	原线号	多边形号
1	1	*B*
2	1	*C*
3	2	*C*
4	3	*C*

图 3.9　线与多边形叠合

3. 多边形与多边形的叠合（Polygon-in-polygon Overlay）

多边形的叠合分析也称为 Polygon-on-polygon 叠合，它是指同一地区、同一比例尺的两组或两组以上的多边形要素的数据文件进行叠合。参加叠合分析的两个图层应都是矢量数据结构。若需进行多层叠合，也是两两叠合后再与第三层叠合，依次类推。其中被叠合的多边形为本底多边形，用来叠合的多边形为上覆多边形，叠合后产生具有多重属性的新多边形。

其基本的处理方法是，根据两组多边形边界的交点来建立具有多重属性的多边形或进行多边形范围内的属性特性的统计分析。其中，前者称为地图内容的合成叠合（图3.10），后者称为地图内容的统计叠合（图3.11）。

合成叠置的目的是通过区域多重属性的模拟，寻找和确定同时具有几种地理属性的分布区域。或者按照确定的地理指标，对叠置后产生的具有不同属性的多边形进行重新分类或分级，因此叠置的结果为新的多边形数据文件。统计叠置的目的，是准确地计算一种要素（如土地利用）在另一种要素（如行政区域）的某个区域多边形范围内的分布状况和数量特征（包括拥有的类型数、各类型的面积及所占总面积的百分比等）或提取某个区域范围内某种专题内容的数据。

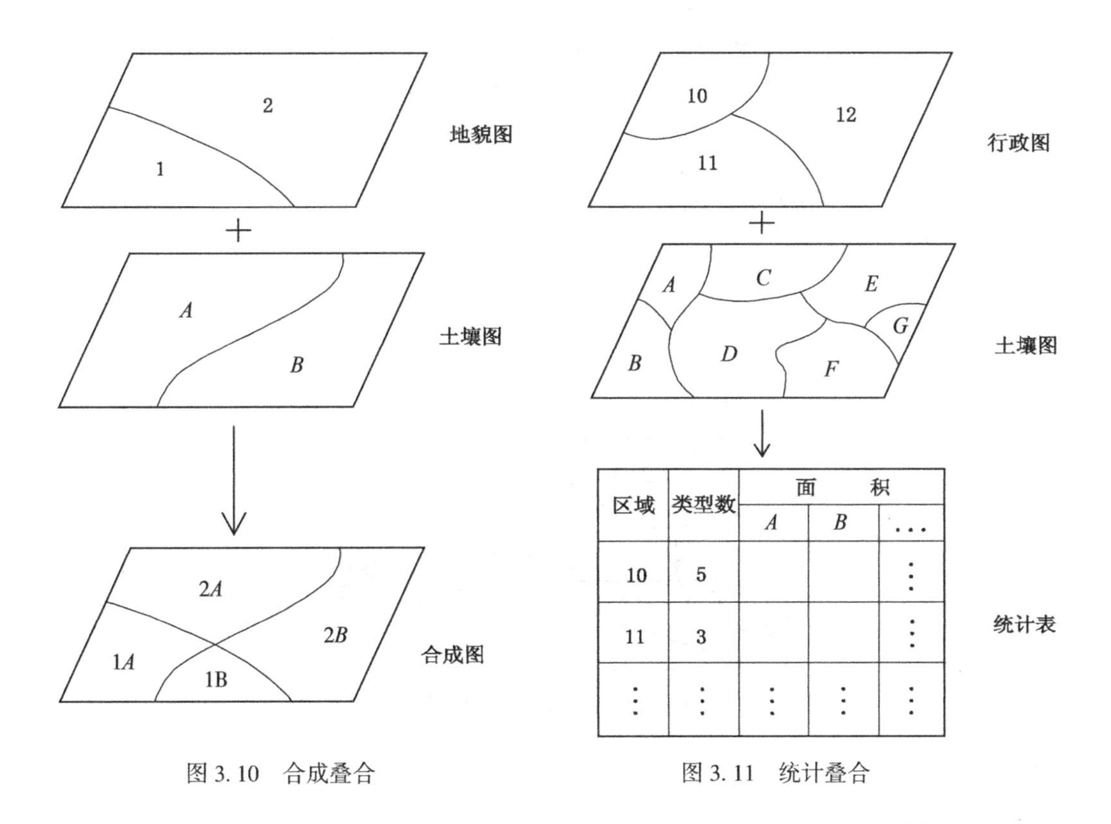

图3.10 合成叠合　　图3.11 统计叠合

多边形的叠合分析具体包括以下几种：

（1）多边形之和（Union）

多边形叠合时，输出层保留了两个输入层的所有多边形，如图3.12所示。

（2）多边形之积（Intersect）

多边形叠合时，输出层保留了两个输入层的共同多边形，如图3.13所示。

（3）多边形归一（Identity）

多边形归一是以一个输入的边界为准，而将另一个多边形与之相匹配，输出层为控制

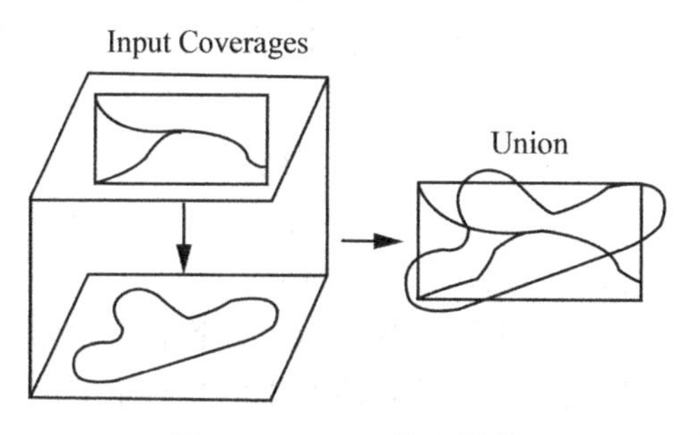

图 3. 12 Union 叠合操作

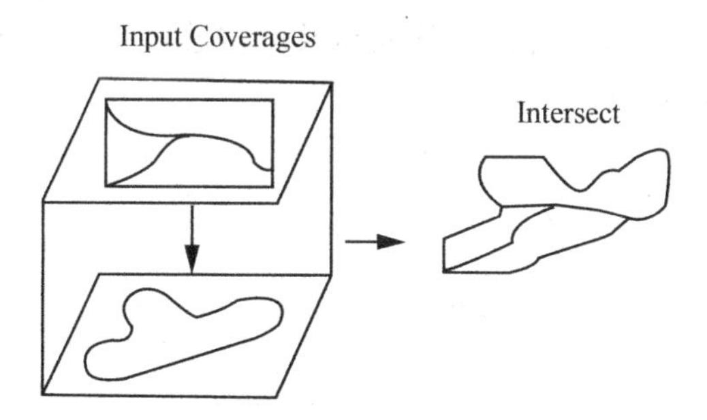

图 3. 13 Intersect 叠合操作

边界内的所有多边形，如图 3. 14 所示。

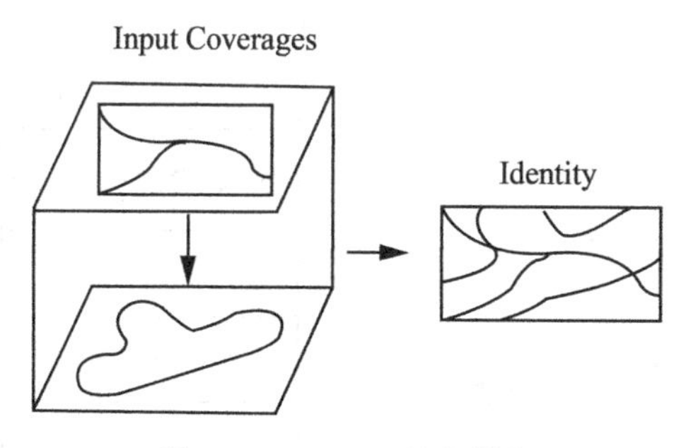

图 3. 14 Identity 叠合操作

三、缓冲区分析

1. 空间缓冲区分析（Spatial Buffer Analysis）的概念

空间缓冲区分析是针对点、线、面实体，自动建立周围一定宽度范围以内的缓冲区多边形，如图 3. 15 所示。主要有以下 3 种形式：

①基于点要素的缓冲区，一般以点为圆心，以一定距离为半径的圆；

②基于线要素的缓冲区，一般是以线为中心轴线，中心轴线一定距离的平行条带多边形；

③基于面要素多边形边界的缓冲区，向内或向外扩展一定距离生成新的多边形。

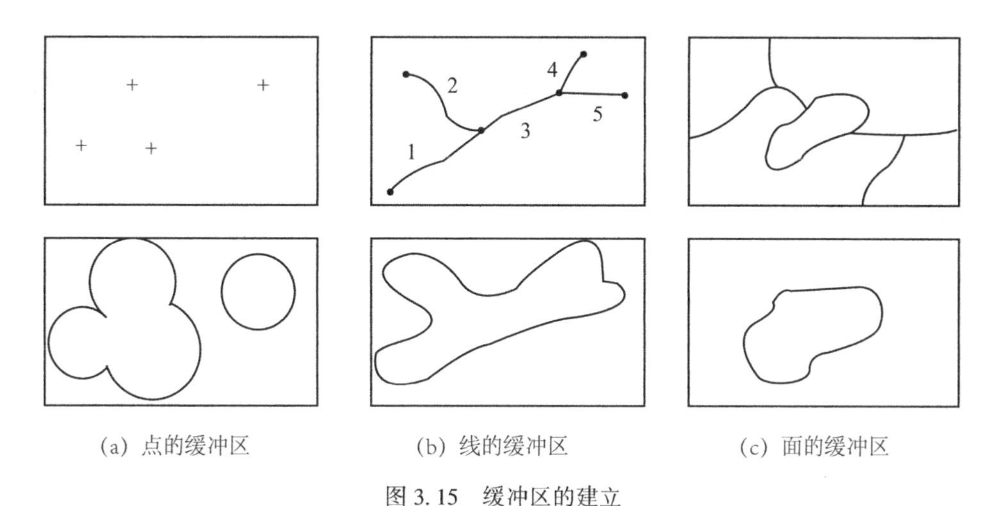

(a) 点的缓冲区　　(b) 线的缓冲区　　(c) 面的缓冲区

图 3.15　缓冲区的建立

2. 空间缓冲区分析的对象因素

(1) 主体

主体表示分析的主要目标，一般分为点源、线源和面源 3 种类型，如图 3.15 所示。

(2) 邻近对象

邻近对象表示受主体影响的客体，如修建高速公路所涉及的居民区，森林遭受砍伐时所影响的水土流失范围等。

(3) 作用条件

作用条件表示主体对邻近对象施加作用的影响条件或强度。

3. 空间缓冲区分析模型

根据主体对邻近对象作用性质的不同，空间缓冲区一般可采用以下 3 种不同的分析模型：

(1) 线性模型

当主体对邻近对象的影响度 F_i 随距离 r_i ($0 \leqslant r_i \leqslant 1$) 的增大而呈线性形式衰减时，称为线性模型，其表达式为：

$$F_i = f_0 (1 - r_i) \tag{3-1}$$

$$r_i = d_i / d_0 \tag{3-2}$$

式中，F_i 为主体对邻近对象的实际影响度；f_0 为主体自身的综合规模指数；d_i 为邻近对象离开主体的实际距离；d_0 为主体对邻近对象的最大影响距离。

(2) 二次模型

主体对邻近对象的影响度 F_i 随距离 r_i ($0 \leqslant r_i \leqslant 1$) 的增大而呈二次形式衰减时，称为二次模型，其表达式为：

$$F_i = f_0 (1 - r_i)^2 \tag{3-3}$$

$$r_i = d_i / d_0 \tag{3-4}$$

(3) 指数模型

主体对邻近对象的影响度 F_i 随距离 r_i（$0\leqslant r_i\leqslant 1$）的增大而呈指数衰减时，称为指数模型，其表达式为：

$$F_i = f_0^{(1-r_i)} \tag{3-5}$$

$$r_i = d_i / d_0 \tag{3-6}$$

3 种缓冲区分析模型如图 3.16 所示。

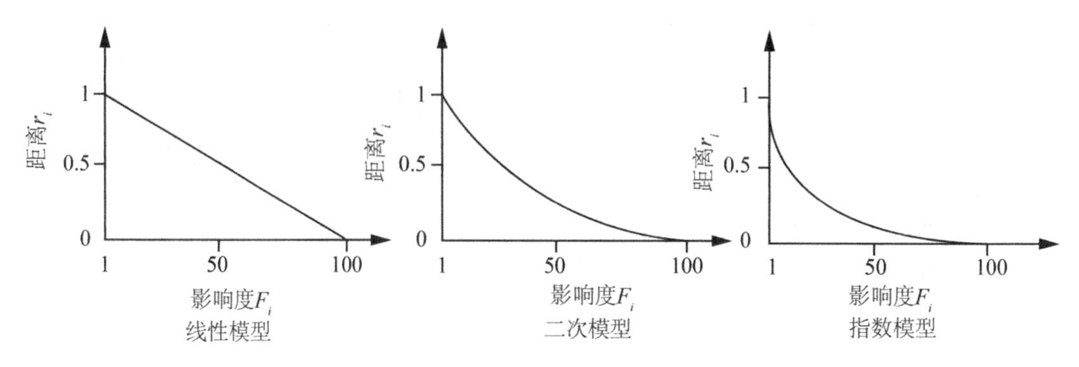

图 3.16　3 种缓冲区分析模型

4. 空间缓冲区分析方法实例

设在某研究区 10km²区域内有 3 条道路，它们相关的几何数据和属性数据见表 3.11。现以这些道路为主体，道路附近的居民出行为邻近对象，试进行这些道路通达度的缓冲区分析。其分析和操作过程如下：

表 3.11　**道路数据**

名称	坐标	路宽 /m	机动车流量 /（辆·h⁻¹）	非机动车流量 /（辆·h⁻¹）	人流量 /（人·h⁻¹）
A	x_1y_1，…，x_my_m	40	182	2 070	2 772
B	x_1y_1，…，x_ny_n	22	11	3 991	4 254
C	x_1y_1，…，x_1y_1	10	5	725	1 026

（1）计算道路的综合规模标准化指数 f_0

对表 3.11 所列的各项统计数据采用最大值标准化方法处理，可得到标准化指数 f_0（表 3.12）。

表 3.12　**处理后的道路数据**

名称	路宽	机动车流量	非机动车流量	人流量	综合规模指数	标准化指数 f_0
A	1.00	1.00	0.52	0.65	3.17	100
B	0.55	0.06	1.00	1.00	2.61	82
C	0.25	0.03	0.18	0.24	0.70	22

（2）计算道路的最大影响距离 d_0

道路的最大影响距离 d_0 与该类道路的级别标准和总长度有关，级别标准越高，则影响距离也越大，一般按下式推算：

$$d_0 = S/2l \tag{3-7}$$

式中，S 为研究区面积，本例为 $10km^2$；l 为各级道路的长度，分别为 $l_A = 10\ 000m$，$l_B = 4\ 286m$，$l_C = 35\ 714m$。则道路 A 的 $d_0 = S/2l_A = 500m$；道路 B 的 $d_0 = S/2(l_A + l_B) = 350m$；道路 C 的 $d_0 = S/2(l_A + l_B + l_C) = 100m$。

（3）实施缓冲区操作

道路通达度具有随着离开道路中心线呈迅速递减的特点，因此，实施道路通达度的缓冲区操作适宜选择指数形式的分析模型。具体实现的技术途径有以下两种：

①由设定 d_i 值→求取 F_i 值→输出缓冲区图形的技术途径。根据该技术途径的操作步骤如下：

a. 根据应用需求和道路的最大影响距离，分别设定它们的 d_i 值，例如：道路 A 的 d_i 值分别为 100m、200m、300m、400m、500m；道路 B 的 d_i 值分别为 50m、100m、150m、200m、250m、300m、350m；道路 C 的 d_i 值分别为 25m、50m、75m、100m。

b. 根据式（3-4）和式（3-5）分别计算所有道路在不同 d_i 时的 r_i 和 F_i 值。

c. 依据 d_i 值在道路的两边绘制平行线，在线的端点处绘制半圆，生成缓冲区多边形，并在该缓冲区多边形内赋予相应的属性值 F_i，直至输出全部图形及其属性。

②由设定 F_i 值→求取 d_i 值→输出缓冲区图形的技术途径。根据该技术途径的操作步骤如下：

a. 对式（3-5）作如下变换：

$$d_i = d_0\left(1 - \frac{\ln F_i}{\ln f_0}\right) \tag{3-8}$$

b. 根据应用需求设定 F_i 值，如 20、40、80、100 等，并利用上式计算对应的 d_i 值。

c. 依据 d_i 值生成道路两边的缓冲区多边形，该缓冲区多边形内部的属性值便与事先设定的需求值相一致，同样直至输出全部图形及其属性。

四、网络分析

1. 基本概念

网络分析的主要用途是：选择最佳路径和选择最佳布局中心的位置。所谓最佳路径是指从始点到终点的最短距离或花费最少的路线（图 3.17）；最佳布局中心位置是指各中心所覆盖范围内任一点到中心的距离最近或花费最小；网流量是指网络上从起点到终点的某个函数，如运输价格、运输时间等。网络上任意点都可以是起点或终点。其基本思想则在于人类活动总是趋向于按一定目标选择达到最佳效果的空间位置。这类问题在生产、社会、经济活动中不胜枚举，因此研究此类问题具有重大意义。

网络中的基本组成部分和属性如下：

①链（Link），网络中流动的管线，如街道、河流、水管等，其状态属性包括阻力和需求。

②障碍（Barrier），禁止网络链上流动的点。

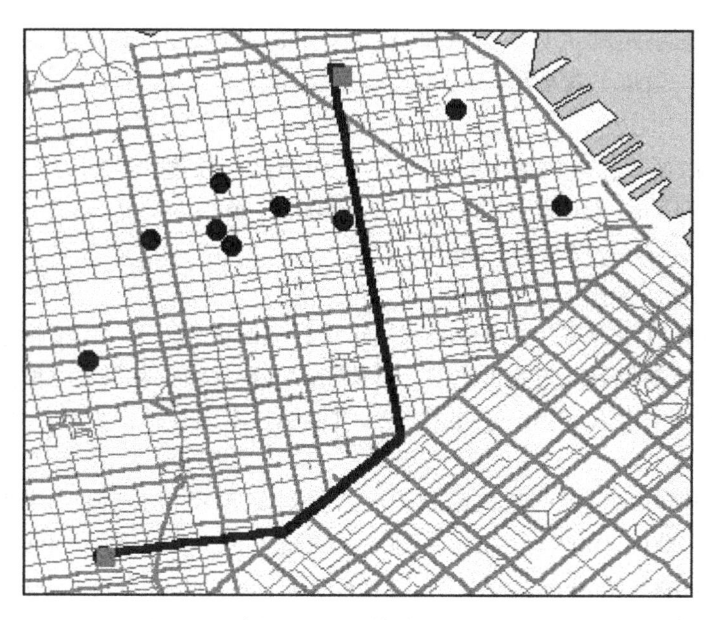

图 3.17　城市两点间最佳路径的选择示意图

③拐角点（Turning），出现在网络链中所有的分割节点上状态属性的阻力，如拐弯的时间和限制（如不允许左转弯）。

④中心（Center），是接受或分配资源的位置，如水库、商业中心、电站等。其状态属性包括资源容量，如总的资源量；阻力限额，如中心与链之间的最大距离或时间限制。

⑤站点（Stop），在路径选择中资源增减的站点，如库房、汽车站等，其状态属性有要被运输的资源需求，如产品数。

网络中的状态属性有阻力和需求两项，实际的状态属性可通过空间属性和状态属性的转换，根据实际情况赋值到网络属性表中。

2. 网络分析的基本方法

（1）路径分析

①静态求最佳路径：由用户确定权值关系后，即给定每条弧段的属性，当需要求最佳路径时，读出路径的相关属性，来求最佳路径。

②动态分段技术：给定一条路径由多段联系组成，要求标注出这条路径上的公里点或要求定位某一公路上的某一点，标注出某条路上从某一公里数到另一公里数的路段。

③N 条最佳路径分析：确定起点、终点，求代价较小的几条路径，因为在实际中往往仅求出最佳路径并不能满足要求，可能因为某种因素不走最佳路径，而走近似最佳路径。

④最短路径：确定起点、终点和所要经过的中间点、中间连线，求最短路径。

⑤动态最佳路径分析：实际网络分析中权值是随着权值关系式变化的，而且可能会临时出现一些障碍点，所以往往需要动态地计算最佳路径。

（2）地址匹配

地址匹配实质是对地理位置的查询，它涉及地址的编码。地址匹配与其他网络分析功能结合起来，可以满足实际工作中非常复杂的分析要求。所需输入的数据，包括地址表和含地址范围的街道网络及待查询地址的属性值。

(3) 资源分配

资源分配网络模型由中心点（分配中心）及其状态属性和网络组成。分配有两种方式：一种是由分配中心向四周输出；另一种是由四周向中心集中。这种分配功能可以解决资源的有效流动和合理分配。其在地理网络中的应用与区位论中的中心地理论类似。在资源分配模型中，研究区可以是机能区，根据网络流的阻力等来研究中心的吸引区，为网络中的每一连接寻找最近的中心，以实现最佳的服务。还可以用来指定可能的区域。

资源分配模型可用来计算中心地的等时区、等交通距离区、等费用距离区等。可用来进行城镇中心、商业中心或港口等地的吸引范围分析，以用来寻找区域中最近的商业中心，进行各种区划和港口腹地的模拟等。

☞ 本章思考题

1. 矢量数据结构的基本特征。
2. 矢量编码的几种常见方式。
3. 对比几种矢量数据分析方法的特点。

第四章　栅格数据处理与分析

栅格结构是最简单最直观的空间数据结构，又称为网格结构（Raster 或 Grid Cell）或像元结构（Pixel），是指将地球表面划分为大小均匀、紧密相邻的网格阵列，每个网格作为一个像元或像素，由行、列号定义，并包含一个代码，表示该像素的属性类型或量值，或仅仅包含指向其属性记录的指针。因此，栅格结构是以规则的阵列来表示空间地物或现象分布的数据组织，组织中的每个数据表示地物或现象的非几何属性特征。如图 4.1 所示，在栅格结构中，点用一个栅格单元表示；线状地物则用沿线走向的一组相邻栅格单元表示，每个栅格单元最多只有两个相邻单元在线上；面或区域用记有区域属性的相邻栅格单元的集合表示，每个栅格单元可有多于两个的相邻单元同属一个区域。任何以面状分布的对象（土地利用、土壤类型、地势起伏、环境污染等），都可以用栅格数据逼近。遥感影像就属于典型的栅格结构，每个像元的数字表示影像的灰度等级。

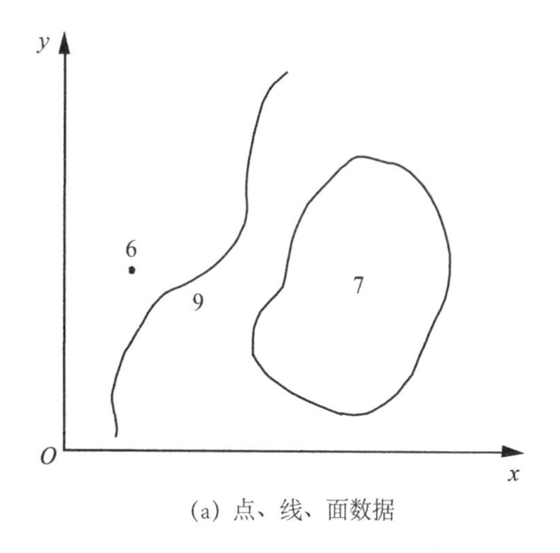

(a) 点、线、面数据

0	0	0	0	9	0	0	0
0	0	0	9	0	0	0	0
0	0	0	9	0	7	7	0
0	0	0	9	0	7	7	0
0	6	9	0	7	7	7	7
0	9	0	0	7	7	7	0
0	9	0	0	7	7	7	0
9	0	0	0	0	0	0	0

(b) 栅格表示

图 4.1　点、线、面数据的栅格结构表示

第一节　栅格数据的输入与输出

一、扫描仪输入

1. 扫描仪简介

扫描仪是直接将图形（如地形图、地质图）和图像（如遥感影像、胶片相片）扫描

输入到计算机中，以像素信息进行存储表示的设备。按其所支持的颜色分类，可分为单色扫描仪和彩色扫描仪；按其所采用的固态器件又分为电荷耦合器件（Charge Coupled Device，CCD）扫描仪、MOS（Metal Oxide Semiconductor）电路扫描仪、紧贴型扫描仪等；按扫描宽度和操作方式分为大型扫描仪、台式扫描仪和手动式扫描仪。台式扫描仪如图4.2所示。

图4.2　台式扫描仪

2. 扫描过程

扫描时，必须先进行扫描参数的设置。

①扫描模式的设置（分二值、灰度、百万种彩色），对地形图的扫描一般采用二值扫描或灰度扫描。对彩色航片或卫片采用百万种彩色扫描，对黑白航片或卫片采用灰度扫描。

②扫描分辨率的设置，根据扫描要求，对地形图的扫描一般采用300dpi或更高的分辨率。

③针对一些特殊的需要，还可以调整亮度、对比度、色调、GAMMA曲线等。

④设定扫描范围。

扫描参数设置完后，即可通过扫描获得某个地区的栅格数据。

因为通过扫描获得的是栅格数据，所以数据量比较大。如一张地质图采用300dpi灰度扫描，其数据量就有20MB左右。除此之外，扫描获得的数据还存在着噪声和中间色调像元的处理问题。噪声是指不属于地图内容的斑点污渍和其他模糊不清的东西形成的像元灰度值。噪音范围很广，没有简单有效的方法能加以完全消除，有的软件能去除一些小的脏点，但有些地图内容如小数点等和小的脏点很难区分。对于中间色调像元，则可以通过选择合适的阈值选用一些软件如Photoshop等来处理。

扫描输入因其输入速度快，不受人为因素的影响，操作简单而越来越受到大家的欢迎，再加上计算机运算速度、存储容量的提高和矢量化软件的踊跃出现，使得扫描输入已成为图形数据输入的主要方法。

二、打印输出

打印输出一般是直接由栅格方式进行的，可利用以下几种打印机：

1. 行式打印机

行式打印速度快，成本低，但通常还需要由不同的字符组合来表示像元的灰度值，精度太低，十分粗糙，且横纵比例不一，总比例也难以调整，是比较落后的方法。

2. 点阵打印机

点阵打印可用每个针打出一个像元点，可打印精美的、比例准确的彩色地图，且设备便宜，成本低，速度与矢量绘图相近，但渲染图比矢量绘图均匀，便于小型 GIS 采用，但主要问题是幅面有限，大的输出图需拼接。

3. 喷墨打印机（亦称喷墨绘图仪）

喷墨打印机是十分高档的点阵输出设备，输出质量高、速度快，随着技术的不断完善与价格的降低，目前已经取代矢量绘图仪的地位，成为 GIS 产品主要的输出设备之一。

4. 激光打印机

激光打印机是一种既可用于打印又可用于绘图的设备，其绘图的基本特点是高品质、快速，代表了计算机图形输出的发展方向。

5. 3D 打印机

3D 打印机是一种以数字模型文件为基础，运用粉末状金属或塑料等可粘合材料，通过逐层打印的方式来构造物体的技术。如图 4.3 所示，3D 打印机与传统打印机最大的区别在于它使用的“墨水”是实实在在的原材料，过去常在模具制造、工业设计等领域被用于制造模型，现正逐渐用于一些产品的直接制造，意味着这项技术正在普及。3D 打印将是未来三维 GIS 产品输出的重要技术手段。

图 4.3　3D 打印机

第二节　栅格数据的基本特征

栅格数据结构的显著特点是“属性明显、位置隐含”，即数据直接记录属性的指针或属性本身，而所在位置则根据行列号转换为相应的坐标给出，也就是说定位是根据数据在数据集中的位置得到的。由于栅格结构是按一定的规则排列的，所表示实体的位置很容易隐含在网格文件的存储结构中，每个存储单元的行列位置可以很方便地根据其在文件中的记录位置得到，且行列坐标可以很容易地转换为其他坐标系下的坐标。在网格文件中每个代码本身明确地代表了实体的属性或属性的编码，如果为属性的编码，则该编码可作为指向实体属性表的指针。如前文图 4.1 中表示了一个代码为 6 的点实体，一条代码为 9 的线实体，一个代码为 7 的面实体。由于栅格阵列容易为计算机存储、操作和显示，因此这种结构容易实现，算法简单，且易于扩充、修改，也很直观，特别是易于同遥感影像结合处理，给地理空间数据处理带来了极大的方便，受到普遍欢迎，许多 GIS 都部分和全部采取了栅格结构。栅格结构的另一个优点是，特别适合于 C/C++、Java/C#等高级程序设计语言作为文件或矩阵处理，这也是栅格结构易于为多数 GIS 设计者所接受的重要原因之一。

栅格结构表示的地表是不连续的，是量化和近似离散的数据。在栅格结构中，地表被分成相互邻接、规则排列的矩形方块，特殊的情况下也可以是三角形或菱形、六边形等(图 4.4)，每个地块与一个栅格单元相对应。栅格数据的比例尺就是栅格大小与地表相应单元大小之比。在许多栅格数据处理时，常假设栅格所表示的量化表面是连续的，以便使用某些连续函数。由于栅格结构对地表的量化，在计算面积、长度、距离、形状等空间指标时，若栅格尺寸较大，则会造成较大的误差，同时，由于在一个栅格的地表范围内，可能存在多于一种的地物，而表示在相应的栅格结构中常常只能是一个代码，这类似于遥感影像的混合像元问题。

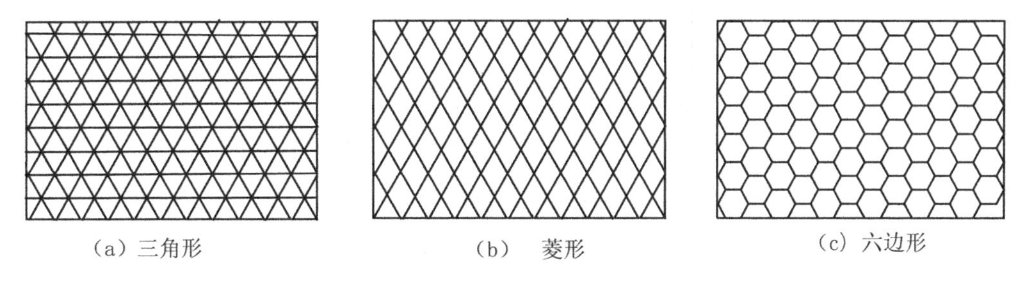

图 4.4　栅格数据结构的几种其他形式

栅格数据主要可由以下 4 种途径得到：

①目读法：在专题图上均匀划分网格，逐个网格地决定其代码，最后形成栅格数字地图文件；

②数字化仪手扶或自动跟踪数字化地图，得到矢量结构数据后，再转换为栅格结构；

③扫描数字化：逐点扫描专题地图，将扫描数据重采样和再编码得到栅格数据文件；

④分类影像输入：将经过分类解译的遥感影像数据直接或重采样后输入系统，作为栅格数据结构的专题地图。

在转换和重新采样时，需尽可能地保持原图或原始数据精度，通常有以下两种方法：

①在决定栅格代码时尽量保持地表的真实性，保证最大的信息容量。图 4.5 所示的一块矩形地表区域，内部含有 *A*、*B*、*C*3 种地物类型，*O* 点为中心点，将这个矩形区域近似

地表示为栅格结构中的一个栅格单元时，可根据需要，采取如下方案之一决定该栅格单元的代码：

a. 中心点法：用处于栅格中心处的地物类型或现象特性决定栅格代码。在图 4.5 所示的矩形区域中，中心点 *O* 落在代码为 *C* 的地物范围内，按中心点法的规则，该矩形区域相应的栅格单元代码应为 *C*，中心点法常用于具有连续分布特性的地理要素，如降雨量分布、人口密度图等。

b. 面积占优法：以占矩形区域面积最大的地物类型或现象特性决定栅格单元的代码。在图 4.5 所示的例中，显见 *B* 类地物所占面积最大，故相应栅格代码定为 *B*。面积占优法常用于分类较细，地物类别斑块较小的情况。

c. 重要性法：根据栅格内不同地物的重要性，选取最重要的地物类型决定相应的栅格单元代码。假设图 4.5 中 *A* 类为最重要的地物类型，即 *A* 比 *B* 和 *C* 类更为重要，则栅格单元的代码应为 *A*。重要性法常用于具有特殊意义而面积较小的地理要素，特别是点状、线状地理要素，如城镇、交通枢纽、交通线、河流水系等，在栅格中代码应尽量表示这些重要地物。

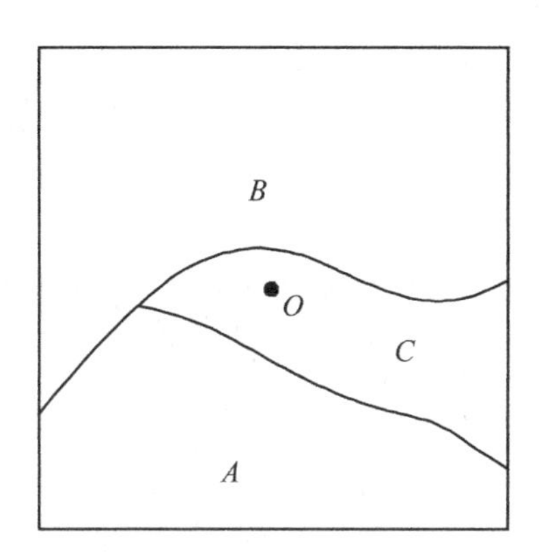

图 4.5　栅格单元代码的确定

d. 百分比法：根据矩形区域内各地理要素所占面积的百分比数来确定栅格单元的代码参与，如可记面积最大的两类 *BA*，也可根据 *B* 类和 *A* 类所占面积的百分比数在代码中加入数字。

②逼近原始精度的第二种方法是缩小单个栅格单元的面积，即增加栅格单元的总数，行列数也相应地增加。这样，每个栅格单元可代表更为精细的地面矩形单元，混合单元减少。混合类别和混合的面积都大大减小，可以大大提高量算的精度；接近真实的形态，表现更细微的地物类型。

然而，增加栅格个数、提高数据精度的同时也带来了一个严重的问题，那就是数据量的大幅度增加，数据冗余严重。为了解决这个难题，已发展了一系列栅格数据的压缩编码方法，如链式编码、游程长度编码、块状编码和四叉树编码等。

第三节　栅格数据的压缩编码方式

1. 链式编码（Chain Code）

链式编码又称为弗里曼链码（Freeman，1961）或边界链码。链式编码主要是记录线状地物和面状地物的边界。它把线状地物和面状地物的边界表示为：由某一起始点开始并按某些基本方向确定的单位矢量链。基本方向可定义为：东=0，东南=1，南=2，西南=3，西=4，西北=5，北=6，东北=7这8个基本方向（图4.6）。

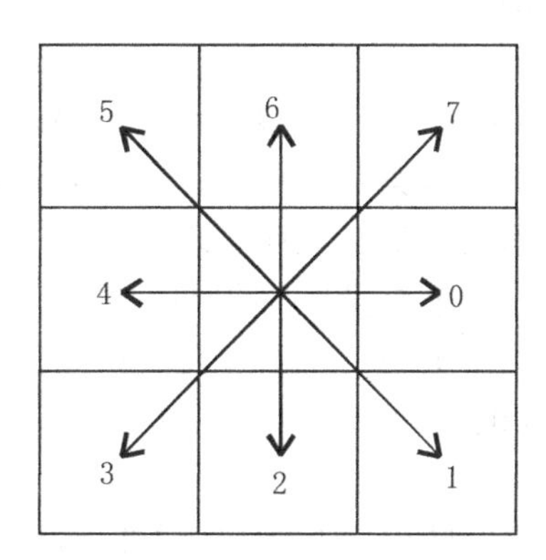

图4.6　链式编码的方向代码

如果对于图4.7所示的线状地物确定其起始点为像元（1，5），则其链式编码为：

（1，5，3，2，2，3，3，2，3）

对于图4.7所示的面状地物，假设其原起始点定为像元（5，8），则该多边形边界按顺时针方向的链式编码为：

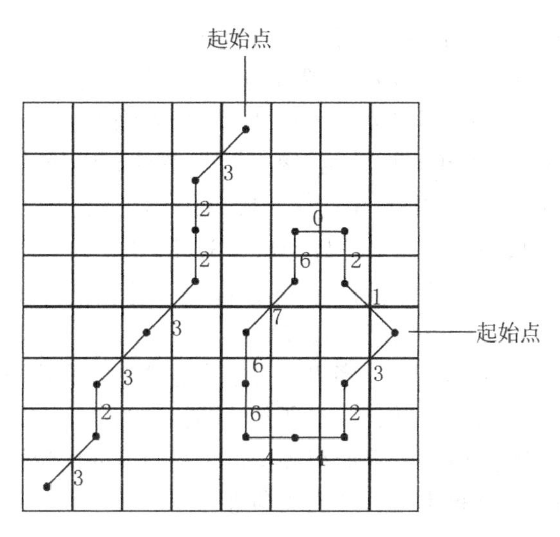

图4.7　链式编码示意图

(5, 8, 3, 2, 4, 4, 6, 6, 7, 6, 0, 2, 1)

链式编码的前两个数字表示起点的行、列数，从第三个数字开始的每个数字表示单位矢量的方向，8个方向以0~7的整数代表。

链式编码对线状和多边形的表示具有很强的数据压缩能力，且具有一定的运算功能，如面积和周长计算等，探测边界急弯和凹进部分等都比较容易，类似矢量数据结构，比较适于存储图形数据。缺点是对叠置运算，如组合、相交等很难实施，对局部修改将改变整体结构，效率较低，而且由于其链码以每个区域为单位存储边界，相邻区域的边界则被重复存储而产生冗余。

2. 游程长度编码（Run-length Code）

游程长度编码是栅格数据压缩的重要编码方法，它的基本思路是：对于一幅栅格图像，常常有行（或列）方向上相邻的若干点具有相同的属性代码，因而可采取某种方法压缩那些重复的记录内容。其编码方案是，只在各行（或列）数据的代码发生变化时依次记录该代码以及相同代码重复的个数，从而实现数据的压缩。例如，对图4.8（a）所示的栅格数据，可沿行方向进行如下游程长度编码：

(9, 4), (0, 4), (9, 3), (0, 5), (0, 1), (9, 2), (0, 1), (7, 2), (0, 2), (0, 4), (7, 2), (0, 2), (0, 4), (7, 4), (0, 4), (7, 4), (0, 4), (7, 4), (0, 4), (7, 4)

游程长度编码对图4.8（a）只用了40个整数就可以表示，而如果用前述的直接编码却需要64个整数表示，可见游程长度编码压缩数据是十分有效且简便的。事实上，压缩比的大小是与图的复杂程度成反比的，在变化多的部分，游程数就多，变化少的部分游程数就少，图件越简单，压缩效率就越高。

游程长度编码在栅格加密时，数据量没有明显增加，压缩效率较高，且易于检索，叠加合并等操作，运算简单，适用于机器存储容量小、数据需大量压缩，而又要避免复杂的编码解码运算增加处理和操作时间的情况。

3. 块状编码（Block Code）

块码是游程长度编码扩展到二维的情况，采用方形区域作为记录单元，每个记录单元包括相邻的若干栅格，数据结构由初始位置（行、列号）和半径，再加上记录单元的代码组成。根据块状编码的原则，对图4.8（a）所示图像可以用12个单位正方形，5个4单位的正方形和2个16单位的正方形就能完整表示，具体编码如下：

(1, 1, 2, 9), (1, 3, 1, 9), (1, 4, 1, 9), (1, 5, 2, 0), (1, 7, 2, 0), (2, 3, 1, 9), (2, 4, 1, 0), (3, 1, 1, 0), (3, 2, 1, 9), (3, 3, 1, 9), (3, 4, 1, 0), (3, 5, 2, 7), (3, 7, 2, 0), (4, 4, 1, 0), (4, 2, 1, 0), (4, 3, 1, 0), (4, 4, 1, 0), (5, 1, 4, 0), (5, 5, 4, 7)

一个多边形所包含的正方形越大，多边形的边界越简单，块状编码的效率就越好。块状编码对大而简单的多边形更为有效，而对那些碎部较多的复杂多边形效果并不好。块状编码在合并、插入、检查延伸性、计算面积等操作时有明显的优越性。然而对某些运算并不适应，必须在转换成简单数据形式后才能顺利进行。

4. 四叉树编码（Quad-tree Code）

四叉树结构的基本思想是将一幅栅格地图或图像等分为4个部分。逐块检查其格网属

9	9	9	9	0	0	0	0
9	9	9	0	0	0	0	0
0	9	9	0	7	7	0	0
0	0	0	0	7	7	0	0
0	0	0	0	7	7	7	7
0	0	0	0	7	7	7	7
0	0	0	0	7	7	7	7
0	0	0	0	7	7	7	7

（a）原始栅格数据

9	9	9	9	0	0	0	0
9	9	9	0	0	0	0	0
0	9	9	0	7	7	0	0
0	0	0	0	7	7	0	0
0	0	0	0	7	7	7	7
0	0	0	0	7	7	7	7
0	0	0	0	7	7	7	7
0	0	0	0	7	7	7	7

（b）四叉树编码示意图

图 4.8　四叉树编码示意图

性值（或灰度）。如果某个子区的所有格网值都具有相同的值，则这个子区就不再继续分割，否则还要把这个子区再分割成 4 个子区。这样依次地分割，直到每个子区都只含有相同的属性值或灰度为止。

图 4.8（b）表示对图 4.8（a）的分割过程及其关系。这 4 个等分区称为 4 个子象限，按左上（NW）、右上（NE）、左下（SW），右下（SE）。用树状结构表示如图 4.9 所示。

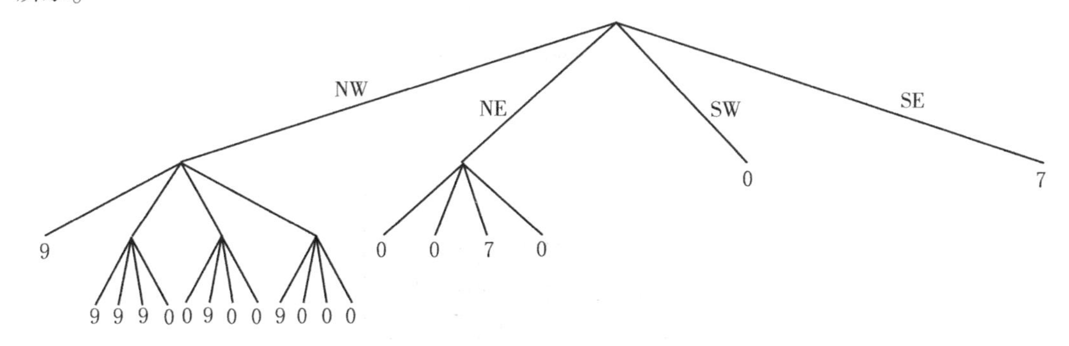

图 4.9　四叉树的树状表示

对一个由 $n \cdot n$（$n=2 \cdot k$，$k>1$）的栅格方阵组成的区域 P，如图 4.10 所示，它的 4 个子象限（P_a，P_b，P_c，P_d）分别为：

$$P_a=\left\{P\ [i,\ j]:\ 1 \leqslant i \leqslant \frac{1}{2}n,\ 1 \leqslant j \leqslant \frac{1}{2}n\right\};$$

$$P_b=\left\{P\ [i,\ j]:\ 1 \leqslant i \leqslant \frac{1}{2}n,\ \frac{n}{2}+1 \leqslant j \leqslant n\right\};$$

$$P_c=\left\{P\ [i,\ j]:\ \frac{n}{2}+1\leqslant i\leqslant n,\ 1\leqslant j\leqslant\frac{1}{2}n\right\};$$

$$P_d=\left\{P\ [i,\ j]:\ \frac{n}{2}+1\leqslant i\leqslant n,\ \frac{n}{2}+1\leqslant j\leqslant n\right\};$$

再下一层的子象限分别为：

$$P_{aa}=\left\{P\ [i,\ j]:\ 1\leqslant i\leqslant\frac{1}{4}n,\ 1\leqslant j\leqslant\frac{1}{4}n\right\};$$

$$\vdots$$

$$P_{ba}=\left\{P\ [i,\ j]:\ 1\leqslant i\leqslant\frac{1}{4}n,\ \frac{n}{2}+1\leqslant j\leqslant\frac{3}{4}n\right\};$$

$$\vdots$$

$$P_{dd}=\left\{P\ [i,\ j]:\ \frac{3}{4}n+1\leqslant i\leqslant n,\ \frac{3}{4}n+1\leqslant j\leqslant n\right\};$$

其中，a、b、c、d 分别表示西北（NW）、东北（NE）、西南（SW）、东南（SE）4个子象限。根据这些表达式可以求得任一层的某个子象限在全区的行列位置，并对这个位置范围内的网格值进行检测。若数值单调，就不再细分，按照这种方法，可以完成整个区域四叉树的建立。

这种从上而下的分割需要大量的运算，因为大量数据需要重复检查才能确定划分。当 $n\times n$ 的矩阵比较大，且区域内容要素又比较复杂时，建立这种四叉树的速度比较慢。

另一种是采用从下而上的方法建立。对栅格数据按如下的顺序进行检测。如果每相邻4个网格值相同则进行合并，逐次往上递归合并，直到符合四叉树的原则为止。这种方法重复计算较少，运算速度较快，如图4.10所示。

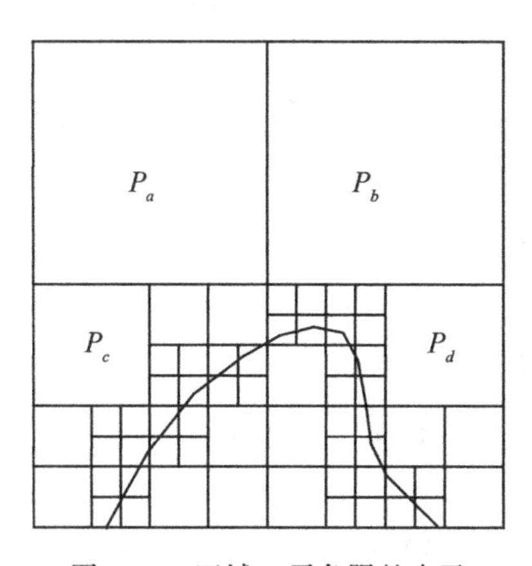

图4.10　区域 P 子象限的表示

从图中可以看出，为了保证四叉树能不断地分解下去，要求图像必须为 $2^n\times2^n$ 的栅格阵列，n 为极限分割次数，$n+1$ 是四叉树的最大高度或最大层数。对于非标准尺寸的图像需首先通过增加背景的方法将图像扩充为 $2^n\times2^n$ 的图像，也就是说在程序设计时，对不足的部分以0补足（在建树时，对于补足部分生成的叶节点不存储，这样存储量并不会增加）。

四叉树编码法有许多优点：①容易而有效地计算多边形的数量特征；②阵列各部分的分辨率是可变的，边界复杂部分四叉树较高即分级多，分辨率也高，而不需表示许多细节的部分则分级少，分辨率低，因而既可精确表示图形结构又可减少存储量；③栅格到四叉树及四叉树到简单栅格结构的转换比其他压缩方法容易；④多边形中嵌套异类小多边形的表示较方便。

但四叉树编码的最大缺点是转换的不定性，用同一形状和大小的多边形可能得出多种不同的四叉树结构，故不利于形状分析和模式识别。但因它允许多边形中嵌套多边形即所谓“洞”这种结构存在，越来越多的 GIS 工作者都对四叉树结构很感兴趣。

5. 八叉树编码

八叉树结构（图 4.11）是四叉树编码由二维到三维的扩展，就是将空间区域不断地分解为 8 个同样大小的子区域（即将一个六面的立方体再分解为 8 个相同大小的小立方体），分解的次数越多，子区域就越小，一直到同一区域的属性单一为止。按从下而上合并的方式来说，就是将研究区空间先按一定的分辨率将三维空间划分为三维栅格网，然后按规定的顺序每次比较 3 个相邻的栅格单元，如果其属性值相同则合并，否则就记录。依次递归运算，直到每个子区域均为单值为止。

八叉树主要用来解决 GIS 中的三维问题。依次类推，十六叉树主要用来解决 GIS 中的四维问题。

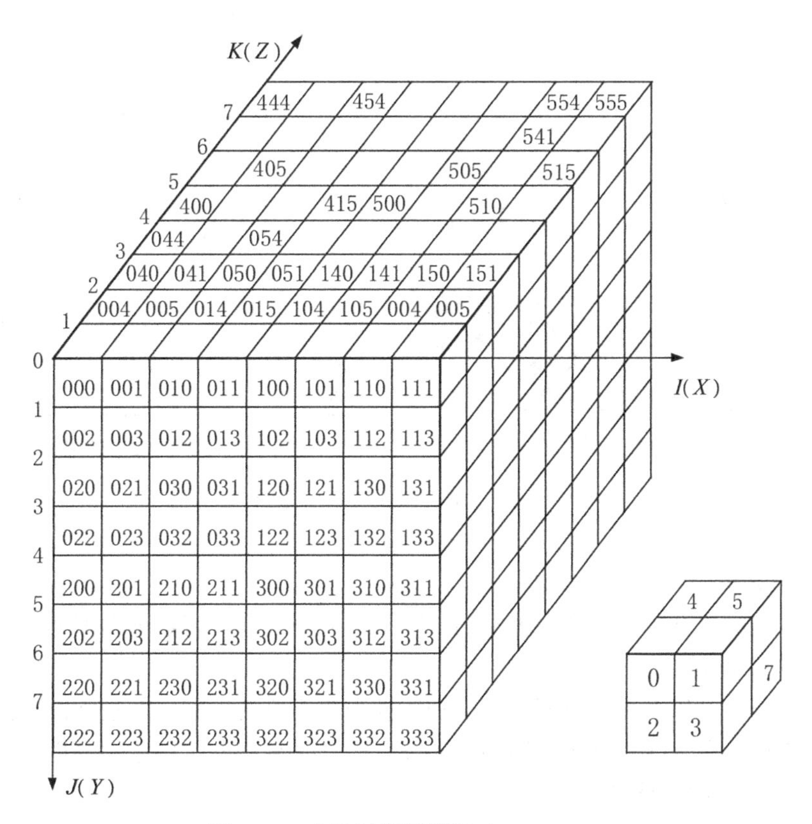

图 4.11　八叉树编码图解（$n=3$）

第四节 栅格数据分析的基本方法

栅格数据由于其自身数据结构的特点，在数据处理与分析中通常使用线性代数的二维数字矩阵分析法作为数据分析的数学基础。因此，具有自动分析处理较为简单，而且分析处理模式化很强的特征。一般来说，栅格数据的分析处理方法可以概括为聚类聚合分析、多层面复合叠置分析、窗口分析及追踪分析等几种基本的分析类型。

一、栅格数据的聚类、聚合分析

栅格数据的聚类、聚合分析均是指将一个单一层面的栅格数据系统经某种变换而得到一个具有新含义的栅格数据系统的数据处理过程。也有人将这种分析方法称为栅格数据的单层面派生处理法。

1. 聚类分析

栅格数据的聚类是根据设定的聚类条件对原有数据系统进行有选择的信息提取而建立新的栅格数据系统的方法。

图 4.12（a）为一个栅格数据系统样图，1、2、3、4 为其中的 4 种类型要素，图 4.12（b）为提取其中要素“2”的聚类结果。

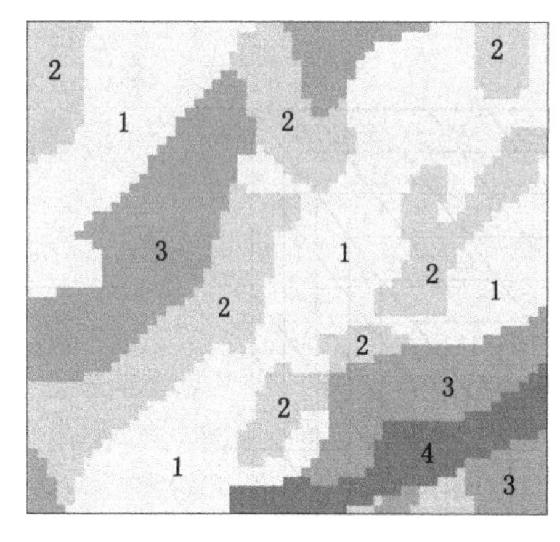

（a）栅格数据系统样图

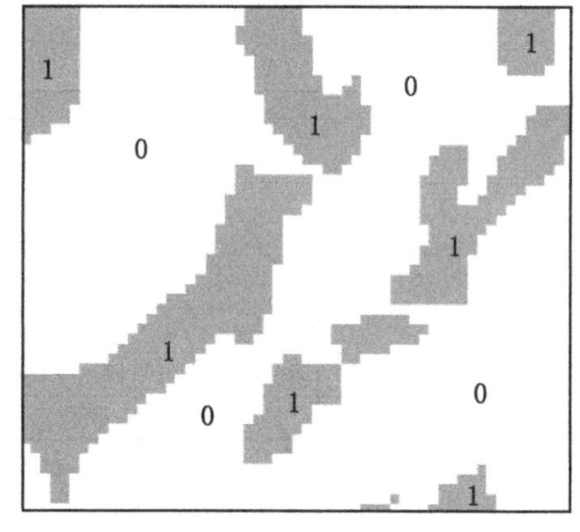

（b）提取要素“2”的聚类结果

图 4.12 聚类分析示意图

2. 聚合分析

栅格数据的聚合分析是指根据空间分辨率和分类表，进行数据类型的合并或转换以实现空间地域的兼并。

空间聚合的结果往往将较复杂的类别转换为较简单的类别，并且常以较小比例尺的图形输出。当从地点、地区到大区域的制图综合变换时常需要使用这种分析处理方法。对于图 4.12（a），如给定聚合的标准为 1、2 类合并为 b，3、4 类合并为 a，则聚合后形成的栅格数据系统如图 4.13（a）所示，如给定聚合的标准为 2、3 类合并为 c，1、4 类合并

为 d，则聚合后形成的栅格数据系统如图 4.13（b）所示。

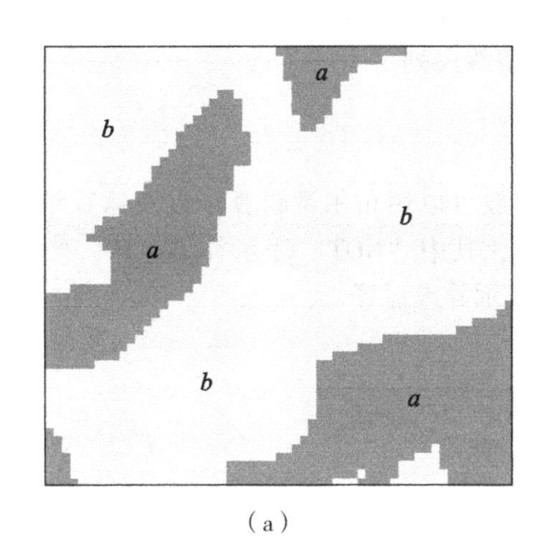

（a）

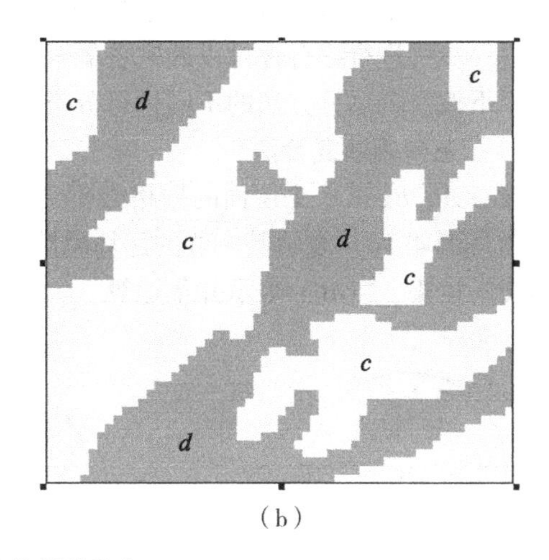

（b）

图 4.13　栅格数据的聚合

栅格数据的聚类、聚合分析处理法在数字地形模型及遥感图像处理中的应用是十分普遍的。例如，由数字高程模型转换为数字高程分级模型便是空间数据的聚合，而从遥感数字图像信息中提取其一地物的方法则是栅格数据的聚类。

二、栅格数据的信息复合分析

能够极为方便地进行同地区多层面空间信息的自动复合叠置分析，是栅格数据一个最为突出的优点。正因为如此，栅格数据常被用来进行区域适应性评价、资源开发利用、规划等多因素分析研究工作。在数字遥感图像处理工作中，利用该方法可以实现不同波段遥感信息的自动合成处理；还可以利用不同时间的数据信息进行某类现象动态变化的分析和预测。因此，该方法在计算机地学制图与分析中具有重要意义。信息复合模型（Overlay）包括两类，即简单的视觉信息复合和较为复杂的叠加分类模型。

1. 视觉信息复合

视觉信息复合是将不同专题的内容叠加显示在结果图件上，以便系统使用者判断不同专题地理实体的相互空间关系，获得更为丰富的信息。在 GIS 中视觉信息复合包括以下几类：

①面状图、线状图和点状图之间的复合；

②面状图区域边界之间或一个面状图与其他专题区域边界之间的复合；

③遥感影像与专题地图的复合；

④专题地图与数字高程模型复合显示立体专题图；

⑤遥感影像与 DEM 复合生成真三维地物景观。

2. 叠加分类模型

简单视觉信息复合之后，参加复合的平面之间没发生任何逻辑关系，仍保留原来的数据结构；叠加分类模型则根据参加复合的数据平面各类别的空间关系重新划分空间区域，使每个空间区域内各空间点的属性组合一致。叠加结果生成新的数据平面，该平面图形数据记录了重新划分的区域，而属性数据库结构中则包含了原来的几个参加复合的数据平面的属性数据库中所有的数据项。叠加分类模型用于多要素综合分类以划分最小地理景观单元，进一步可进行综合评价以确定各景观单元的等级序列。

以下按复合运算方法的不同进行分类讨论。

（1）逻辑判断复合法

设有 *A*、*B*、*C* 3 个层面的栅格数据系统，一般可以用布尔逻辑算子以及运算结果的文氏图（图 4.14）表示其一般的运算思路和关系，其中“NOT”表示补集运算，“AND”表示交集运集，“OR”表示并集运算，“XOR”表示异或运算。

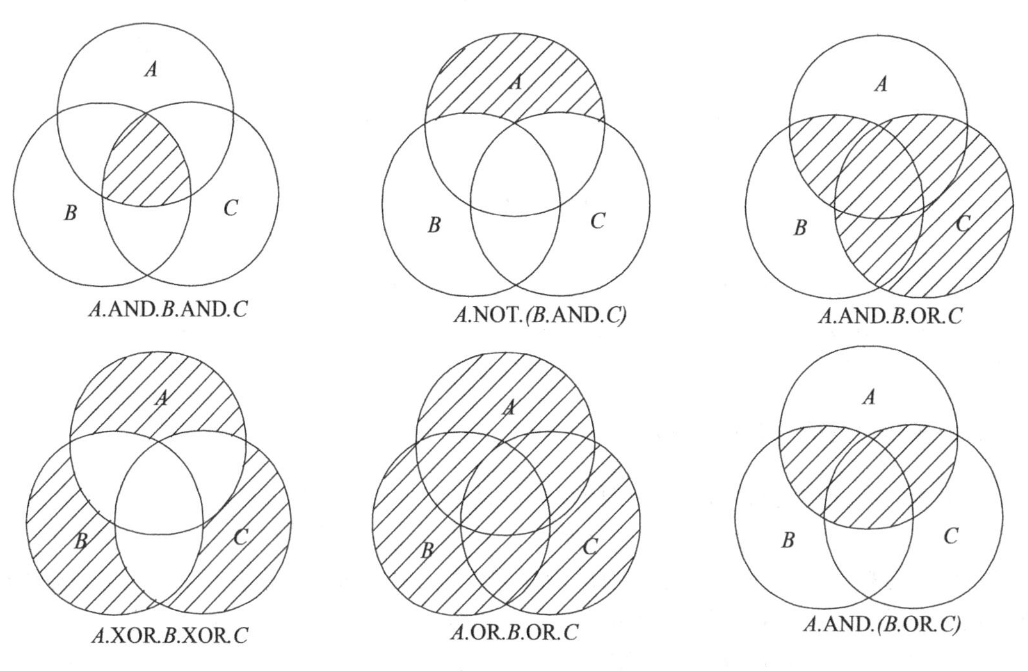

图 4.14　布尔逻辑算子文氏图

（2）数学运算复合法

数学运算复合法是指不同层面的栅格数据逐网格按一定的数学法则进行运算，从而得到新的栅格数据系统的方法。其主要类型有以下几种：

1）算术运算

算术运算是指两层以上的对应网格值经加、减运算，而得到新的栅格数据系统的方法。这种复合分析法具有很大的应用范围。图 4.15 给出了该方法在栅格数据编辑中的应用例证。

2）函数运算

函数运算是指两个以上层面的栅格数据系统以某种函数关系作为复合分析的依据进行逐网格运算，从而得到新的栅格数据系统的过程。

这种复合叠置分析方法被广泛地应用到地学综合分析、环境质量评价、遥感数字图像处理等领域中。

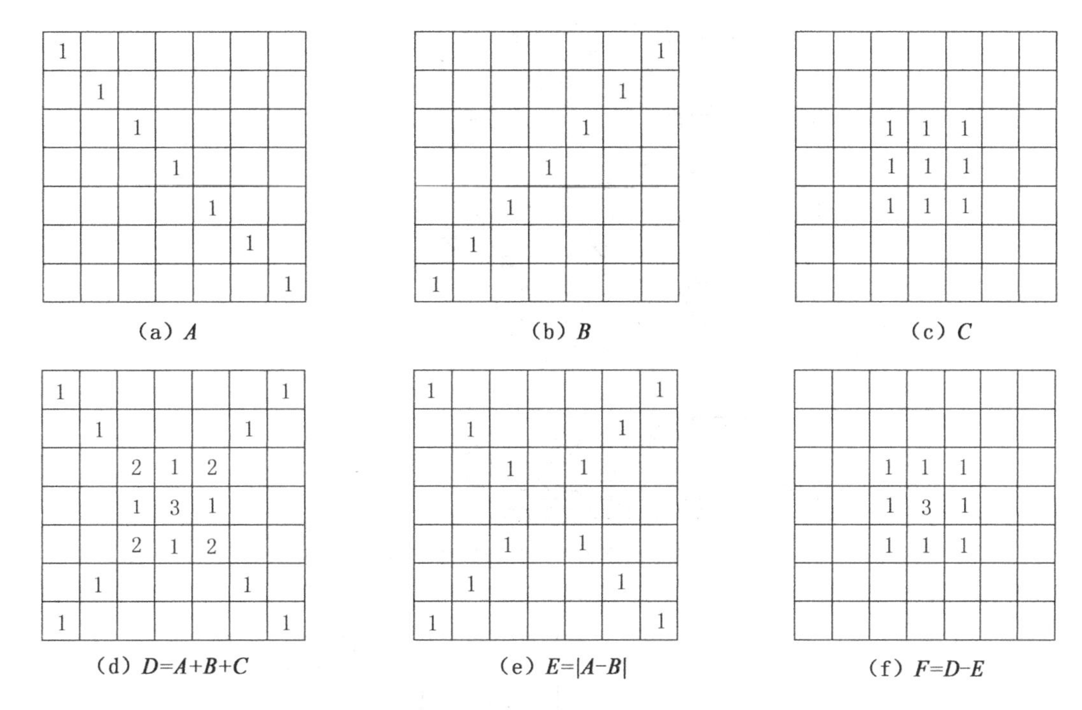

图 4.15　栅格数据的算术运算

例如，在用土壤侵蚀通用方程式计算土壤侵蚀量时，就可利用多层面栅格数据的函数运算复合分析法进行自动处理。一个地区土壤侵蚀量的大小是降雨（R）、植被覆度（C）、坡度（S）、坡长（L）、土壤抗蚀性（SR）等因素的函数，可写成：

$$E=F\ (R,\ C,\ S,\ L,\ SR,\ \cdots)$$

逐网格的复合分析运算如图 4.16 所示。

类似这种分析方法在地学综合分析中具有十分广泛的应用前景。只要得到对于某项事物关系及发展变化的函数关系式，便可运用以上方法完成各种人工难以完成的极其复杂的分析运算。这也是目前信息自动复合叠置分析法得到广泛应用的原因。

值得注意的是，信息的复合法只是处理地学信息的一种手段，而其中各层面信息关系模式的建立对分析工作的完成及分析质量的优劣具有决定性作用。这往往需要经过大量的试验研究，而计算机自动复合分析法的出现也为获得这种关系模式创造了有利的条件。

三、栅格数据的追踪分析

所谓栅格数据的追踪分析是指对于特定的栅格数据系统，由某一个或多个起点，按照一定的追踪线索进行追踪目标或者追踪轨迹信息提取的空间分析方法。如图 4.17 所示，栅格所记录的是地面点的海拔高程值，根据地面水流必然向最大坡度方向流动的基本追踪线索，可以得出在以上两个点位地面水流的基本轨迹。此外，追踪分析法在扫描图件的矢量化、利用数字高程模型自动提取等高线、污染源的追踪分析等方面都发挥着十分重要的作用。

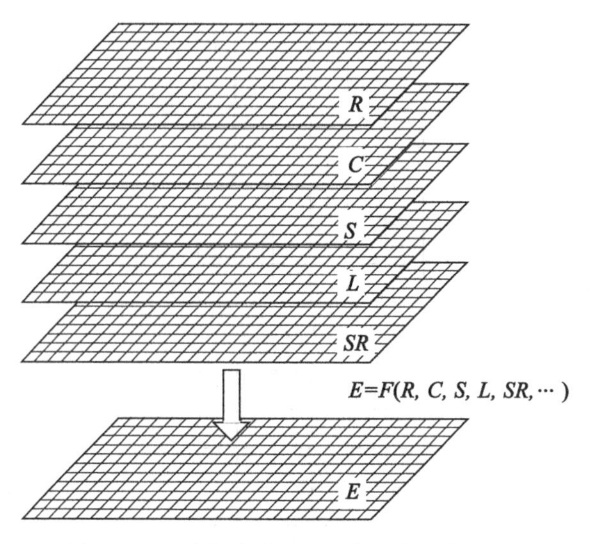

图 4.16　土壤侵蚀多因子函数运算复合分析示意图

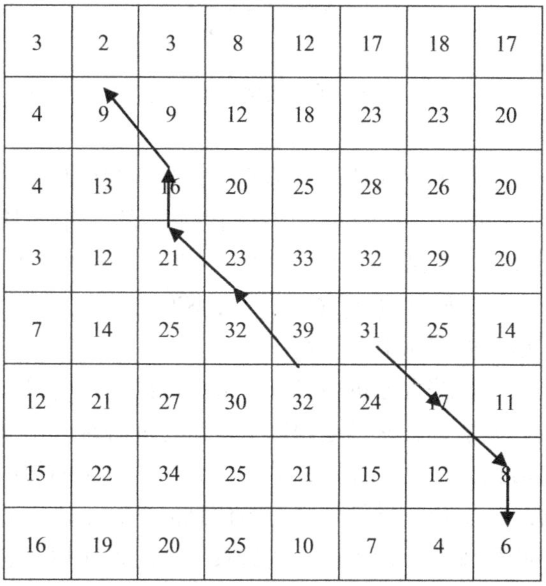

3	2	3	8	12	17	18	17
4	9	9	12	18	23	23	20
4	13	16	20	25	28	26	20
3	12	21	23	33	32	29	20
7	14	25	32	39	31	25	14
12	21	27	30	32	24	17	11
15	22	34	25	21	15	12	8
16	19	20	25	10	7	4	6

图 4.17　由追踪法提取地面水流路径

四、栅格数据的窗口分析

地学信息除了在不同层面的因素之间存在着一定的制约关系之外，还表现在空间上也存在着一定的关联性。对于栅格数据所描述的某项地学要素，其中的（I，J）栅格往往会影响其周围栅格的属性特征。准确而有效地反映这种事物空间上联系的特点，也必然是计算机地学分析的重要任务。窗口分析是指对于栅格数据系统中的一个、多个栅格点或全部数据，开辟一个有固定分析半径的分析窗口，并在该窗口内进行诸如极值、均值等一系列统计计算或与其他层面的信息进行必要的复合分析，从而实现栅格数据有效的水平方向扩展分析。

1. 分析窗口的类型

按照分析窗口的形状，可以将分析窗口划分为以下类型：

①矩形窗口：是以目标栅格为中心，分别向周围 8 个方向扩展一层或多层栅格，从而形成如图 4.18 所示的矩形分析区域。

②圆形窗口：是以目标栅格为中心，向周围作一等距离搜索区，构成一圆形分析窗口，如图 4.18 所示。

③环形窗口：是以目标栅格为中心，按指定的内外半径构成环形分析窗口，如图 4.18 所示。

④扇形窗口：是以目标栅格为起点，按指定的起始与终止角度构成扇形分析窗口，如图 4.18 所示。

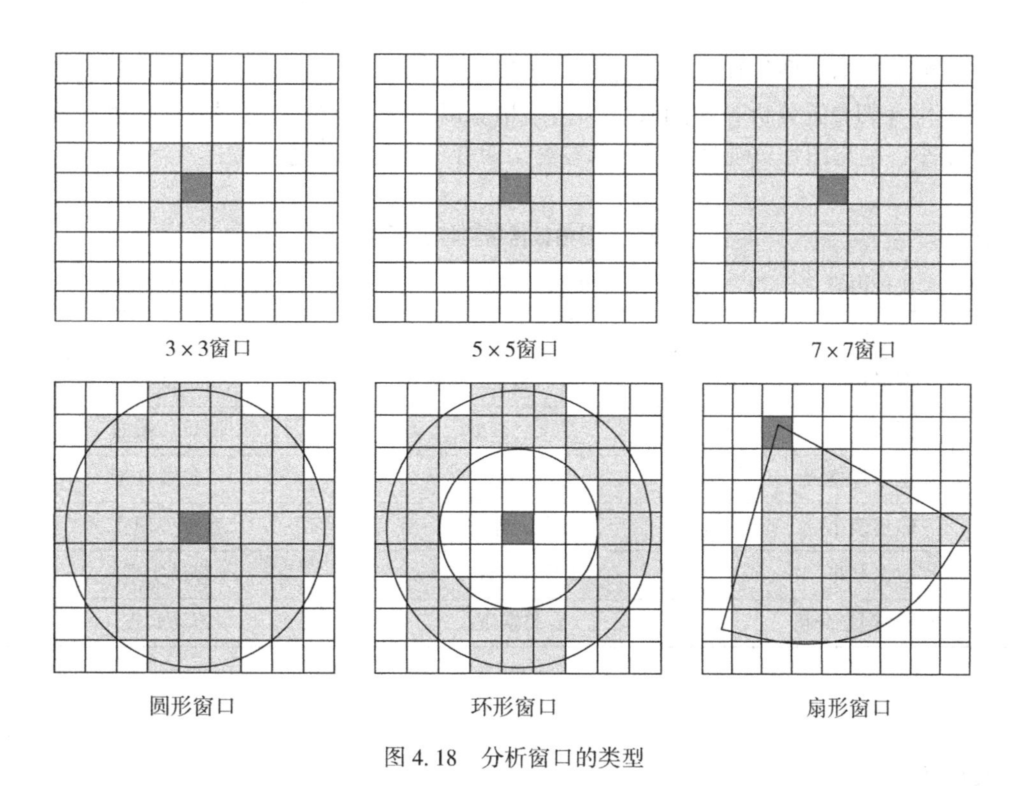

图 4.18　分析窗口的类型

2. 窗口内统计分析的类型

栅格分析窗口内的空间数据的统计分析类型一般有以下几种：

①Mean；②Maximum；③Minimum；④Median；⑤Sum；⑥Range；⑦Majority；⑧Minority；⑨Variety。

在实际工作中，为了解决某一个具体的应用问题，以上 4 种栅格数据的分析模式往往综合使用。

第五节　栅格与矢量数据的对比

栅格结构和矢量结构是模拟地理信息的两种不同的方法。栅格数据结构类型具有“属性明显、位置隐含”的特点，它易于实现，且操作简单，有利于基于栅格的空间信息模型的分析，如在给定区域内计算多边形面积、线密度，栅格结构可以很快算得结果，而采用矢量数据结构则麻烦得多；但栅格数据表达精度不高，数据存储量大，工作效率较低。如要提高一倍的表达精度（栅格单元减小一半），数据量就需增加 3 倍，同时也增加了数据的冗余。因此，对于基于栅格数据结构的应用来说，需要根据应用项目的自身特点及其精度要求来恰当地平衡栅格数据的表达精度和工作效率两者之间的关系。另外，因为栅格数据格式的简单性（不经过压缩编码），其数据格式容易为大多数程序设计人员和用户所理解，基于栅格数据基础之上的信息共享也较矢量数据容易。此外，遥感影像本身就是以像元为单位的栅格结构，所以，可以直接把遥感影像应用于栅格结构的 GIS 中，也就是说栅格数据结构比较容易和遥感相结合。

矢量数据结构类型具有“位置明显、属性隐含”的特点，它操作起来比较复杂，许多分析操作（如叠置分析等）用矢量数据结构难以实现；但它的数据表达精度较高，数据存储量小，输出图形美观且工作效率较高。两者特点的比较见表 4.1。

表 4.1　**矢量、栅格数据结构特点比较**

比较内容	矢量数据结构	栅格数据结构
数据量	小	大
图形精度	高	低
图形运算	复杂、高效	简单、低效
遥感影像格式	不一致	一致或接近
输出表示	抽象、昂贵	直观、便宜
数据共享	不易实现	容易实现
拓扑和网络分析	容易实现	不易实现

☞ 本章思考题

1. 栅格数据结构的主要特征有哪些？
2. 几种常见的栅格压缩编码的特点。
3. 对比几种栅格数据空间分析方法的特点。

第五章　空间数据库

GIS 中图形数据和属性数据的存储、管理、查询都离不开数据库的支持。数据库技术是 20 世纪 60 年代初开始发展起来的一门数据管理自动化的综合性新技术。数据库的应用领域相当广泛，从一般事务处理，到各种专门化数据的存储与管理，都可以建立不同类型的数据库。建立数据库不仅仅是为了保存数据，扩展人的记忆，更主要是为了帮助人们去管理和控制与这些数据相关联的事物。GIS 中的数据库就是一种专门管理矢量、栅格等数据结构的数据库，由于这类数据具有明显的空间特征，因此一般称其为空间数据库（Spatial Databases），空间数据库的理论与方法也是 GIS 中的核心问题。

第一节　数据库概述

一、数据库的定义

有关数据库的定义一般包括如下 3 层含义：

①数据库（Database）就是为了一定的目的，在计算机系统中以特定的结构组织、存储和应用的相关联的数据集合；

②数据库管理系统（Database Management System，DBMS）：是提供数据库建立、使用和管理工具的软件系统；

③数据库应用系统（Database Application System，DBAS）：是为满足用户需求而建立的、具有数据库访问功能的应用软件，其标志是提供用户一种与数据库相关联的用户界面。

计算机对数据的管理经历了以下 3 个阶段：最早的程序管理阶段；后来的文件管理阶段；现在的数据库管理阶段。其中，数据库是数据管理的高级阶段，它与传统的数据管理相比有许多明显的差别，其中主要表现在：一是数据独立于应用程序而集中管理，实现了数据共享，减少了数据冗余，提高了数据的效益；二是在数据间建立了联系，从而使数据库能反映出现实世界中信息的联系。

空间数据库是某区域内关于一定地理要素特征的数据集合。空间数据库与一般数据库相比，具有以下特点：

①数据的海量性，GIS 是一个复杂的综合体，要用数据来描述各种地理要素，尤其是要素的空间位置（及时态特征），其数据往往是海量的。即使是一个很小区域的数据库也是如此。

②不仅有地理要素的属性数据（与一般数据库中的数据性质相似），还有大量的空间数据，即描述地理要素时空分布特征的数据，并且这两种数据之间具有不可分割的联系。

③数据应用的面相当广，如地理研究、环境保护、土地利用与规划、资源勘探开发、市政管理、道路建设等。

上述特点，尤其是第二点，决定了在建立空间数据库时，一方面应该遵循和应用通用数据库的原理和方法；另一方面又必须采取一些特殊的技术和方法来解决其他数据库所没有的管理空间数据的问题。

二、数据库的主要特征

数据库方法与文件管理方法相比，具有更强的数据管理能力。数据库具有以下主要特征：

1. 数据集中控制

在文件管理方法中，文件是分散的，每个用户或每种处理都有各自的文件，不同的用户或处理的文件一般是没有联系的，因而就不能为多用户共享，也不能按照统一的方法来控制、维护和管理。数据库很好地克服了这一缺点，数据库集中控制和管理有关数据，以保证不同用户和应用可以共享数据。数据集中并不是把若干文件“拼凑”在一起，而是要把数据“集成”。因此，数据库的内容和结构必须合理，才能满足众多用户的要求。

2. 数据冗余度小

冗余是指数据的重复存储。在文件方式中，数据冗余太大。冗余数据的存在有两个缺点：一是增加了存储空间；二是易出现数据不一致。设计数据库的主要任务之一是识别冗余数据，并确定是否能够消除。在目前情况下，即使数据库方法也不能完全消除冗余数据。有时，为了提高数据处理效率，也应该有一定程度的数据冗余。但是，在数据库中应该严格控制数据的冗余度。在有冗余的情况下，数据更新、修改时，必须保证数据库内容的一致性。

3. 数据独立性

数据独立是数据库的关键性要求。数据独立是指数据库中的数据与应用程序相互独立，即应用程序不因数据性质的改变而改变；数据的性质也不因应用程序的改变而改变。数据独立分为两级：物理级和逻辑级。物理独立是指数据的物理结构变化不影响数据的逻辑结构；逻辑独立意味着数据库的逻辑结构的改变不影响应用程序。但是，逻辑结构的改变必然影响到数据的物理结构。

4. 复杂的数据模型

数据模型能够表示现实世界中各种各样的数据组织以及数据间的联系。复杂的数据模型是实现数据集中控制、减少数据冗余的前提和保证。采用数据模型是数据库方法与文件方式的一个本质差别。

数据库常用的数据模型有层次模型、网络模型和关系模型 3 种。因此，根据使用的模型，可以把数据库分成层次型数据库、网络型数据库和关系型数据库等。

5. 数据保护

数据保护对数据库来说是至关重要的，一旦数据库中的数据遭到破坏，就会影响数据库的功能，甚至使整个数据库失去作用。数据保护主要包括安全性控制、完整性控制、并发控制、故障的发现和恢复 4 个方面的内容。

三、数据库的系统结构

数据库是一个复杂的系统，数据库的基本结构可以分成物理级、概念级和用户级 3 个层次。

①物理级：数据库最内的一层，它是物理设备上实际存储的数据集合（物理数据库），它是由物理模式（也称内部模式）描述的。

②概念级：数据库的逻辑表示，包括每个数据的逻辑定义以及数据间的逻辑联系，它是由概念模式定义的，这一级也被称为概念模型。

③用户级：用户所使用的数据库，是一个或几个特定用户所使用的数据集合（外部模型），是概念模型的逻辑子集，它由外部模式所定义。

四、数据组织方式

数据是现实世界中信息的载体，是信息的具体表达形式。为了表达有意义的信息内容，数据必须按照一定的方式进行组织和存储。数据库中的数据组织一般可以分为数据项、记录、文件和数据库 4 级。

1. 数据项

数据项是可以定义数据的最小单位，也叫元素、基本项、字段等。数据项与现实世界实体的属性相对应，数据项有一定的取值范围，称为域。域以外的任何值对该数据项都是无意义的。如表示月份的数据项的域是 1~12，13 就是无意义的值。每个数据项都有一个名称，称为数据项目。数据项的值可以是数值的、字母的、汉字的等形式。数据项的物理特点在于它具有确定的物理长度，一般用字节数表示。

几个数据项可以组合，构成组合数据项。如“日期”可以由年、月、日三个数据项组合而成。组合数据项也有自己的名字，可以作为一个整体看待。

2. 记录

记录由若干相关联的数据项组成。记录是应用程序输入—输出的逻辑单位。对于大多数的数据库系统，记录是处理和存储信息的基本单位。记录是关于一个实体的数据总和，构成该记录的数据项表示实体的若干属性。

记录有“型”和“值”的区别。“型”是同类记录的框架，它定义记录，“值”是记录反映实体的内容。

为了唯一标识每个记录，就必须有记录标识符，也叫关键字。记录标识符一般由记录中的第一个数据项担任，唯一标识记录的关键字称为主关键字，其他标识记录的关键字称为辅关键字。

3. 文件

文件是一给定类型的（逻辑）记录的全部具体值的集合，文件用文件名称标识。文件根据记录的组织方式和存取方法可以分为：顺序文件、索引文件、直接文件和倒排文件等。

4. 数据库

数据库是比文件更大的数据组织，数据库是具有特定联系的数据的集合，也可以看成是具有特定联系的多种类型的记录的集合。数据库的内部构造是文件的集合，这些文件之间存在某种联系，不能孤立存在。

五、数据间的逻辑联系

数据间的逻辑联系主要是指记录与记录之间的联系。记录表示现实世界中的实体，实体之间存在着一种或多种联系，这样的联系必然要反映到记录之间的联系上来。数据之间的逻辑联系主要有以下 3 种：

1. 一对一的联系

简记为 1∶1，如图 5.1 所示，这是一种比较简单的联系方式，是指在集合 A 中存在一个元素 a_i，则在集合 B 中就有一个且仅有一个 b_j 与之联系。在 1∶1 的联系中，一个集合中的元素可以标识另一个集合中的元素。例如，地理名称与对应的空间位置之间的关系就是一种一对一的联系。

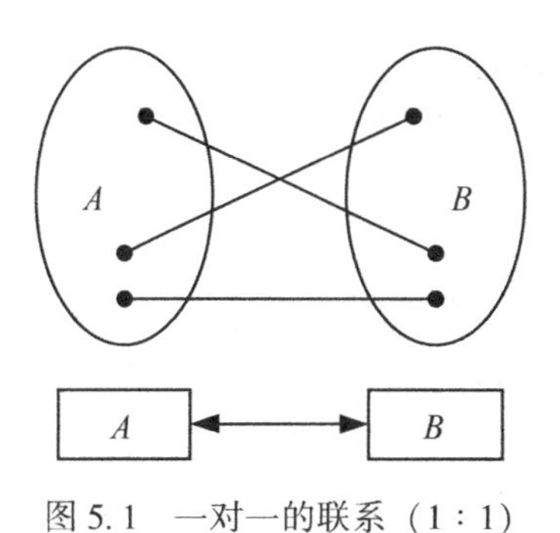

图 5.1　一对一的联系（1∶1）

2. 一对多的联系（$1:N$）

现实生活中以一对多的联系较多常见。如图 5.2 所示，这种联系可以表达为：在集合 A 中存在一个 a_i，则在集合 B 中存在一个子集 $B'=(b_{j1}, b_{j2}, \cdots, b_{jn})$ 与之联系。通常，B' 是 B 的一个子集。行政区划就具有一对多的联系，一个省对应有多个市，一个市有多个县，一个县又有多个乡。

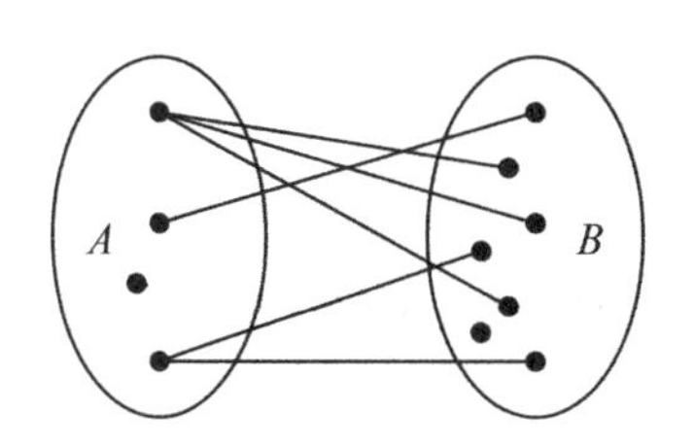

图 5.2　一对多的联系（$1:N$）

3. 多对多的联系（$M:N$）

这是现实中最复杂的联系，如图 5.3 所示，即对于集合 A 中的一个元素 a_i，在集合 B 就存在一个子集 $B'=(b_{j1}, b_{j2}, \cdots, b_{jn})$ 与之相联系。反过来，对于 B 集合中的一个元素 B_j，在集合 A 中就有一个集合 $A'=(a_{i1}, a_{i2}, a_{i3}, \cdots, a_{in})$ 与之相联系。$M:N$ 的联系，在数据库中往往不能直接表示出来，而必须经过某种变换，使其分解成两个 1：N 的联系来处理。地理实体中的多对多联系是很多的，例如，土壤类型与种植的作物之间有多对多联系。同一种土壤类型可以种植不同的作物，同一种作物又可种植在不同的土壤类型上。

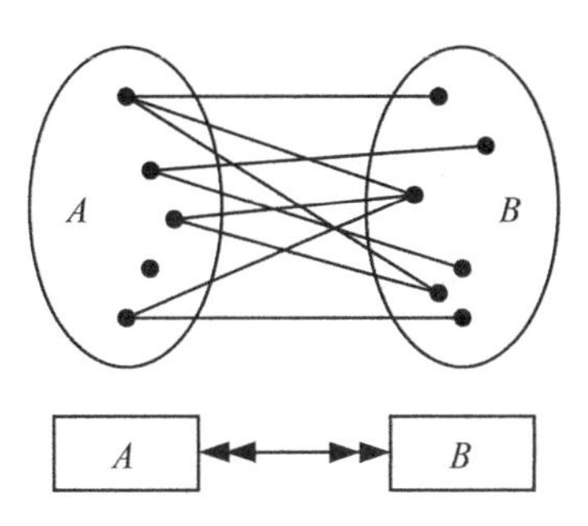

图 5.3　多对多的联系（M：N）

第二节　传统数据模型

数据模型是数据库系统中关于数据和联系的逻辑组织的形式表示。每一个具体的数据库都是由一个相应的数据模型来定义。每一种数据模型都以不同的数据抽象与表示能力来反映客观事物，有其不同的处理数据联系的方式。数据模型的主要任务就是研究记录类型之间的联系。

目前，数据库领域采用的数据模型有层次模型、网络模型和关系模型，其中应用最广泛的是关系模型。

一、层次模型

层次模型是数据处理中发展较早、技术上也比较成熟的一种数据模型。它的特点是将数据组织成有向有序的树结构。层次模型由处于不同层次的各个节点组成。除根节点外，其余各节点有且仅有一个上一层节点作为其“双亲”，而位于其下的较低一层的若干个节点作为其“子女”。结构中节点代表数据记录，连线描述位于不同节点数据间的从属关系(限定为一对多的关系)。对于图 5.4 所示的地图 M 用层次模型表示为如图 5.5 所示的层次结构。

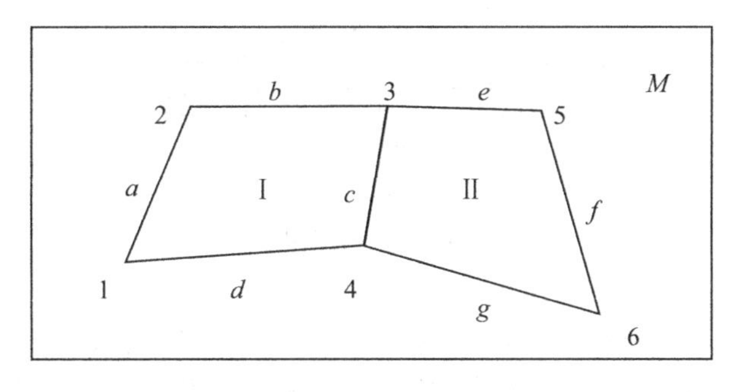

图 5.4　原始地图 M

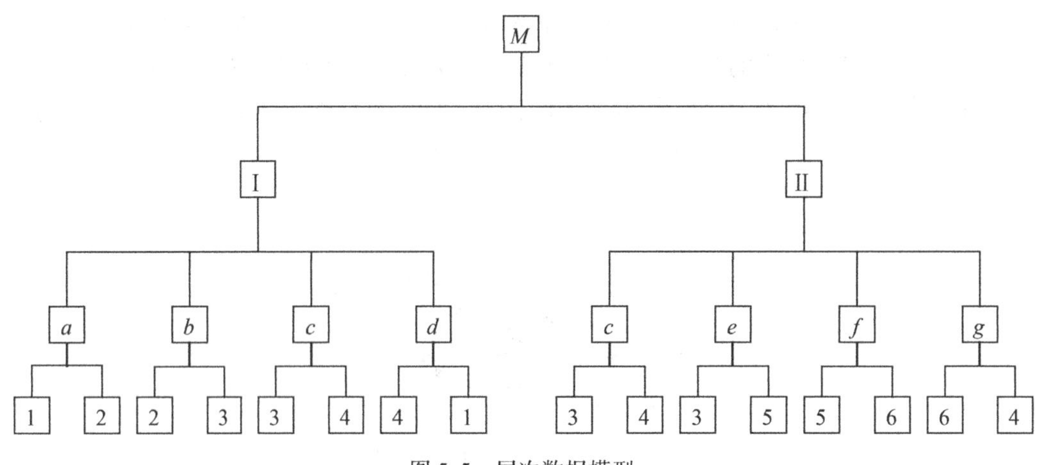

图 5.5　层次数据模型

层次模型反映了现实世界中实体间的层次关系，层次结构是众多空间对象的自然表达形式，并在一定程度上支持数据的重构。但其应用时存在以下问题：

①由于层次结构的严格限制，对任何对象的查询必须始于其所在层次结构的根，使得低层次对象的处理效率较低，并难以进行反向查询。数据的更新涉及许多指针，插入和删除操作也比较复杂。父节点的删除意味着其下属所有子节点均被删除，必须慎用删除操作。

②层次命令具有过程式性质，它要求用户了解数据的物理结构，并在数据操纵命令中显式地给出存取途径。

③模拟多对多联系时易导致物理存储上的冗余。

④数据的独立性较差。

二、网络模型

网络数据模型是数据模型的另一种重要结构，它反映着现实世界中实体间更为复杂的联系，其基本特征是，节点数据间没有明确的从属关系，一个节点可与其他多个节点建立联系。如图 5.6 所示的 4 个城市的交通联系，不仅是双向的而且是多对多的。如图 5.7 所示，学生甲、乙、丙、丁与课程 1、2、3、4 之间的联系也属于网络模型。

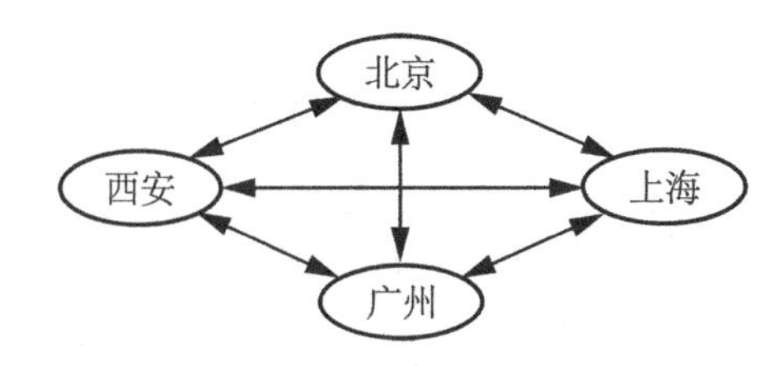

图 5.6　网络数据模型

网络模型用连接指令或指针来确定数据间的显式连接关系，是具有多对多类型的数据组织方式。网络模型将数据组织成有向图结构，图中节点代表数据记录，连线描述不同节点数据间的关系。

有向图（Digraph）的形式化定义为：

Digraph=（Vertex，（Relation））

其中，Vertex 为图中数据元素（顶点）的有限非空集合；Relation 是两个顶点（Vertex）之间关系的集合。

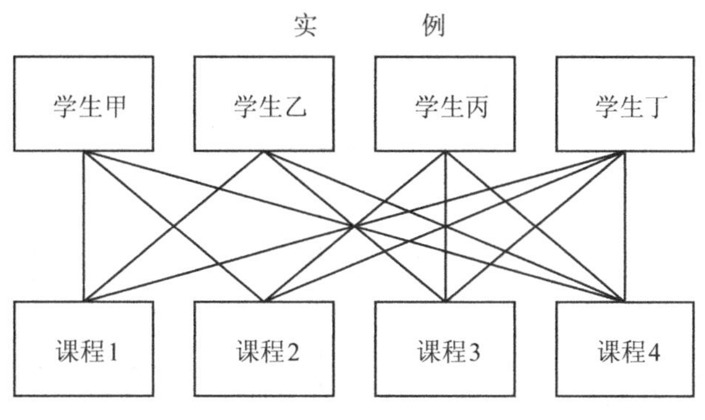

图 5.7　网络数据模型

有向图结构比层次结构具有更大的灵活性和更强的数据建模能力。网络模型的优点是可以描述现实生活中极为常见的多对多的关系，其数据存储效率高于层次模型，但其结构的复杂性限制了它在空间数据库中的应用。

网络模型在一定程度上支持数据的重构，具有一定的数据独立性和共享特性，并且运行效率较高。但应用时存在以下问题：

①网状结构的复杂，增加了用户查询和定位的困难。它要求用户熟悉数据的逻辑结构，知道自身所处的位置。

②网状数据操作命令具有过程式性质。

③不直接支持对于层次结构的表达。

三、关系模型

在层次与网络模型中，实体间的联系主要是通过指针来实现的，即把有联系的实体用指针连接起来。而关系模型则采用完全不同的方法。

关系模型是根据数学概念建立的，它把数据的逻辑结构归结为满足一定条件的二维表形式。实体本身的信息以及实体之间的联系均表现为二维表，这种表就称为关系。一个实体由若干个关系组成，而关系表的集合就构成关系模型。

关系模型不是人为地设置指针，而是由数据本身自然地建立它们之间的联系，并且用关系代数和关系运算来操纵数据，这就是关系模型的本质。

在生活中表示实体间联系最自然的途径就是二维表格。表格是同类实体的各种属性的集合，在数学上把这种二维表格叫做关系。二维表的表头，即表格的格式是关系内容的框架，这种框架叫做模式，关系由许多同类的实体组成，每个实体对应于表中的一行，叫做一个元组。表中的每一列表示同一属性，叫做域。

对于图 5.4 中表示的地图，用关系数据模型表示为图 5.8 所示。

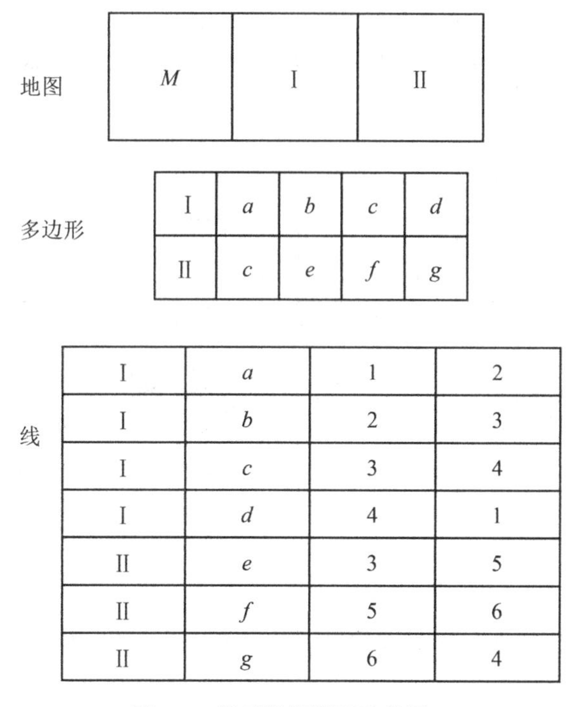

地图

M	I	II

多边形

I	a	b	c	d
II	c	e	f	g

线

I	a	1	2
I	b	2	3
I	c	3	4
I	d	4	1
II	e	3	5
II	f	5	6
II	g	6	4

图 5.8　关系数据模型示意图

关系数据模型是目前应用最广泛的一种数据模型，它具有以下优点：

①能够以简单、灵活的方式表达现实世界中各种实体及其相互间关系，使用与维护也很方便。关系模型通过规范化的关系为用户提供一种简单的用户逻辑结构。所谓规范化，实质上就是使概念单一化，一个关系只描述一个概念，如果多于一个概念，就要将其分开。

②关系模型具有严密的数学基础和操作代数基础——如关系代数、关系演算等，可将关系分开，或将两个关系合并，使数据的操纵具有高度的灵活性。

③在关系数据模型中，数据间的关系具有对称性，因此，关系之间的寻找在正反两个方向上的难易程度是一样的，而在其他模型如层次模型中从根节点出发寻找叶节点的过程容易解决，相反的过程则很困难。

目前，绝大多数数据库系统采用关系模型。但它的应用也存在着如下问题：

①实现效率不够高。由于概念模式和存储模式的相互独立性，按照给定的关系模式重新构造数据的操作相当费时。另外，实现关系之间联系需要执行系统开销较大的连接操作。

②描述对象语义的能力较弱。现实世界中包含的数据种类和数量繁多，许多对象本身具有复杂的结构和含义，为了用规范化的关系描述这些对象，则需对对象进行不自然的分解，从而在存储模式、查询途径及其操作等方面均显得语义不甚合理。

③不直接支持层次结构，因此不直接支持对于概括、分类和聚合的模拟，即不适合于

管理复杂对象的要求，它不允许嵌套元组和嵌套关系存在。

④模型的可扩充性较差。新关系模式的定义与原有的关系模式相互独立，并未借助已有的模式支持系统的扩充。关系模型只支持元组的集合这一种数据结构，并要求元组的属性值为不可再分的简单数据（如整数、实数和字符串等），它不支持抽象数据类型，因而不具备管理多种类型数据对象的能力。

⑤模拟和操纵复杂对象的能力较弱。关系模型表示复杂关系时比其他数据模型困难，因为它无法用递归和嵌套的方式来描述复杂关系的层次和网状结构，只能借助于关系的规范化分解来实现。过多的不自然分解必然导致模拟和操纵的困难和复杂化。

3 种传统数据模型的优缺点对比见表 5.1。

表 5.1　　**3 种传统数据模型对比**

数据模型	优　点	缺　点
层次模型	①易于理解、更新与扩充 ②通过关键字数据访问易于实现 ③事先知道全部可能的查询结构，数据检索方便	①访问限于自上而下的路径，不够灵活 ②大量索引文件需要维护 ③一些属性值重复多次，导致数据冗余，存储和访问的开销增加
网络模型	①空间特征及其坐标数据易于连接 ②在很复杂的拓扑结构中搜索，有环路指针是一种很有效的方法 ③避免数据冗余，已有数据可充分使用	①间接的指针使数据库扩大，在复杂的系统中可能占据数据库的很大部分 ②每次数据库变动，这些指针必须更新维护，其工作量相当大
关系模型	①结构灵活 ②可以满足布尔逻辑和数学运算表达的各种查询需要 ③允许对各种数据类型的搜索、组合和比较	①为找到满足指定关系要求的数据，许多操作涉及对文件的顺序搜索，对大型系统而言，很费时间 ②为保证以适宜的速度进行搜索的能力，商用系统一般需经过十分精心的设计，故价格昂贵

第三节　空间数据库的组织方式

空间数据库是作为一种应用技术而诞生和发展起来的，其目的是为了使用户能够方便灵活地查询出所需的地理空间数据，同时能够进行有关地理空间数据的插入、删除、更新等操作，为此建立了如实体、关系、数据独立性、完整性、数据操纵、资源共享等一系列基本概念。以地理空间数据存储和操作为对象的空间数据库，把被管理的数据从一维推向了二维、三维甚至更高维。由于传统数据库管理系统的数据模拟主要针对简单对象，因而无法有效地支持以复杂对象（如图形、影像等）为主体的工程应用。空间数据库系统必须具备对地理对象（大多为具有复杂结构和内涵的复杂对象）进行模拟和推理的功能。一方面可将空间数据库技术视为传统数据库技术的扩充；另一方面，空间数据库突破了传统数据库理论（如将规范关系推向非规范关系），其实质性发展必然导致理论上的创新。

空间数据库是一种应用于地理空间数据处理与信息分析领域的具有工程性质的数据库，它所管理的对象主要是地理空间数据（包括空间数据和非空间数据）。传统数据库系统管理地理空间数据存在以下几个方面的局限性：

①传统数据库系统管理的是不连续的、相关性较小的数字和字符；而地理信息数据是连续的，并且具有很强的空间相关性。

②传统数据库系统管理的实体类型较少，并且实体类型之间通常只有简单、固定的空间关系；而地理空间数据的实体类型繁多，实体类型之间存在着复杂的空间关系，并且还能产生新的关系（如拓扑关系等）。

③传统数据库系统存储的数据通常为等长记录的数据；而地理空间数据通常由于不同空间目标的坐标串长度不定，具有变长记录，并且数据项也可能很大、很复杂。

④传统数据库系统只操作和查询文字和数字信息；而空间数据库中需要有大量的空间数据操作和查询，如相邻、连通、包含、叠加等。

目前，大多数商品化的 GIS 软件都不是采取传统的某一种单一的数据模型，也不是完全抛弃传统的数据模型，而是采用建立在关系数据库管理系统（RDBMS）基础上的综合的数据模型，归纳起来，主要有以下 3 种类型：

一、混合结构模型（Hybrid Model）

它的基本思想是用两个子系统分别存储和检索空间数据与属性数据，其中属性数据存储在常规的 RDBMS 中，几何数据存储在空间数据管理系统中，两个子系统之间使用一种标识符联系起来。图 5.9 为其原理框图。在检索目标时必须同时查询两个子系统，然后将它们的回答结合起来。

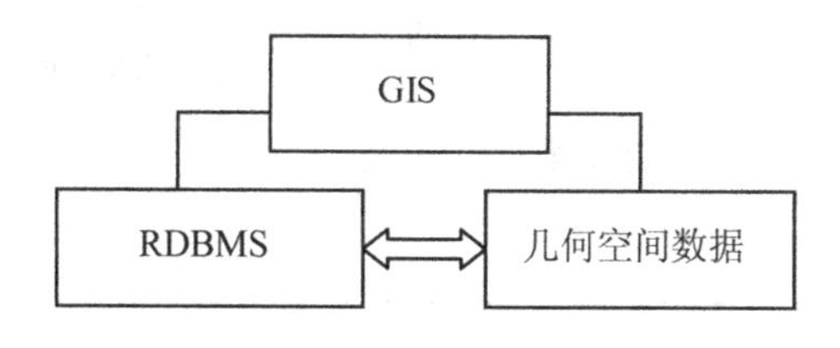

图 5.9　混合结构模型

由于这种混合结构模型的一部分是建立在标准 RDBMS 之上，故存储和检索数据比较有效、可靠。但因为使用两个存储子系统，它们有各自的规则，查询操作难以优化，存储在 RDBMS 外面的数据有时会丢失数据项的语义；此外，数据完整性的约束条件有可能遭到破坏，例如在几何空间数据存储子系统中目标实体仍然存在，但在 RDBMS 中却已被删除。

运用这种模型的 GIS 软件有 ArcGIS、MGE、SICARD、GENEMAP 等。

二、扩展结构模型（Extended Model）

混合结构模型的缺陷是因为两个存储子系统具有各自的职责，互相很难保证数据存储、操作的统一。扩展结构模型采用同一 DBMS 存储空间数据和属性数据。其做法是在标准的关系数据库上增加空间数据管理层，即利用该层将地理结构查询语言（GeoSQL）转化成标准的 SQL 查询，借助索引数据的辅助关系实施空间索引操作。这种模型的优点是省去了空间数据库和属性数据库之间的繁琐链接，空间数据存取速度较快，但由于是间接存取，在效率上总是低于 DBMS 中所用的直接操作过程，且查询过程复杂。图 5.10 为其原理框图。

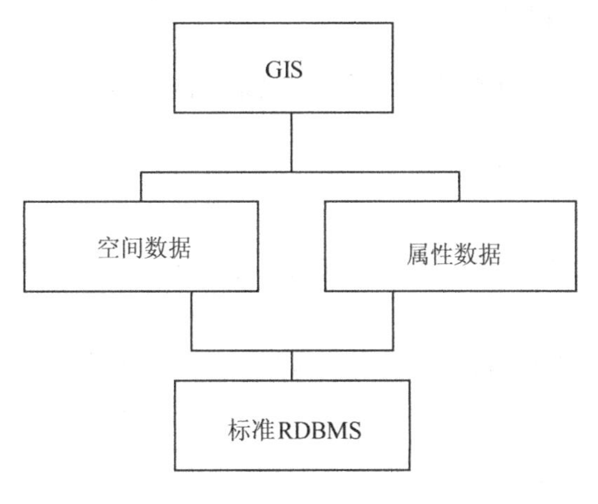

图 5.10　扩展数据模型

运用这种模型的代表性 GIS 软件有 SYSTEM 9、SMALL WORLD 等。

三、统一数据模型（Integrated Model）

这种综合数据模型不是基于标准的 RDBMS，而是在开放型 DBMS 基础上扩充空间数据表达功能。如图 5.11 所示，空间扩展完全包含在 DBMS 中，用户可以使用自己的基本抽象数据类型（ADT）来扩充 DBMS。在核心 DBMS 中进行数据类型的直接操作很方便、

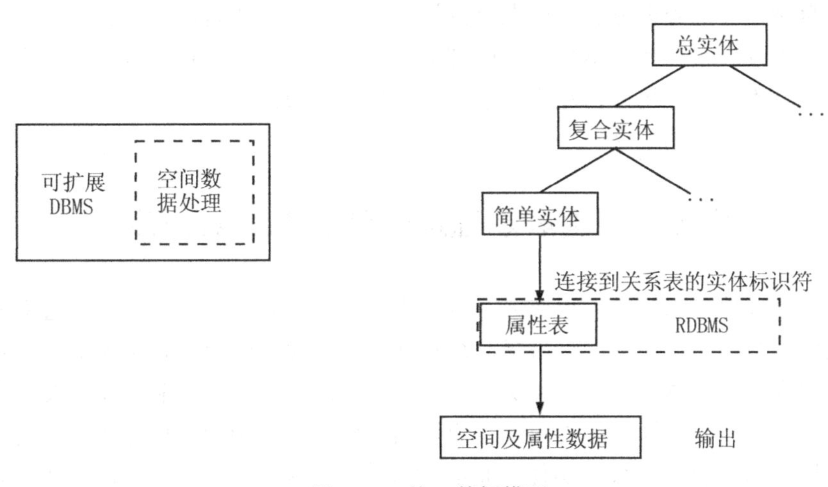

图 5.11　统一数据模型

有效，并且用户还可以开发自己的空间存取算法。该模型的缺点是，用户必须在 DBMS 环境中实施自己的数据类型，对于有些应用将相当复杂。

属于此类综合模型的软件有 TIGRIS（Intergraph）、GEO++（荷兰）等。

第四节 空间数据的集合分析与查询

一、空间集合分析的概念

按照给定的条件，从空间数据库中检索满足条件的数据，回答用户问题，又称咨询式分析。

①空间集合分析是按照两个逻辑子集给定的条件进行逻辑运算（布尔代数），运算结果为“真”或“假”。

空间集合分析可以基于矢量的 GIS 或基于栅格的 GIS 中完成，但以栅格数据更为便捷。

②空间数据查询为数据库范畴，一般定义为从数据库中找出所有满足属性约束条件和空间约束条件的地理对象。

二、空间查询方式分类

①针对空间关系的查询，如查询一条公路途经的全部城镇；

②针对非空间属性的查询，如查询一个城市的人口数量；

③结合空间关系与非空间属性的查询，如查询某地区工业 GDP 大于等于 20 亿元，工业人口大于 50 万且无下岗人口的城镇。

三、空间查询方法

①基于关系查询语言扩充的空间查询方法，即扩充 SQL 语言；

②可视化空间查询方法，即将查询语言的元素及空间关系用直观的图形或符号表示；

③基于自然语言的查询方法，即在查询语言中引入自然语言的概念；

④超文本查询方法，超文本由若干内部关系的信息块组成，可以是图形、图像、字符组成的文本、文本库等，统称为超文本节点，由超文本节点及链组成超文本网络，用户可主动决定阅读文本节点的顺序。

第五节 国家基础地理信息系统数据库

国家基础地理信息系统是以形成数字信息服务的产业化模式为目标，通过对各种不同技术手段获取的基础地理信息进行采集、编辑处理、存储，建成多种类型的基础地理信息数据库，并建立数据传输网络体系，为国家和省（市、自治区）各部门提供基础地理信息服务，它是一个面向全社会各类用户、应用面最广的公益型地理信息系统，是一个实用化的、长期稳定运行的信息系统实体，是我国国家空间数据基础设施（NSDI）的重要组成部分，是国家经济信息系统网络体系中的一个基础子系统。

国家基础地理信息数据库是存储和管理全国范围多种比例尺、地貌、水系、居民地、交通、地名等基础地理信息，包括栅格地图数据库、矢量地形要素数据库、数字高程模型数据库、地名数据库和正射影像数据库等。国家测绘局1994年建成了全国1∶100万地形数据库、数字高程模型数据库，1∶400万地形数据库等；1998年完成了全国1∶25万地形数据库、数字高程模型和地名数据库建设；1999年建设七大江河重点防范区1∶1万数字高程模型数据库和正射影像数据库；2000年建成了全国1∶5万数字栅格地图数据库；2002年建成了全国1∶5万数字高程模型数据库，并更新了全国1∶100万和1∶25万地形数据库；2003年建成了1∶5万地名数据库、土地覆盖数据库、TM卫星影像数据库。近年来先后建设或正在建立全国1∶5万矢量要素数据库、正射影像数据库等，各省/自治区/直辖市1∶1万地形数据库、数字高程模型数据库、正射影像数据库、数字栅格地图数据库等。

一、地形数据库

地形数据库是将国家基本比例尺地形图上的各类要素，包括水系、境界、交通、居民地、地形、植被等按照一定的规则分层、按照标准分类编码，对各要素的空间位置、属性信息及相互间空间关系等数据进行采集、编辑、处理建成的数据库。根据国家基础地理信息系统的总体设计，国家级地形数据库的比例尺分为1∶100万、1∶25万和1∶5万3级。省级地形数据库的比例尺分为1∶25万、1∶5万和1∶1万3级。

1. 全国1∶400万地形数据库

全国1∶400万地形数据库，是在1∶100万地形数据库基础上，通过数据选取和综合派生的。数据内容包括主要河流（5级和5级以上）、主要公路、所有铁路、居民地（县和县级以上）、境界（县和县级以上）及等高线（等高距为1 000m）。

2. 全国1∶100万地形数据库

全国1∶100万地形数据库的主要内容包括：测量控制点、水系、居民地、交通、境界、地形、植被等。

该数据库利用1∶100万比例尺地形图分版二底图作为数据源，执行《国土基础信息数据分类与编码》（GB/T 13923—1992）国家标准。

3. 全国1∶25万地形数据库

全国1∶25万地形数据库共分水系、居民地、铁路、公路、境界、地形、其他要素、辅助要素、坐标网以及数据质量等14个数据层。

该数据库按地理坐标和高斯-克吕格投影两种坐标系统分别存储。

4. 全国1∶5万矢量要素数据库

全国1∶5万矢量要素数据库是由水系、等高线、境界、交通、居民地等大类的核心地形要素构成的数据库，其中包括地形要素间的空间关系及相关属性信息。

该数据库采用高斯-克吕格投影，1980西安坐标系和1985国家高程基准，按6°分带。

二、地名数据库

地名数据库是将国家基本比例尺地形图上各类地名注记包括居民地、河流、湖泊、山脉、山峰、海洋、岛屿、沙漠、盆地、自然保护区等名称，连同其汉语拼音及属性特征如类别、政区代码、归属、网格号、交通代码、高程、图幅号、图名、图版年度、更新日期、X坐标、Y坐标、经度、纬度等录入计算机建成的数据库。它与地形数据库之间通过技术接口码连接，可以相互访问，也可以作为单独的关系型数据库运行。

1. 全国1∶25万地名数据库

全国1∶25万地名数据库是一个空间定位型的关系数据库，其主要内容是1∶25万地形图上各类地名信息及与其相关的信息，如汉语拼音、行政区划、坐标、高程和图幅信息等。

该数据库设计了地名信息、行政区划信息、图幅信息、图幅与政区关系、地名类别对照、行政区划与政区代码对照6个表。前4个表为基本信息表，后两个表为辅助信息表。

2. 全国1∶5万地名数据库

全国1∶5万地名数据库是以最新版的1∶5万地形图作为基础工作图，采用内业与有重点的实地核查相结合的地名更新方法，充分利用民政部门提供的全国及省级行政区划简册、地名录（志）、地名普（补）查图等地名资料，以及最新的测绘成果，进行了全国范围建制村以上地名数据的核查与采集。共核查、采集1∶5万地形图地名数据500多万条，数据量为1.2 GB，更新地名近140万条，占全部地名的26.4%。

三、数字高程模型数据库

数字高程模型数据库是将定义在平面X、Y域（或理想椭球体面）按照一定的格网间隔采集地面高程而建立的规则格网高程数据库，简称DEM。它可以利用已采集的矢量地貌要素（等高线、高程点或地貌结构线）和部分水系要素作为原始数据，进行数学内插获得。也可以利用数字摄影测量方法，直接从航空摄影影像中采集。其中，陆地和岛屿上格网的值代表地面高程，海洋区域内的格网的值代表水深。

1. 全国1∶100万数字高程模型数据库

全国1∶100万数字高程模型数据库利用1万多幅1∶5万和1∶10万地形图，按照28″.125×18″.750（经差×纬差）的格网间隔，采集格网交叉点的高程值，经过编辑处理，以1∶50万图幅为单位入库。原始数据的高程允许最大误差为10~20m。

2. 全国1∶25万数字高程模型数据库

用于生成全国1∶25万数字高程模型的原始数据包括等高线、高程点、等深线、水深点和部分河流、大型湖泊、水库等。采用不规则三角网模型（TIN）内插获得。

全国1∶25万数字高程模型以高斯-克吕格投影和地理坐标分别存储。高斯-克吕格投影的数字高程模型数据，格网尺寸为100 m×100 m。以图幅为单元，每幅图数据均按包含图幅范围的矩形划定，相邻图幅间均有一定的重叠。地理坐标的数字高程模型数据，格网尺寸为3″×3″，每幅图行列数为1 201×1 801，所有图幅范围都为大小相等的矩形。

3. 1∶5万数字高程模型数据库

1∶5万数字高程模型利用全数字方法生产，部分采用1∶5万数据库数据、采用ArcGIS软件的TIN和GRID模块，生成25m×25m格网形式的全国1∶5万DEM。

该模型采用6°分带的高斯-克吕格投影，1980西安坐标系和1985国家高程基准。

四、数字栅格地图数据库

数字栅格地图数据库是将已经出版的地图经过扫描、几何校正、色彩校正和编辑处理后建成的栅格数据库。该数据库可管理 DRG 的数据目录，支持数据分发。库体中存储和检索的最小单位一般是图幅，可按图幅/区域进行管理。

1∶5 万数字栅格地图数据库是现有 1∶5 万模拟地形图的数字形式。扫描输入 400~600dpi，按地面分辨率 4m 输出。按照 1∶5 万地形图分幅存储，存储格式为 TIFF（LZW 压缩）。

全国 1∶5 万 DRG 数据库在空间上包含 19 000 多幅 1∶5 万地形图数据，覆盖整个国土范围的 70%~80%。

五、数字正射影像数据库

正射影像数据库是由各种航空航天遥感数据或扫描得到的影像数据经过辐射校正、几何校正，并利用数字高程模型进行投影差改正处理产生的正射影像，有时附之以主要居民地、地名、境界等矢量数据，构成的影像数据库。影像可以是全色的、彩色的，也可以是多光谱的。影像数据可以采用压缩的方式存储以节约存储空间。其比例尺系列与地形数据库相一致。

1∶5 万数字正射影像数据库是将扫描数字化的航空像片的影像数据，经逐像元进行几何改正，按标准 1∶5 万图幅范围裁切和镶嵌生成的数字正射影像集而构建的空间影像数据库。其影像数据是按照 1∶2.5 万地形图的精度进行生产，地面分辨率为 1m，同时具有地图几何精度和影像特征的图像。

六、土地覆盖数据库

土地覆盖数据库是利用全国陆地范围 2000 年前后接收的 LandSat 卫星遥感影像采集的，共计 752 幅（1∶25 万分幅），数据量约为 12 GB。土地分 6 个一级类和 24 个二级类，采用 6°带高斯投影，包括栅格和矢量两种数据格式。数据库采用 ORACLE、ArcSDE 和 ArcMap 平台进行管理，可满足检索、查询、浏览和分发服务的需求。

七、航天航空影像数据库

航天航空影像数据库是利用各种航天航空遥感数据或扫描得到的影像数据为数据源而设计构建的空间影像数据库，其具有多时间分辨率、多光谱分辨率、多空间分辨率、多灰度分辨率等特征。

1. 航空影像数据库

航空影像数据库的内容包括航片扫描影像库、航片预览影像库、航片定位数据库和航摄文档参数数据库。数据库包括我国 20 世纪 50 年代以来航空摄影资料，扫描精度不低于 4μm。目前数据库正在建设中。

2. 卫星影像数据库

卫星影像数据库就是利用遥感卫星对地观测的影像数据源，经加工处理、整合集成而形成的空间影像数据库。TM 卫星正射影像数据库业已建成，其数据源为 LandSat7 卫星 ETM+传感器所获取的 15m 分辨率的全色影像数据和 30m 分辨率的多光谱影像数据，共包括覆盖全国陆域范围的 522 景影像。SPOT 卫星正射影像数据库数据源为 SPOT 全色波段数据（10m 分辨率）的覆盖全国陆域（除新疆和西藏的少数荒漠地区外）的卫星影像数据。

第六节　空间数据库的前沿技术

一、空间数据仓库

随着信息技术的飞速发展和企业界新需求的不断提出，以面向事务处理为主的空间数据库系统已不能满足需要，信息系统开始从管理转向决策处理，空间数据仓库（Spatial Data Warehouse）就是为满足这种新的需求而提出的空间信息集成方案，空间数据仓库用于支撑空间决策支持系统，由数据源、空间数据库系统、空间数据仓库信息存储系统、空间数据仓库分析工具4大部分组成。空间数据仓库具有以下几个主要特点：

1. 主题与面向主题

与传统空间数据库面向应用进行数据组织的特点相对应，空间数据仓库中的数据是面向主题进行数据组织的。它在较高层次上将企业信息系统中的数据进行综合、归类，并加以抽象地分析利用。

2. 集成的数据

空间数据仓库的数据是从原有的空间数据库数据中抽取来的。因此，在数据进入空间数据仓库之前，必然要经过统一与综合，这一步是空间数据仓库建设中最关键、最复杂的一步，所要完成的工作包括消除源数据中的不一致性和进行数据综合计算。

3. 数据是持久的

空间数据仓库中的数据主要供决策分析之用，所涉及的数据操作主要是数据查询，一般情况下并不进行修改操作。空间数据仓库的数据反映的是一段相当长的时间内的数据内容，是不同时间的空间数据库快照的集合和基于这些快照进行统计、综合和重组导出的数据，而不是联机处理的数据。空间数据库中进行联机处理的数据经过集成输入到空间数据仓库中，一旦空间数据仓库存放的数据已经超过空间数据仓库的数据存储期限，这些数据将从空间数据仓库中删去。

4. 数据是随时间不断变化的

空间数据仓库的数据是随时间变化不断变化的，它会不断增加新的数据内容，不断删去旧的数据内容，不断对数据按时间段进行综合。

如图5.12所示，空间数据仓库系统的体系结构上主要由元数据、源数据、数据变换工具、数据仓库和数据仓库工具等组成。因而，空间数据仓库通常建立在比较全面完善的信息应用基础之上，用于支持更高层次的决策分析。

二、空间数据挖掘

空间数据挖掘（Spatial Data Mining）是数据挖掘的一个研究分支，即从空间数据库中挖掘时空系统中潜在的、有价值的信息、规律和知识的过程，包括空间模式与特征、空间与非空间数据之间的概要关系等。数据挖掘可以用来模拟事物的一种变化方式，通过一些

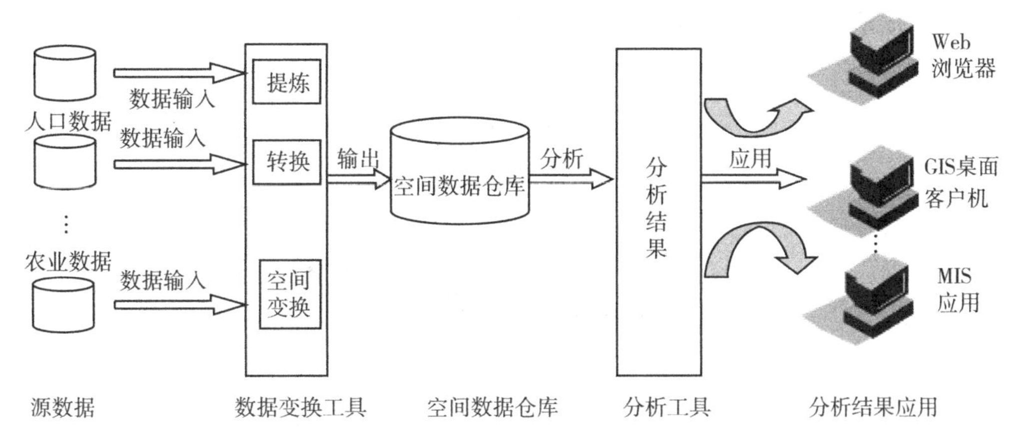

图 5.12　空间数据仓库体系结构图

（图片来源：http://www.baidu.com）

先验的知识或样本来判断事物未来的发展状况或某种状态。空间数据挖掘则可以作为一种可用的科学方法来解决一些地学相关的问题，对地学状况的变化作出分析和预测，这些分析很多都是基于空间分析的基础，因此空间数据挖掘的根本是事物的空间特性，如方位、距离、拓扑关系等。空间数据挖掘的典型方法主要有以下几种：

1. 空间统计方法

空间统计是指分析地理空间数据的统计方法，主要是利用了空间中邻近的要素通常比相距较远的要素具有较高的相似性这一原理。该模型可以分为3类：地物统计、格网空间模型和空间点分布形态。

2. 空间聚类方法

空间数据聚类是按照某种距离度量准则，在大型、多维数据集中标识出聚类或稠密分布的区域，从而发现数据集的整体空间分布模式。该方法主要分为4类：分割法、层次法、基于密度的方法及基于网格的方法。

3. 空间关联分析

空间关联分析利用空间关联规则提取算法发现空间数据库中空间目标间的关联程度，从而进行空间数据关联分析的知识发现研究，其核心内容是挖掘空间关联规则。

4. 空间分类与预测分析

空间分类与预测是根据已知的分类模型把数据库中的数据映射到给定类别中，进行数据趋势预测分析的方法。人工神经网络可以作为该方法的典型技术应用于实际研究中。

5. 异常值分析

顾名思义，异常值分析即将数据库中与通常的行为或数据模型不一致的数据提取出来的分析方法。通过这种方法可以提取出数据库中的异常信息或噪声数据，有时也会导致隐藏的重要数据丢失。异常值分析方法主要有3种：基于统计的异常值探测、基于距离的异常值探测、基于偏差的异常值探测。

空间数据挖掘的基本流程如图 5.13 所示。

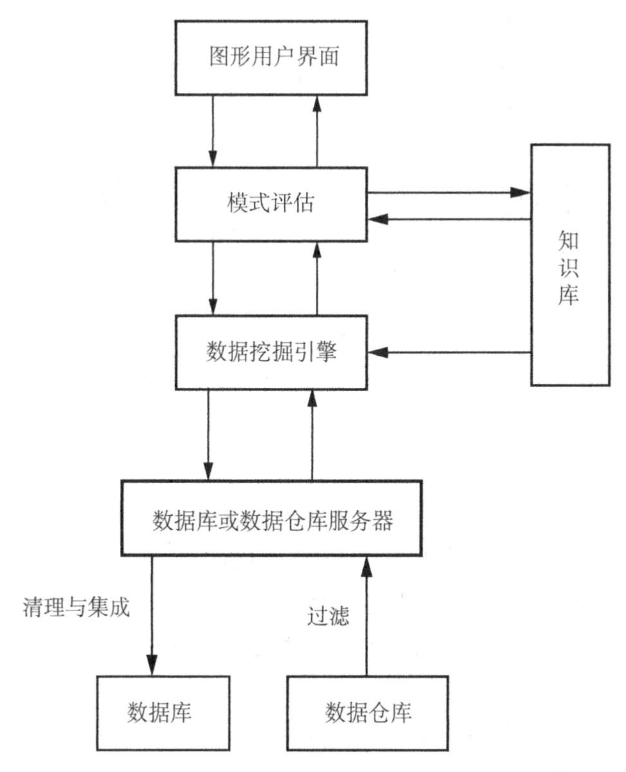

图 5.13　空间数据挖掘基本流程图
（图片来源：http：//www.baidu.com）

☞ 本章思考题

1. 空间数据库的定义。
2. 对比空间数据库中三种传统数据模型的优缺点。
3. 现有 GIS 软件中常采用的 3 种空间数据管理方式。

第六章　GIS 的高级话题

本章主要介绍了 GIS 领域近年来的新发展趋势，以及“数字地球”、“智慧地球”等高级话题。

第一节　GIS 的五个现代化

一、GIS 的网络化

互联网（Internet）的迅速崛起和在全球范围内的飞速发展，使万维网（World Wide Web，简称 WWW 或 Web）成为高效的全球性信息发布渠道。这一技术正在以很快的速度进入千家万户，它将把地球变成一个小小的村落。随着 Internet 技术的不断发展和人们对地理信息系统（GIS）的需求，利用 Internet 在 Web 上发布和出版空间数据，为用户提供空间数据浏览、查询和分析的功能，已经成为 GIS 发展的必然趋势。于是，基于 Internet 技术的地理信息系统——WebGIS 就应运而生。

互联网地理信息系统（WebGIS）是 Internet 技术应用于 GIS 开发的产物，是一种基于 Internet 的 OpenGIS。GIS 通过 WWW 功能得以扩展，真正成为一种大众使用的工具。从 WWW 的任意一个节点，Internet 用户可以浏览 WebGIS 站点中的空间数据，制作专题图以及进行各种空间检索和空间分析。一般把 Internet 中的 GIS 称为 WWW-GIS 或 WebGIS，中文名为万维网 GIS。WebGIS 就是将 WWW 的 Web 页面作为 GIS 软件的用户界面，把 Internet 和 GIS 技术结合在一起，能够进行各种交互操作的 GIS，它是一种大社会级的 GIS。Web 页面使用超媒体技术和超文本链接语言，使得对 WWW 的操作更富有灵活性和趣味性，如图 6-1 所示。以 Web 作为 GIS 的用户界面，将一改以往 GIS 软件用户界面呆板生硬的面孔，更利于 GIS 大众化。

传统 GIS 大多为独立的单机结构，空间数据采用集中式处理；而 WebGIS 采用了基于 Internet 网的 C1ient/Server（C/S）体系结构，不同部门的数据可以分别存储在不同地点的 Server 上，每个 GIS 用户作为一个 Client 端，通过互联网与 Server 交换信息，可以与网上其他非 GIS 信息进行无缝链接和集成。WebGIS 可以实现对各种传统 GIS 系统数据的相互操作和共享，以便充分利用现有的数据资源。WebGIS 还可以用于 Internet，以建立各部门内部的网络 GIS，实现局部范围内的数据共享。WebGIS 不但改变了传统 GIS 的设计、开发和应用方法，而且完全改变了空间数据的共享模式。目前，WebGIS 仍需不断完善，其最终目标是实现 GIS 与云计算、物联网、移动互联网等技术实现有机融合，使 GIS 通过

WWW 真正成为大众使用的技术和工具。具体地讲，在 WWW 的任意一个节点上 Internet 用户可以浏览 WebGIS 站点中的空间数据、制作专题图以及进行各种空间检索和空间分析，从而使 GIS 进入千家万户。

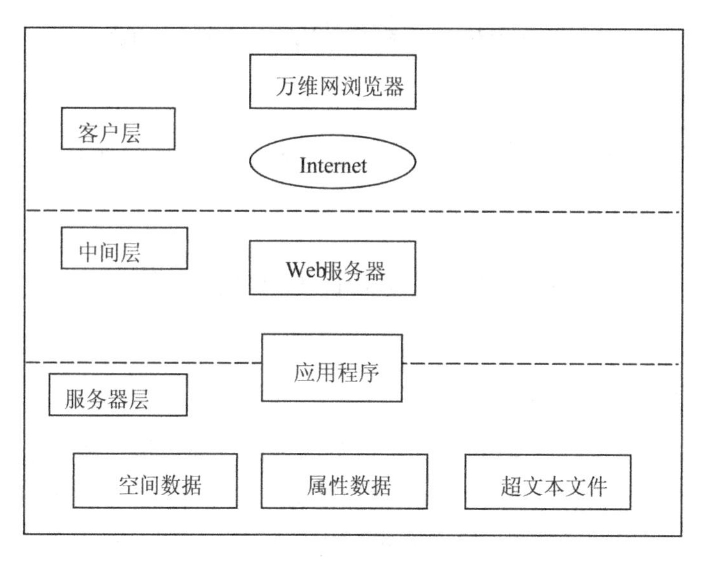

图 6.1 WebGIS 逻辑结构示意图

二、GIS 的组件化

GIS 技术的发展，在软件模式上经历了功能模块、包式软件、核心式软件，从而发展到 ComGIS 和 WebGIS 的过程。传统 GIS 虽然在功能上已经比较成熟，但是由于这些系统多是基于十多年前的软件技术开发的，属于独立封闭的系统。同时，GIS 软件功能变得日益庞大，用户难以掌握，而且软件费用昂贵，这些都阻碍了 GIS 的普及和应用。组件式软件是新一代 GIS 的重要基础，ComGIS 的出现为传统 GIS 面临的多种问题提供了全新的解决思路。

ComGIS 的基本思想是把 GIS 的各大功能模块划分为几个控件，每个控件完成不同的功能。各个 GIS 控件之间，以及 GIS 控件与其他非 GIS 控件之间，可以方便地通过可视化的软件开发工具集成起来，形成最终的 GIS 应用。控件如同一堆各式各样的积木，它们分别实现不同的功能（包括 GIS 和非 GIS 功能），然后根据需要把实现各种功能的“积木”搭建起来，构成应用系统。

许多 WebGIS 软件包均采用 HTML 标准，活动内容采用 Java applets（SUN 标准）或者 ActiveX（Microsoft 标准）进行传递。新型的分布式面向对象 WebGIS 可以采用 CORBA/Java 或者 DCOM/ActiveX 技术进行开发。ActiveX 控件不仅可以用于一般的 ActiveX 容器程序（如 Visual Basic、Delphi 等），而且能嵌入 Web 页面中。任何 ActiveX 控件都可以设计成 Internet 控件，作为 Web 页面的一部分，Web 页面中的控件通过脚本（Script）互相通信。因此，ComGIS 是 WebGIS 的一种解决方案，而基于这一方案的 WebGIS 通常比基于

Java 的运行速度更快。

三、GIS 的多维化

GIS 技术经过多年的发展，逐渐从单一功能向管理/分析的复杂应用、从位图显示向矢量图/多维空间的多样化地图等方向发展，已经形成一套多维、多层级、智能化的实用型技术系统。

1. 3D GIS

数字地面模型（DTM）是 GIS 中最为重要的空间信息资料和赖以进行地形分析的核心数据系统。数字地面模型已经在测绘、资源与环境、灾害防治、国防等与地形分析有关的科研及国民经济各领域发挥着越来越重要的作用。这里特别需要强调的是，数字地面模型的基本理论与数据处理方法，反映了地理信息系统空间信息分析的基本方法，本书试图通过对数字地面模型的概念、数据分析处理原理以及应用方法等内容的叙述，使读者对数字地面模型有较为全面的认识，并由此强化对地理信息系统空间信息分析方法的理解与认识。

（1）DTM

数字地面模型是利用一个任意坐标场中大量选择的已知 x、y、z 的坐标点对连续地面的一个简单的统计表示，或者说，DTM 就是地形表面简单的数字表示。自从提出 DTM 的概念以后，相继又出现了许多其他相近的术语，如在德国使用的 DHM（Digital Height Model）、英国使用的 DGM（Digital Ground Model）、美国地质测量局 USGS 使用的 DTEM（Digital Terrain Elevation Model）、DEM（Digital Elevation Model）等。这些术语在使用上可能有些限制，但实质上差别很小，如 Height 和 Elevation 本身就是同义词。当然，DTM 趋向于表达比 DEM 和 DHM 更广意义上的内容，如河流、山脊线、断裂线等也可以包括在内。

数字地面模型更通用的定义是描述地球表面形态多种信息空间分布的有序数值阵列，从数学的角度，可以用下述二维函数系列取值的有序集合来概括地表示数字地面模型的丰富内容和多样形式：

$$K_p=f_k(u_p,\ v_p),\ k=1,\ 2,\ 3,\ \cdots,\ m;\ p=1,\ 2,\ 3,\ \cdots,\ n$$

式中，K_p为第 p 号地面点（可以是单一的点，但一般是某点及其微小邻域所划定的一个地表面元）上的第 k 类地面特性信息的取值；u_p，v_p为第 p 号地面点的二维坐标，可以是采用任一地图投影的平面坐标，或者是经纬度和矩阵的行列号等；m（m 大于等于 1）为地面特性信息类型的数目；n 为地面点的个数。当上述函数的定义域为二维地理空间上的面域、线段或网络时，n 趋于正无穷大；当定义域为离散点集时，n 一般为有限正整数。例如，假定将岩石类型编作第 i 类地面特性信息，则数字地面模型的第 i 个组成部分为：

$$I_p=f_i(u_p,\ v_p),\ p=1,\ 2,\ 3,\ \cdots,\ n \tag{6-1}$$

地理空间实质上是三维的，但人们往往在二维地理空间上描述并分析地面特性的空间分布，如专题图大多是平面地图。数字地面模型是对某一种或多种地面特性空间分布的数字描述，是叠加在二维地理空间上的一维或多维地面特性向量空间，是 GIS 空间数据库的某类实体或所有这些实体的总和。数字地面模型的本质共性是二维地理空间定位和数字描述。

（2）DEM

在式（6-1）中，当 $m=1$ 且 f_i 为对地面高程的映射，（u_p，v_p）为矩阵行列号时，式(6-1)表达的数字地面模型即所谓的数字高程模型。显然，DEM 是 DTM 的一个子集。实际上，DEM 是 DTM 中最基本的部分，它是对地球表面地形地貌的一种离散的数字表达。总之，数字高程模型 DEM 是表示区域 D 上的三维向量有限序列，用函数的形式描述为：

$$V_i = (x_i, y_i, z_i), \quad i=1, 2, 3, \cdots, n \tag{6-2}$$

式中，x_i、y_i是平面坐标；z_i是（x_i，y_i）对应的高程。当该序列中各平面向量的平面位置呈规则格网排列时，其平面坐标可省略，此时 V_i 就简化为一维向量序列 z_i，$i=1$，2，3，…，n。

数字高程模型既然是地理空间定位的数字数据集合，因此，凡涉及地理空间定位，在研究过程中又依靠计算机系统支持的课题，一般都要建立数字高程模型。从这个角度看，建立数字高程模型是对地面特性进行空间描述的一种数字方法途径，数字高程模型的应用可遍及整个地学领域。在测绘中，数字高程模型可用于绘制等高线、坡度图、坡向图、立体透视图、立体景观图，并应用于制作正射影像图、立体匹配片、立体地形模型及地图的修测。在各种工程中可用于体积和面积的计算、各种剖面图的绘制及线路的设计；军事上可用于导航（包括导弹及飞机的导航）、通信、作战任务的计划等；在遥感中可作为分类的辅助数据；在环境与规划中可用于土地现状的分析、各种规划及洪水险情预报等。

2. 4D GIS

如果把二维数据、三维数据的定义延伸，考虑到时间因素，把时间看作一个连续的、与其他轴正交的坐标轴，就定义出四维空间（时态），讨论四维空间中的空间实体的描述及其相互间关系的 GIS 系统就是四维 GIS。四维 GIS 系统的主要研究领域是时空数据的描述、存储、操作、查询、分析和显示的方法以及整体系统结构设计。

四维 GIS 系统通常把 GIS 的时间维分成处理时间维（Transaction Time Dimension）和有效时间维（Valid Time Dimension），前者又称为数据库时间或系统时间，指的是在 GIS 系统中处理发生的时间；后者被称为事件时间或实际时间，指的是在实际应用领域中事件出现的时间。

从功能上讲，四维 GIS 除了应具备静态 GIS 的所有功能外，还应该提供：

①档案功能：记载相关区域随时间的演变；

②分析功能：以变化为参照，考察历史数据，预测未来；

③更新功能：保持 GIS 数据的现时性，延长服务期；

④显示功能：以真实的动态方式，回答用户关于“哪里”、“何时”、“怎样”的询问；

⑤其他功能：包括检查新旧数据的逻辑一致性，预定义某些时空临界状态，并识别、预报它们。

在许多 GIS 的应用领域，如地籍管理、房地产交易、地震预报与救援、环境监测、天气预报等具有很强的时间敏感性，空间实体的属性随着时间变化而变化的特点对于特定问题的求解是非常重要的。但是，时态问题在现有的 GIS 软件中仍未得到完美解决，尚有诸多问题有待探讨。

四、GIS 的智能化

由于地理现象的复杂性和强烈的地域个性使系统地理学试图寻找普遍规律的努力只能停留在理论研究阶段，而区域地理学一般性描述无法确定性地揭示地理现象的内在规律也无法让人们满意。GIS 建立的区域空间数据库是特定区域的定量反映，是个性和共性的统一，包含着大量的地学知识，可以在此基础上探讨普遍性和特殊性的地学规律。对于已经明确的规律，可以直接应用于模型分析而不必经过繁琐的推理，对机理不清的现象可以利用专家系统的方法加以解决。同时，GIS 提供的空间分析功能也为地学专家系统提供了有力的工具。

目前，已有的地学专家系统如美国著名的 PROSPECTOR 地质勘探专家系统用于寻找矿藏、我国南京大学开发的用于寻找地下水的勘探地下水专家系统 KCGW、美国石油勘探专家系统 DIPMETER、暴雨预报专家系统 WILLARD、YeeLeung 等。它们将地学专家的经验加以形式化表达并存储在知识库中，采用贝叶斯推理机制。当用户启动系统后，输入某一地区的观测事实及其可信度后，系统经过推理后将推理结果以及这个结果的可信度反馈给用户，当某一结论的可信度超过用户设置的阈值，则认为已推导出满足用户要求的结论。这一类属于早期编写的人工智能专家系统。近年来，我国翁文斌等人设计的汾河防洪专家系统，采用了语义网络知识库、框架知识库、槽知识库、规则知识库和目标库等来表达和存储知识，提供知识库管理系统，除了普通推理机外还提供了专业推理机，是一种比较完善的地学专家系统。

五、GIS 的移动化

移动 GIS，是 GIS 新的发展方向，随着智能手机的普及、移动互联网的发展，移动 GIS 的应用已经深入到各行各业，提升了社会整体信息化水平，这些移动 GIS 的产品在内核设计上不同于桌面 GIS 或 WebGIS。移动 GIS 更注重内存使用和性能效率，需要设计精巧的 GIS 数据逻辑组织模型和物理存储格式，以减少内存占用，提高地图显示的效率。它们致力于为客户提供完美的解决方案，并且已经在众多行业，例如，在交通、公安、消防、电力、城管、物流、国土、测绘、环保、通信、林业、农业、海洋、烟草等行业得到了广泛应用。这些产品提供了丰富的开发接口，功能覆盖了矢量地图的发布与浏览、影像数据的发布与浏览、矢量影像叠加、属性查询与定位、要素编辑、GPS 定位监控、基站定位、轨迹回放、路径规划、GPS 导航、数据同步、公交查询等，同时，结合移动多媒体、移动 MIS 等应用，实现了手机拍照、摄像等。

当前主流的移动 GIS 开发组件有 UCMap，UCMap 支持矢量和瓦片地图，支持在线和离线，在各行业得到广泛应用，如管线巡检、林业普查、水利普查、应急联动、农业测土配方、国土监察、地震速报、烟草物流、军事指挥、移动测绘、无线电监测、移动环保、LBS（Location Based Service）服务等，如图 6.2 所示。

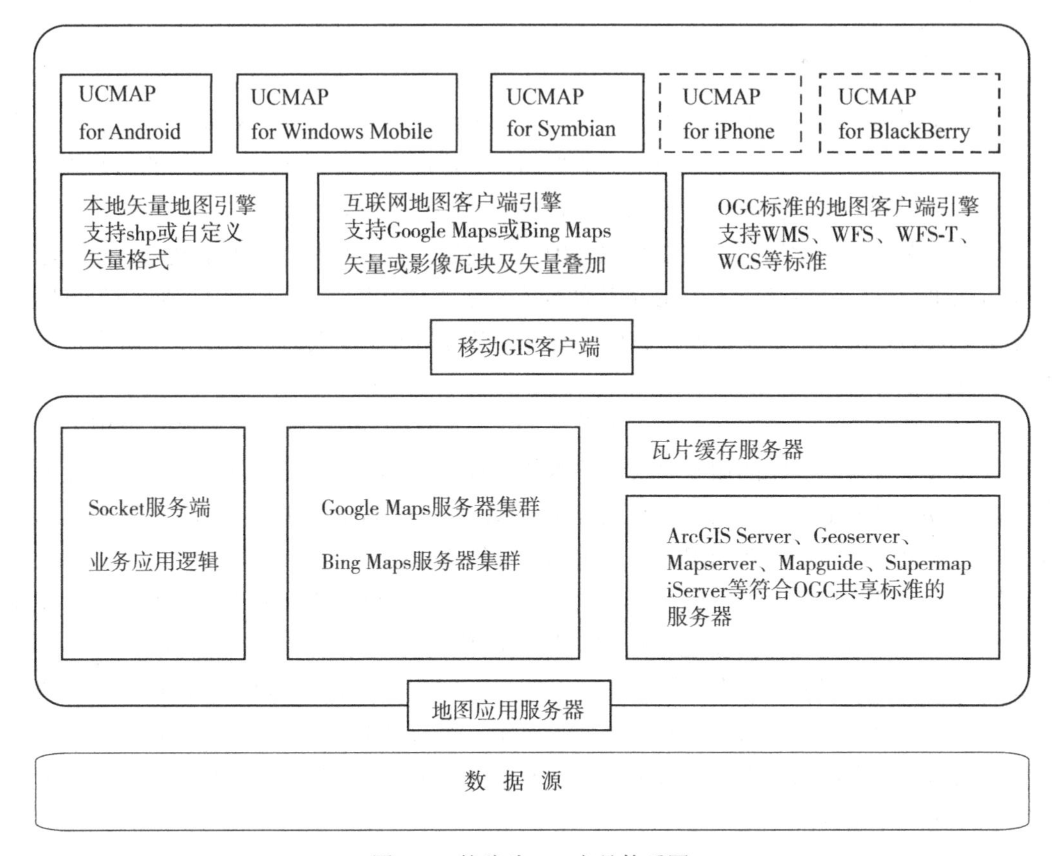

图 6.2　某移动 GIS 产品体系图

第二节　3S 集成

3S 集成技术是将遥感（RS）、全球导航卫星系统（GNSS）、地理信息系统（GIS）融为一个统一的有机体。它是一门非常有效的空间信息技术。就在集成体中的作用及地位而言，GIS 相当于人的大脑，对所得的信息加以管理和分析；RS 和 GNSS 相当于人的两只眼睛，负责获取海量信息及其空间定位。RS、GNSS 和 GIS 三者的有机结合，构成了整体上的实时动态对地观测、分析和应用的运行系统，为科学研究、政府管理、社会生产提供了新一代的观测手段、描述语言和思维工具。3S 集成的方式可以在不同的技术水平上实现。低级阶段表现为互相调用一些功能来实现系统之间的联系；高级阶段表现为三者之间不只是相互调用功能，而是直接共同作用，形成有机的一体化系统，对数据进行动态更新，快速准确地获取定位信息，实现实时的现场查询和分析判断。目前，开发 3S 集成系统软件的技术方案一般采用栅格数据处理方式实现与 RS 的集成，使用动态矢量图层方式实现与 GIS 的集成。随着信息技术的飞速发展，3S 集成系统正在经历一个从低级到高级的发展和完善过程。

一、GNSS

GNSS 是 Global Navigation Satellite System 的缩写。中文译名应为全球导航卫星系统。目前，GNSS 包含了美国的 GPS、俄罗斯的 GLONASS、欧盟的 Galileo 系统、中国的 Compass（北斗）（全部建成后其可用的卫星数目达到 100 颗以上）。其他一些国家，包括法国、日本和印度等，也在发展各自的区域导航系统。

1. 美国的 GPS 系统

GPS 是英文 Global Positioning System（全球定位系统）的简称。GPS 起始于 1958 年美国军方的一个项目，1964 年投入使用。20 世纪 70 年代，美国陆海空三军联合研制了新一代卫星定位系统 GPS 。主要目的是为陆海空三大领域提供实时、全天候和全球性的导航服务，并用于情报搜集、核爆监测和应急通信等一些军事目的，经过 20 多年的研究实验，耗资 300 亿美元，到 1994 年，全球覆盖率高达 98%的 24 颗 GPS 卫星已布设完成。

GPS 实施的是“到达时间差”（时延）的概念：利用每一颗 GPS 卫星的精确位置和连续发送的星上原子钟生成的导航信息获得从卫星至接收机的到达时间差。

GPS 卫星在空中连续发送带有时间和位置信息的无线电信号，供 GPS 接收机接收。由于传输的距离因素，接收机接收到信号的时刻要比卫星发送信号的时刻延迟，通常称之为时延，因此，也可以通过时延来确定距离。卫星和接收机同时产生同样的伪随机码，一旦两个码实现时间同步，接收机便能测定时延；将时延乘上光速，便能得到距离。

每颗 GPS 卫星上的计算机和导航信息发生器非常精确地了解其轨道位置和系统时间，而全球监测站网保持连续跟踪卫星的轨道位置和系统时间。位于科罗拉多州施里弗（Schriever）空军基地内的主控站与其运控段一起，至少每天一次对每颗 GPS 卫星注入校正数据。注入数据包括星座中每颗卫星的轨道位置测定和星上时钟的校正。这些校正数据是在复杂模型的基础上算出的，可在几个星期内保持有效。

GPS 系统时间是由每颗卫星上原子钟的铯和铷原子频标保持的。这些星钟一般来讲精确到世界协调时（UTC）的几纳秒以内，UTC 是由海军观象台的“主钟”保持的，每台主钟的稳定性为若干个 10^{-13}s。GPS 卫星早期采用两部铯频标和两部铷频标，后来逐步改变为更多地采用铷频标。通常，在任一指定时间内，每颗卫星上只有一台频标在工作。

2. 欧洲的“伽利略”系统

“伽利略”系统是世界上第一个基于民用的全球卫星导航定位系统，在 2008 年投入运行后，全球的用户将使用多制式的接收机，获得更多的导航定位卫星的信号，将无形中极大地提高导航定位的精度，这是“伽利略”计划给用户带来的直接好处。另外，由于全球将出现多套全球导航定位系统，从市场的发展来看，将会出现 GPS 系统与“伽利略”系统竞争的局面，竞争会使用户得到更稳定的信号、更优质的服务。世界上多套全球导航定位系统并存，相互之间的制约和互补将是各国大力发展全球导航定位产业的根本保证。

“伽利略”计划是欧洲自主、独立的全球多模式卫星定位导航系统，提供高精度、高可靠性的定位服务，实现完全非军方控制、管理，可以进行覆盖全球的导航和定位功能。“伽利略”系统还能够和美国的 GPS、俄罗斯的 GLONASS 系统实现多系统内的相互合作，任何用户将来都可以用一个多系统接收机采集各个系统的数据或者各系统数据的组合来实现定位导航的要求。

"伽利略"系统可以发送实时的高精度定位信息，这是现有的卫星导航系统所没有的，同时"伽利略"系统能够保证在许多特殊情况下提供服务，如果失败也能在几秒钟内通知客户。与美国的 GPS 相比，"伽利略"系统更先进，也更可靠。美国 GPS 向别国提供的卫星信号，只能发现地面大约 10m 长的物体，而"伽利略"的卫星则能发现 1m 长的目标。

"伽利略"系统不仅能使人们的生活更加方便，还将为欧盟的工业和商业带来可观的经济效益。更为重要的是，欧盟将从此拥有自己的全球卫星导航系统，这有助于打破美国 GPS 系统的垄断地位，从而在全球高科技竞争浪潮中获取有利地位，更可为将来建设欧洲独立防务创造条件。

3. 俄罗斯的 GLONASS 系统

"格洛纳斯"（GLONASS）是俄语中"全球卫星导航系统"的缩写。该系统的主要服务内容包括确定陆地、海上及空中目标的坐标及运动速度信息等，已经于 2011 年 1 月 1 日在全球正式运行。根据俄罗斯联邦太空署信息中心提供的数据（2012 年 10 月 10 日），已有 24 颗卫星正常工作、3 颗维修中、3 颗备用、1 颗测试中。"格洛纳斯"系统标准配置为 24 颗卫星，而 18 颗卫星就能保证该系统为俄罗斯境内用户提供全部服务。该系统卫星分为"格洛纳斯"和"格洛纳斯-M"两种类型，后者使用寿命更长，可达 7 年。研制中的"格洛纳斯-K"卫星的在轨工作时间可长达 10 年至 12 年。

GLONASS 星座由 27 颗工作星和 3 颗备份星组成，所以 GLONASS 星座共由 30 颗卫星组成。27 颗星均匀地分布在 3 个近圆形的轨道平面上，这 3 个轨道平面两两相隔 120°，每个轨道面有 8 颗卫星，同平面内的卫星之间相隔 45°，轨道高度 2. 36 万千米，运行周期 11 小时 15 分，轨道倾角 56°。

地面支持系统由系统控制中心、中央同步器、遥测遥控站（含激光跟踪站）和外场导航控制设备组成。地面支持系统的功能由前苏联境内的许多场地来完成。随着前苏联的解体，GLONASS 系统由俄罗斯航天局管理，地面支持段已经减少到只有俄罗斯境内的场地了，系统控制中心和中央同步处理器位于莫斯科，遥测遥控站位于圣彼得堡、捷尔诺波尔、埃尼谢斯克和共青城。

GLONASS 用户设备（即接收机）能接收卫星发射的导航信号，并测量其伪距和伪距变化率，同时从卫星信号中提取并处理导航电文。接收机处理器对上述数据进行处理并计算出用户所在的位置、速度和时间信息。GLONASS 系统提供军用和民用两种服务。GLONASS 系统绝对定位精度水平方向为 16m，垂直方向为 25m。目前，GLONASS 系统可以广泛地应用于各种等级和种类的定位、导航和时频领域等。

4. 中国的北斗系统

北斗卫星导航系统是中国自行研制的全球卫星定位与通行系统（BDS），是继美国 GPS 和俄罗斯 GLONASS 之后第 3 个成熟的卫星导航系统。系统由空间端、地面端和用户端组成，可在全球范围内全天候、全天时为各类用户提供高精度、高可靠定位，导航，授时服务，并具短报文通信能力，已经初步具备区域导航、定位和授时能力，定位精度优于 20 m，授时精度优于 100 ns。2012 年 12 月 27 日，北斗系统空间信号接口控制文件正式版正式公布，北斗导航业务正式对亚太地区提供无源定位、导航、授时服务。

中国正在建设的北斗卫星导航系统空间段由 5 颗静止轨道卫星和 30 颗非静止轨道卫

星组成，提供两种服务方式，即开放服务和授权服务（属于第二代系统）。授时精度为10ns，测速精度 0. m/s。中国计划 2020 年左右，“北斗”系统将覆盖全球。

北斗导航系统与其他导航系统相比具有如下优势：

①覆盖范围：北斗导航系统是覆盖中国本土的区域导航系统。覆盖范围约东经 70°~140°，北纬 5°~55°。GPS 是覆盖全球的全天候导航系统。

②卫星数量和轨道特性：北斗导航系统是在地球赤道平面上设置 2 颗地球同步卫星且两颗卫星间的赤道角距约 60°。GPS 是在 6 个轨道平面上设置 24 颗卫星，轨道赤道倾角 55°，轨道面赤道角距 60°。航卫星为准同步轨道，绕地球一周 11 小时 58 分。

③定位精度：北斗导航系统三维定位精度约几十米，授时精度约 100 ns。GPS 三维定位精度 P 码已由 16 m 提高到 6 m，C/A 码已由 25~100 m 提高到 12 m，授时精度目前约 20 ns。

④用户容量：北斗导航系统是主动双向测距的询问—应答系统，GPS 是单向测距系统，用户设备只要接收导航卫星发出的导航电文即可进行测距定位，因此 GPS 的用户设备容量是无限的。

⑤生存能力：和所有的导航定位卫星系统一样，“北斗一号”基于中心控制系统和卫星的工作，但是“北斗一号”对中心控制系统的依赖性明显要大很多，因为定位解算在那里而不是由用户设备完成的。为了弥补这种系统易损性，GPS 正在发展星际横向数据链技术，确保主控站万一被毁后 GPS 卫星可以独立运行。而“北斗一号”系统从原理上排除了这种可能性，一旦中心控制系统受损，系统就不能继续工作了。

但是北斗系统也存在一定的缺陷：

①北斗系统定位是要依靠地球椭球面的，所以，对于实际应用来说，因为存在高度误差，必须依靠数字地图矫正。

②北斗系统的卫星是同步卫星，这意味着落地信号功率很小，需要有碟形天线，地面的接收系统可能无法微型化，但对于船舶问题不大。

③由于是同步卫星，相对于终端来说，下行波束的角度很窄，也就是说，运动的地面终端必须不断调整天线的指向，在车船上，是靠一整套的稳定装置，而对于高速运动的设备，这是几乎做不到的。

④北斗系统共计 4 颗卫星，但是另两颗是备用星，定位只用两颗卫星。所以，北斗系统在军事上的应用是不能和 GPS 相提并论的。

二、遥感（Remote Sensing）

1. 遥感概述

遥感技术是指从高空或外层空间接收来自地球表层各类地物的电磁波信息，并通过对这些信息进行扫描、摄影、传输和处理，从而对地表各类地物和现象进行远距离控测和识别的现代综合技术。

2. 遥感技术的特点

①可测量大范围数据资料，具有综合、宏观的特点。

遥感用航摄飞机飞行高度从几百米到 10 km 左右，陆地卫星的卫星轨道高度达 910 km 左右（如美国陆地卫星 1~3 号），居高临下获取的航空像片或卫星图像，比在地面上的视域大得多，又不受地形地物阻隔的影响，为人们研究地面各种自然、社会现象及其分布规律提供了便利的条件，对地球资源和环境分析极为重要。

②可获取的信息量大，具有手段多，技术先进的特点。

根据不同的任务，遥感技术可选用不同波段和遥感仪器来获取信息。它不仅能获得地物可见光波段的信息，而且可以获得紫外、红外、微波等波段的信息。利用不同波段对物体不同的穿透性，可获取地物内部信息。例如，地面深层、水下，植被、地表温度、沙漠下面的地物特性等，微波波段还可以全天候的工作。这无疑扩大了人们的观测范围和感知领域，加深了对事物和现象的认识。

③获取信息快，更新周期短，具有动态监测特点。

遥感通常为瞬时成像，从而能及时获取所测目标物的最新资料，不仅便于更新原有资料，进行动态监测，且便于对不同时刻地物动态变化的资料及像片进行对比、分析和研究，这是人工实地测量和航空摄影测量无法比拟的，为环境监测以及研究分析地物发展演化规律提供了基础。例如，陆地卫星 4 号、5 号、7 号均为每 16 天可覆盖地球一遍，NOAA 气象卫星地面重复观测周期为 0.5 天（12 小时）。第二代 Meteosat 每 15 分钟获得同一地区的图像。

④获取信息受限制条件少，具有用途广、效益高的特点。

很多地方的自然条件极为恶劣，人类难以到达，如沙漠、沼泽、崇山峻岭等。采用不受地面条件限制的遥感技术，特别是航天遥感可方便及时地获取各种宝贵资料。目前，遥感已广泛应用于农业、林业、地质矿产、水文、气象、地理、测绘、海洋研究、军事侦察及环境监测等领域，且应用领域在不断扩展，遥感正以其强大的生命力展现出广阔的发展及应用前景。

3. 遥感系统的分类

按照不同的分类标准，遥感系统可以划分为不同类别。比较常见的几种分类方式如下：

（1）按遥感电磁辐射源的方式分类

按照遥感过程中的电磁辐射源可以把遥感技术分为以下两类：

主动遥感：由遥感探测器主动向地物目标发射电磁辐射能量，并接收地物目标反射的电磁能量作为遥感传感器接收和记录的能量来源。

被动遥感：不会主动发出电磁辐射能量，而是接收地物目标自身热辐射和反射自然辐射源（主要是太阳）的电磁能量作为遥感传感器输入能量。

（2）按遥感工作的高度分类

按照遥感工作的高度可以把遥感技术分为以下 3 类：

航天遥感：又称太空遥感，泛指利用各种太空飞行器为平台的遥感技术系统，以人造地球卫星为主体，包括载人飞船、航天飞机和太空站，有时也把各种行星探测器包括在内。卫星遥感为航天遥感的组成部分，以人造地球卫星作为遥感平台，主要利用卫星对地球和低层大气进行光学和电子观测。

航空遥感：泛指从飞机、飞艇或气球等空中平台对地观测的遥感技术系统。

地面遥感：主要指以高塔、车、船为平台的遥感技术系统，地物波谱仪或传感器安装在这些地面平台上，进行各种地物波谱测量。

(3) 按传感器工作的电磁波谱段分类

按照遥感传感器所用电磁波波谱可以把遥感技术分为以下3类:

可见光/近红外遥感:主要指利用可见光(0.4~0.7μm)和近红外(0.7~2.5μm)波段的遥感技术。可见光是人眼直接可见的光谱段,近红外波段虽然不能直接被人眼看见,但是能够被特定遥感传感器接收。这两个波段的辐射来源都是太阳,反映地物对太阳辐射的反射特性。通过不同地物反射率的差异,就可以辨别出有关地物的信息。

热红外遥感:通过红外热敏感元件探测物体自身的热辐射能量,并形成地物目标的辐射温度或热场图像。热红外遥感的工作波段集中在8~14μm范围。地物在常温下热辐射的绝大部分能量位于此波段,在此波段,地物的热辐射能量大于太阳的反射能量。热红外遥感的优势在于具有昼夜工作的能力。

微波遥感:利用波长1~1 000 mm电磁波完成遥感功能。通过接收地面物体发射的微波辐射能量,或接收遥感设备本身发出的电磁波的反射信号,对物体进行探测、识别和分析。微波遥感的优点在于能够全天候工作,同时对云层、地表植被、松散沙层和干燥冰雪具有一定的穿透能力。

(4) 按遥感数据的类型分类

按遥感数据的类型可以把遥感技术分为以下两类:

成像遥感:传感器接收和记录的电磁能量信息最后以图像形式保存。

非成像遥感:传感器接收和记录的电磁能量信息不以图像形式保存。

(5) 按应用的地理范围分类

按照遥感技术应用的空间范围可以把遥感技术分为以下3类:

全球遥感:是全面系统地研究全球性资源与环境问题的遥感的统称。

区域遥感:以区域资源开发和环境保护为目的的遥感信息工程,它通常按行政区划(国家、省区等)、自然区划(如流域)或经济区划进行。

城市遥感:以城市环境和生态作为主要调查研究对象的遥感工程。

其他的分类还有很多,如按照应用领域可以分为资源遥感、环境遥感、农业遥感、林业遥感、渔业遥感、地质遥感、气象遥感、灾害遥感和军事遥感等,在每一个应用领域还可以进一步细分为不同的应用专题。

4. 遥感技术的应用

现在遥感技术已经深入到人类的工作和生活中,在许多领域中发挥着越来越重要的作用。

(1) 在海洋研究中的应用

在海洋研究的很多领域都要依赖和应用气象卫星提供的海洋遥感资料。海洋研究学者可以从连续的气象卫星红外和可见光遥感图像中区分出不同温度的水团、水流的位置、范围、界线和移动情况并计算出移动速度,从而获得水团、涡漩的分布,洋流变动等信息。这些信息对于海洋研究起着非常重要的作用,它不仅能确保航海安全,还可以节省燃料。如船只在海冰区航行时,利用卫星遥感图像可实时选择破冰船航线,使得破冰船能够选择冰缝或冰层薄弱的地带行驶,保证航行安全。

此外,遥感在海洋资源的开发与利用、海洋环境污染监测、海岸带和海岛调查以及渔业等方面也已取得了成功的应用。

（2）在气象和气候研究中的应用

在天气分析和气象预报中，卫星遥感资料促进了世界范围的大气温度探测，使天气分析和气象预报工作更为准确。在气象卫星云图上可以根据云的大小、亮度、边界形状、纹理、水平结构和垂直结构等来识别各种云系的分布，从而推断出锋面、气旋、台风和冰雹等的存在和位置，对各种大尺度和中小尺度的天气现象进行成功的定位、跟踪及预报。

在气候以及气候变迁研究中，近年的研究表明，对大气长期天气过程和气候变动的影响因素主要包括太阳活动、地表面对大气的影响以及海洋对大气的影响等。这些因素以及对大气气候的变化数据都可以通过卫星来获取，如气象卫星上有仪器可以直接获取大气中二氧化碳等成分含量的数据。

（3）在林业领域的应用

林业资源分布广，面积辽阔，属于再生性生物资源。应用遥感技术可编制大面积的森林分布图，并可测量林地面积，调查森林蓄积和其他野生资源的数量，同时还可对宜林荒山荒地进行立体调查，绘制林地立体图、土地利用现状图和土地潜力图等。通过对森林变化的动态监测，可及时对林业生产的各个环节——采种、育苗、造林、采伐、更新和林产品运输等工作起指导作用。

利用遥感技术进行森林资源调查和经营管理已经发展了很长时间。从 20 世纪 20 年代时开始尝试使用航空目视调查；到 20 世纪 40 年代利用航空照片进行森林区域划分，结合地面调查进行森林资源勘测；再到 20 世纪 50 年代中期发展了利用航片的分层抽样调查；20 世纪 60 年代以后，由于引进大量新设备和先进技术，如红外彩色摄影、多光谱摄影、遥感图像增强技术和计算机技术的应用等，使得遥感技术在林业领域中形成了多层次、多模式的应用体系。在“七五”、“八五”期间，我国已成功地利用陆地卫星数据对“三北”防护林地区进行了全面的遥感综合调查，并对其植被的动态变化及其产生的生态效益做了综合评价，为国家制订长远发展计划奠定了科学的基础。

（4）在地质领域的应用

遥感技术在地质工作中正发挥着日益重要的作用，目前已成为地质调查和环境资源勘察与监测的重要技术手段。应用范围已由区域地质、矿产勘察，水文地质，工程地质和环境地质扩大到农业地质、旅游地质、国土资源、土地利用、城市综合调查和环境监测等许多领域。

在区域地质调查工作中，以遥感方法为主制图，通过大面积多图联测，不仅节约经费，而且还能提高工作效率。在矿产勘察工作中，利用遥感卫星数据，经计算机拼接处理，制作成卫星影像图，通过遥感图像数据收集、数据预处理、信息提取、遥感异常圈定和遥感地质编图等处理步骤，实现矿场资源预测评价。在油气勘探中，利用卫星遥感资料解译选定的地质构造，经野外调查和验证，常可获得油气资源可能存在的靶区。

（5）在农业中的应用

现代遥感技术的多波段性和多时相性十分有利于以绿色植物为主体的资源观测研究，使得遥感技术已经广泛应用于农业领域中。

在土地资源调查中，国际上于 20 世纪 50 年代就开始大量地使用航空照片进行以土地为主体的土地资源调查工作，20 世纪 70 年代时开始利用卫星影像对原来缺乏资料的第三世界国家进行了中比例尺制图。对土地资源的监测除实地进行定位观测外，还可用不同时期的同一幅影像进行影像叠加和对比，可准确地看出土地资源的变化情况，特别是一些交通不便或面积较大的地区，只有卫星遥感技术发展以后，才有可能实现真正及时监测。又如在农作物估产中，对于大面积农作物可以利用卫星影像进行生态分区，在各个生态区根据历史产量建立各种产量模拟公式，并根据当年的气候条件进行校正，以实现农作物产量的估计。

（6）在军事上的应用

遥感技术可为军事任务提供全面、及时和准确的战场信息，在现代军事作战中军事侦察、战场监视与精确制导已完全离不开遥感技术。

在军事侦察中，可以通过摄影、红外、多波段、雷达、电视和激光等多种遥感技术，获取敌国的军事政治情况、武装力量和军事经济潜力，军队的编成、态势、状况、行动性质与企图、战区地形以及其他情报所采取的行动，对加快获取情报的速度，提高情报的可靠性和效率都有重要作用。在战场监视中，可以用遥感成像等手段来对敌空、太空、地面、地下区域、地点和人员等实施有计划的观察。在精确制导武器的末制导阶段，常利用目标的反射或辐射特征测量其位置或相对位置参数，以实现武器的实时定位和轨迹修正，达到精确打击的目的。

（7）在自然灾害监测上的应用

我国是一个自然灾害种类繁多、发生频繁和危害严重的国家，能否对这些灾害作出快速反应对于防灾救灾决策的制定最为关键。应用遥感技术可以对重大自然灾害进行监视和预测，遥感作为信息源始终贯穿于地震监测预报、震害防御、地震应急、地震救灾与重建的全过程，为政府和有关部门提供及时、准确和可靠的信息，为防灾、减灾和救灾提供充分的科学依据。

目前，我国已建立了重大自然灾害的历史数据库和背景数据库，从全国范围的角度，宏观地研究了自然灾害的危险程度分区和成灾规律，研究了详细的监测评价技术方法与应对措施，建立了各自的遥感信息系统，实现了对经常性和突发性自然灾害的监测评价功能。

5. 遥感、GIS一体化技术

由遥感技术获取的丰富地理信息依赖GIS加以科学的管理，遥感的应用也依赖于GIS提供多种信息源（包括非遥感信息）进行信息融合和综合分析，以提高遥感识别分类的精度，遥感图像的定量分析同样需要地理信息系统提供应用模型，以及其他智能信息分析工具的支持等。因此，在社会日益对遥感应用提出更高要求的现实情况下，遥感是空间数据采集和分类的有效手段，而GIS是管理和分析空间数据的有效工具，从而促进和推动了GIS的发展以及遥感与GIS的结合。

遥感影像类似于GIS中的栅格数据，遥感和GIS很容易在数据层次上实现集成。GIS软件没有提供完善的图像处理功能，遥感软件中也缺少空间分析及数据管理工具。遥感和GIS一体化集成，可以通过以下3个途径实现：

（1）数据一体化管理与共享

1）数据互操作

遥感影像和图像分析功能可以作为核心组成部分与GIS实现一体化，首先解决的问题就是遥感与GIS平台之间的数据互操作问题。数据互操作的实现有两个途径：一是将遥感数据或者GIS数据都以标准格式保存，两个平台都支持；二是遥感和GIS平台直接支持对方数据格式。很明显后者比前者更加方便。

在遥感中，数据主要储存格式为栅格，GIS 中主要由矢量数据格式组成。栅格和矢量一体化管理，需要这样一种数据模型，可同时储存栅格和矢量数据，并支持分布式管理。

2）基于服务的企业级共享

影像天然地具有企业级应用的潜力，因为它可以实现多个用户在同一幅图上同时进行操作。而这对于大型企业级应用更加有利，其中最主要的一项优势就是节省成本。我们可以分享同一影像资源，从而显著地减少成本。而影像由于自身的特点，具有很高的存储要求，尤其是那些高空间分辨率、多光谱影像。传统以纸质影像图或者电子文件分发的形式也能实现数据共享，但是共享效率比较低。如今基于 Web Services 的共享方式提供了一种合理的解决方式，它集中利用计算机资源，可以为若干个客户端提供影像共享服务。

（2）平台一体化分析

在遥感软件中进行的图像处理工作流，与 GIS 软件下的 GIS 工作流实现无缝链接和交换。如在遥感软件中处理的数据通过菜单功能直接传送到 GIS 软件中，无需中间的保存、打开等步骤；GIS 软件中分析的数据，直接导入遥感软件中，并且保持同步显示；遥感软件中集成 GIS 软件的部分组件功能。虽然在两个不同的软件平台下工作，操作感和处理效率类似在一个平台下作业。

（3）系统一体化集成开发

大多数遥感和 GIS 软件平台都提供了二次开发功能。如在进行 GIS 系统开发时，将专业的影像数据处理和分析工具集成到 GIS 系统环境中，在同一系统中既能完成遥感数据的专业处理与分析，又能完成 GIS 空间分析和发布共享等工作，形成了一个遥感与 GIS 一体化集成系统。

要实现一体化集成开发系统，前提是遥感和 GIS 软件平台提供的二次开发接口，都能通过程序开发语言调用，并整合在一起（图 6.3）。

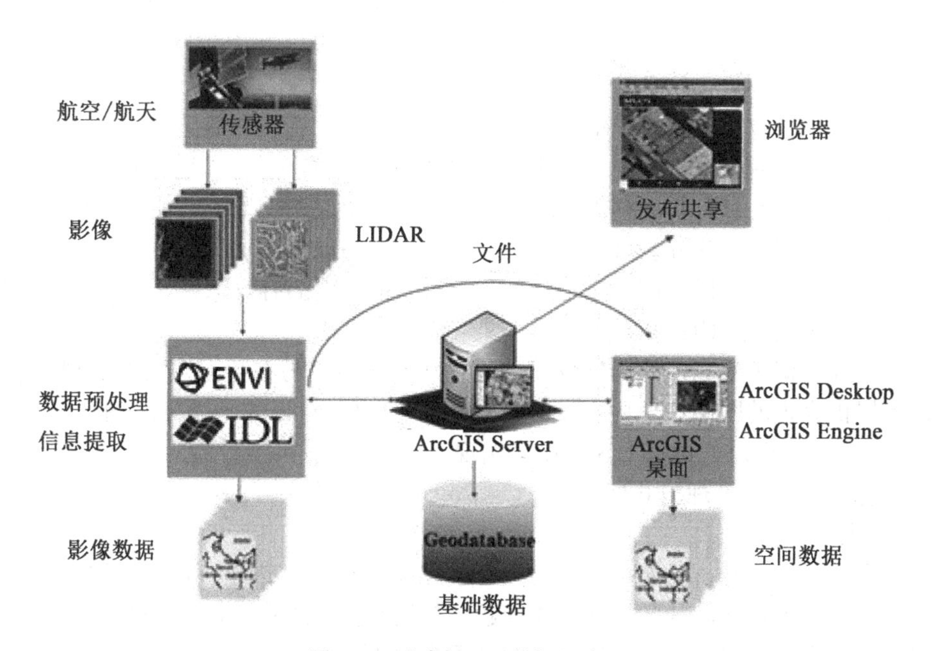

图 6.3　遥感与 GIS 数据整合

随着空间信息市场的快速发展，遥感数据与GIS的结合日益紧密。遥感与GIS的一体化集成逐渐成为一种趋势和发展潮流。ENVI/IDL（The Environment for Visualizing Images, ENVI; Interacting Data Language, IDL）与ArcGIS为遥感和GIS的一体化集成提供了一个最佳的解决方案。

第三节 “数字地球”与“智慧地球”

一、“数字地球”

“数字地球”（Digital Earth）最早提出于1997年下半年。1998年1月31日，美国副总统戈尔（Al Gore）在美国加利福尼亚科学中心发表了题为“数字地球：21世纪认识地球的方式”（The Digital Earth: Understanding Our Planet in the 21st Century）的演讲，正式提出数字地球的概念。戈尔指出：“数字地球”，即一种可以嵌入海量地理数据的、多分辨率的和三维的地球的表示。

“数字地球”是指数字化的地球，更确切地说是指信息化的地球，是与国家信息化的概念相一致的。信息化是指以计算机为核心的数字化、网络化、智能化和可视化的全部过程。详细地说，“数字地球”是指以地球作为对象的、以地理坐标为依据，具有多分辨率、海量的和多种数据融合的，并可用多媒体和虚拟技术进行多维（立体的和动态的）表达的，具有空间化、数字化、网络化、智能化和可视化特征的技术系统。形象地说，“数字地球”是指整个地球经数字化之后由计算机网络来管理的技术系统（图6.4）。“数字地球”核心思想有以下两点：一是用数字化手段统一性地处理地球问题；二是最大限度地利用信息资源。

“数字地球”主要是由空间数据、文本数据、操作平台、应用模型组成的。这些数据不仅包括全球性的中、小比例尺的空间数据，还包括大比例尺的空间数据（如大比例尺的城市空间数据）；不仅包括地球的各类多光谱、多时相、高分辨率的遥感卫星影像、航空影像、不同比例尺的各类数字专题图，还包括相应的以文本形式表现的有关可持续发展、农业、资源、环境、灾害、人口、全球变化、气候、生物、地理、生态系统、水文循环系统、教育、军事等不同类别的数据。操作平台是一种开放、分布式的基于INTERNET这样的网络环境的各类数据更新、查询、处理、分析的软件系统。应用模型包括可持续发展、农业、资源、环境、灾害（水灾、旱灾、火灾）、人口、气候、生物、地理、全球变化、生态系统、水文循环系统等方面的应用模型。

数字地球计划是继信息高速公路之后又一全球性的科技发展战略目标，是国家主要的信息基础设施，是信息社会的主要组成部分，是遥感、遥测、全球定位系统、互联网络（Internet）——万维网（Web）、仿真与虚拟技术等现代科技的高度综合和升华，是当今科技发展的制高点。“数字地球”是地球科学与信息科学的高度综合。它为地球科学的知识创新与理论深化研究创造了实验条件，为信息科学技术的研究和开发提供了试验基地（TestBed）或没有“围墙”的开放实验室。“数字地球”将成为没有校园的、最开放的、面向社会的、最大的学校，也是没有围墙的开放的实验室。“数字地球”建设将是一场具有更深远意义的技术革命。“数字地球”将促进产业规模的扩大，创造更多的就业机会；

图 6.4 “数字地球”的示例软件
(图片来源:http://image.baidu.com)

同时还将导致某些行业被淘汰和一些新产业的诞生，它将推动人类社会更进一步。

二、“智慧地球”

“智慧地球”是 IBM 公司于 2008 年提出的一个热门概念，而其具体含义就是将新一代 IT 技术充分运用在各行各业中，把感应器嵌入到电网、铁路、桥梁等各种物体中，并且普遍连接，形成所谓的物联网；通过超级计算机和云计算，将已有的物联网进行整合。通过这些技术使得人类能够通过更加精细和动态的方式来管理生产和生活，从而达到“智慧”的状态，如图 6.5 所示。

整个“智慧地球”有 3 个关键词，分别是传感器、物联网和整合。传感器的作用是将实际世界中的各种信息通过传感器转变成对应的数字信息，从而使得计算机和网络能够进行处理和传输。物联网（Internet of Things）是指将各种实际的信息和物体本身与虚拟的计算机网络相结合，产生一个新而广的概念。

“智慧地球”的提出意味着相关的计算机技术已经更大程度地融入了我们的日常生活中。将整个世界信息化会有以下几个突出的贡献：

①能够将世界的各种信息进行信息化以后通过高智能和高速计算的网络分析，能够及时高效地得到人们所需要的信息。

②推动社会的自动化或智能化，运用存储智慧大幅度节约时间，让更多的智慧直接打理各种事物，比一般的资料具有更好的可执行性。

③通过网络能将分散的智能构成一个整体，跨越了时空限制，成为社会整体的工具。

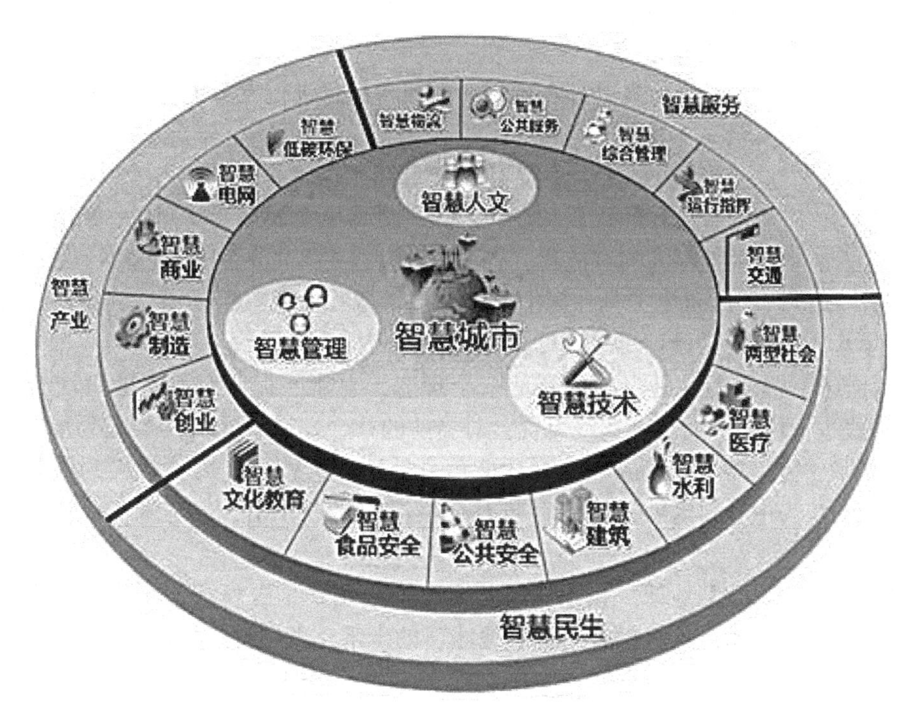

图 6.5　“智慧地球”
（图片来源：http://image.baidu.com）

1. “智慧地球”技术前提

“智慧地球”是 IT 新技术在生活中的应用，而具体的技术则是“智慧地球”能够提出甚至是能够实现的基石。具体来说，“智慧地球”包括以下几种技术：

（1）传感器技术

传感器在现代生活中的应用越来越广，其效果和精度也有了大幅度的提高。大至气象、温度、飞机姿态等，小至手机、电饭锅和热水器等，这些产品无一例外地使用了传感器作为其中的核心部分。而传感器的发展使得我们能够将一个感性的世界用一串数字进行标识和描述，而这样的数字化以后使得“智慧地球”成为一个可行的方案。

（2）网络技术

网络技术的发展毫无例外是“智慧地球”的根本。现在的生活已经离不开网络，网络的作用也愈发重要。银行系统、物流系统、收银系统、学习管理系统，一个个都是基于网络而建立的；实时交通信息传递，实时治安系统，甚至远程教育都已经进入了日常生活，成为我们早已习以为常的一部分。没有网络的发展，就没有“智慧地球”概念的提出，所以网络的普及化、高速化是“智慧地球”的另一块基石。

（3）智能信息处理技术

信息的来源是广泛的，信息的内容是多样的，而如何使用和识别对应的信号决定了“智慧地球”的“智能性”。没有了智能系统，计算机就像是一个体力劳动者，只能机械地重复和运算，面对新的状况却无能为力。只有对应的智能信息处理技术的发展，才使得物联网对我们日常生活的帮助落在实处，而不是一个空中楼阁。

（4）智能预警信息发布系统

同信息处理一样，有了信息处理和识别，如何将信息进行发布也是相当重要的一环。

2. “智慧地球”的三个维度

“智慧地球”这一理论的提出，主要有 3 个目标，也就是所谓的 3 个维度，分别是：能够更透彻地感应和度量世界的本质和变化；促进世界更全面地互联互通；所有事物、流程、运行方式都将实现更深入的智能化，企业因此获得更智能的洞察。这 3 个维度是评价“智慧地球”所处阶段的重要工具和标准。这也是“智慧地球”所期望达到的最终目标。

3. “智慧地球”的前景

“智慧地球”概念无疑是当前最新的一个理念，它能够把所有的行业解决方案按照“智慧”方式进行组装。而这种实践无疑会对当前的社会发展和经济发展起到重要的推动作用。从硬件（传感器）打头到软件（智能信息处理分析系统）为要，再到服务（智能信息发布系统）为中心，这就是最新科技对于生活的促进作用，也是未来一段时间里的发展中心。

不可否认，当“智慧地球”技术遍布各个行业，尤其是医疗和安全方面，人类生活将发生巨大改变。因此，我们相信“智慧地球”的未来，也期待它将带来更多的好处。

☞ 本章思考题

1. GIS 的最新发展趋势主要有哪些？
2. 3S 集成的内涵及三者之间的内在联系。
3. 数字地球与智慧地球的区别与联系。

应 用 篇

第七章　MapGIS 上机实践

MapGIS 是国内地质行业最为常用的 GIS 软件，本章将主要介绍 MapGIS 软件中一些基本的上机操作内容。

第一节　图形输入与编辑

一、实践目的

初步掌握 MapGIS 软件的图形输入与编辑系统的界面，了解在 MapGIS 中数据的存放形式及其管理，理解工程与文件的关系，并学会使用点、线、面菜单中的命令工具，对栅格图像进行交互矢量化，并能对工程文件进行任意裁剪。

在 MapGIS 的输入编辑系统中，利用扫描的栅格图像作为底图，进行交互矢量化，并保存所获得的矢量图形点文件（*.wt）、线文件（*.wl），然后利用点、线工具进行编辑、修改处理。

二、方法步骤

1. 图形输入练习

MapGIS 软件提供了数字化仪输入、扫描矢量化输入、GPS 输入、其他数据源的数据接口、野外数字测图等多种灵活方便、开放、高效的图形输入方式。

智能扫描矢量化即扫描输入法是通过扫描仪直接扫描原图，以栅格形式存储于图像文件中（如*.TIF），然后经过矢量化转换成矢量数据，存入到线文件（*.WL）或点文件（*.WT）中，再进行编辑、输出。扫描输入法是目前地图输入的一种较有效的输入法。

扫描矢量化提供了对整个图形进行全方位浏览、任意缩放，自动调整矢量化时的窗口位置，以保证矢量化的导向光标始终处在屏幕中央；矢量化方式有无条件全自动矢量化和人工导向自动识别跟踪矢量化两种方式，人工导向自动识别跟踪矢量化除了能对二值扫描图矢量化外，还可对灰度扫描图、彩色扫描图进行识别跟踪矢量化，因而可对复杂的小比例尺全要素彩色地图进行有效矢量化。在矢量化时，具有退点、加点、改向、抓线头、选择等功能，可有效地选取所需图形信息，剔除无用噪声，克服无条件全自动矢量化时的盲目性，减少后期图形编辑整理的工作量，并可同时对图形进行分层处理。

新建一个工程文件，并以栅格图像（*.TIF，*.MSI）作为底图进行矢量化。

①启动 MapGIS 6.7→选择图形处理模块→点击进入输入编辑系统→选择“新建工程”，此时工程命名为 NONAME.MPJ，需另保存工程，如“西藏地质图.MPJ”。进入“矢量化”→选择“装入光栅文件”，此时可以装入栅格图像（*.TIF），图 7.1 是一幅西

藏地区的 1∶25 万地质图，也可以装入栅格图像（＊.MSI），但栅格图像（＊.MSI）也可以在工程文件中以添加文件的方式加载。

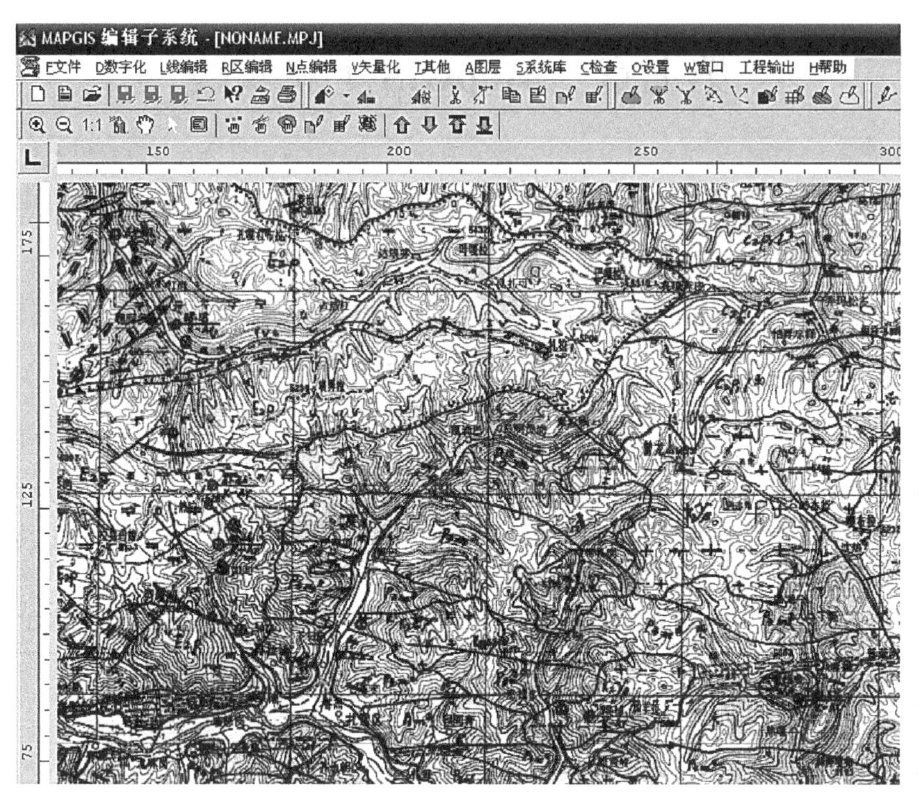

图 7.1　装入栅格图像作为矢量化底图

②在这个空的工程中，没有任何文件，则在窗口左侧的工作台中单击鼠标右键，选择"新建线"及"新建点"，并将这两个文件设为当前编辑项，此时便可利用点、线菜单下的一些命令进行矢量化。

③对断层、地质界线等一些线类要素矢量化后，保存在线文件中，对输入的一些如产状、化石点、矿点等一些点类要素，保存在点文件中。

2. 裁剪工程文件

①打开想要裁剪的工程文件，在工程上新建一区文件（cj. wp），用来做裁剪范围用的裁剪框，如图 7.2 所示。

②在"其他"菜单中，选择"工程裁剪"功能，在随后出现的对话框中，选择裁剪后文件存放的目录，确定之后则出现工程裁剪对话框如图 7.3 所示，在"选择要裁剪的文件"选项下，将要裁剪的文件添加到右边窗口内，在"裁剪类型"选项下选"内裁"，在"裁剪方式"选项下选"拓扑裁剪"，装入裁剪框，点击"开始裁剪"按钮，则系统执行裁剪操作。

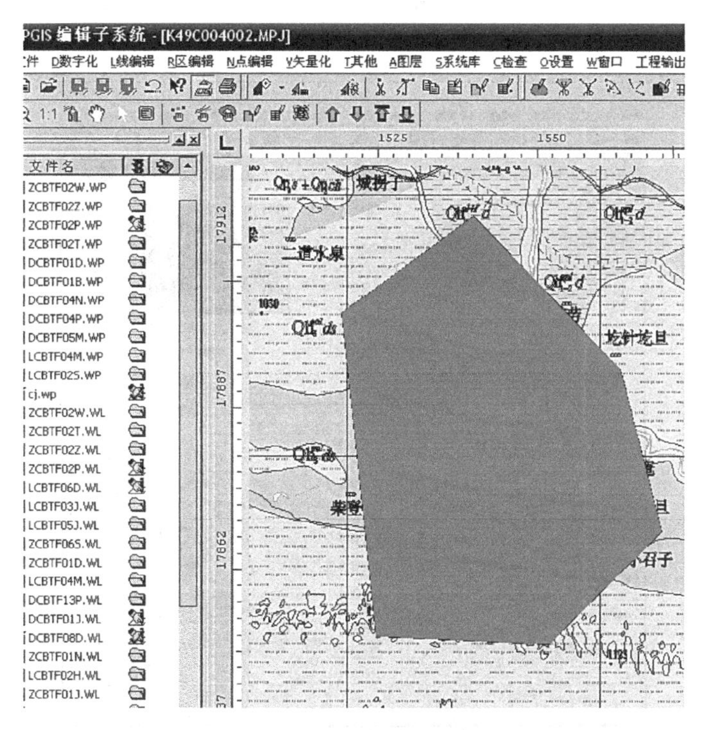

图 7.2　编辑裁剪框文件

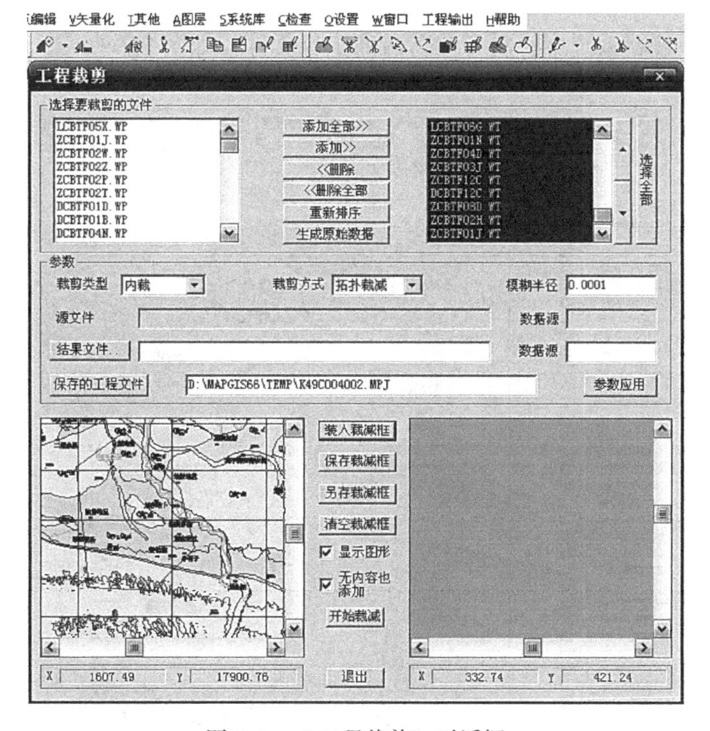

图 7.3　“工程裁剪”对话框

③在“工程裁剪”对话框的右下角窗口中，显示裁剪后的文件，如图 7.4 所示，裁剪操作完毕，点击“退出”按钮，关闭这个工程文件。

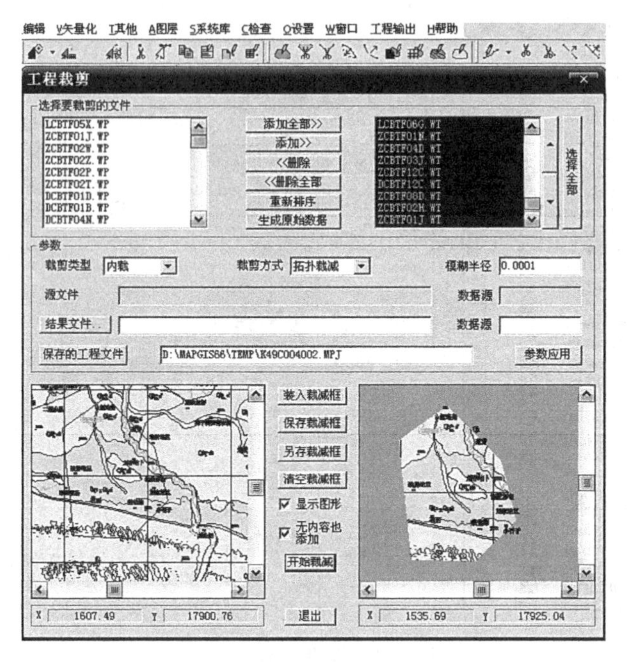

图 7.4 源文件与裁剪后文件

④在 MapGIS 编辑系统中，打开裁剪后的工程文件，如图 7.5 所示。

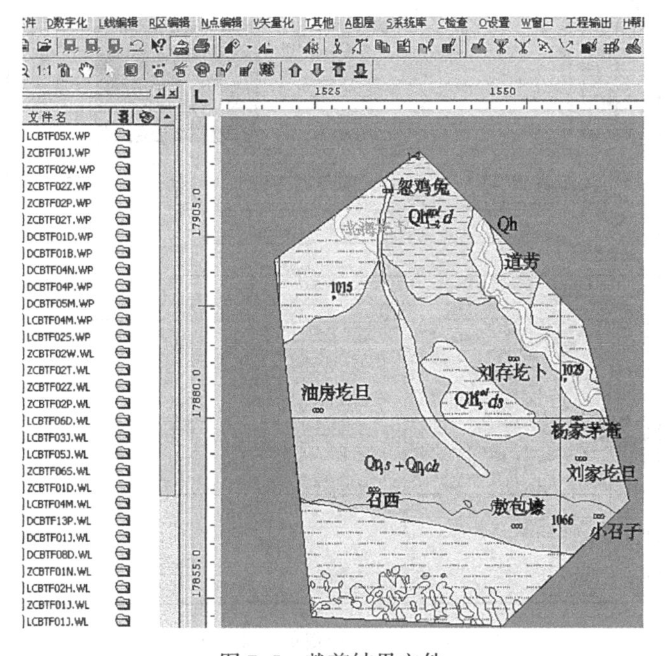

图 7.5 裁剪结果文件

第二节　栅格图像配准及矢量图形校正

一、实践目的

掌握栅格图像配准及矢量图形校正的基本方法。

二、方法步骤

1. 利用 MapGIS 软件所附带的实例，进行图像的配准

①扫描图的一般要求是保证扫描图保存格式为无压缩的 tif 格式，选取主界面菜单→“文件”→“数据输入”，弹出如图 7.6 所示的对话框。该选项用来将其他格式的影像数据转换成 MSI，数据转入：\ mapgis67 \ sample \ g3. tif 转为 g3/msi。

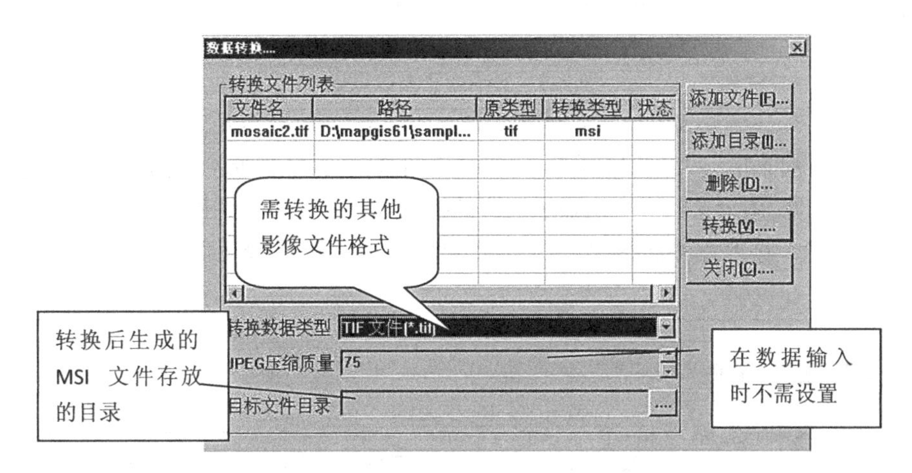

图 7.6　外部栅格图像文件转入对话框

②标准图框校正，通过左右采集格网同名点来添加控制点，用空格键确定每个控制点的采集。打开演示数据：\ mapgis67 \ sample \ 校正演示数据 \ 标准 . wl \ mapgis67 \ sample \ g3. msi。

③添加控制点的操作步骤：

a. 在打开的校正图像中选择要校正的图像。

b. 在打开的参照图像中选择参照图像或者选择参照的点、线、面文件。

c. 选择主界面菜单→“镶嵌融合”→“删除所有控制点”，将要校正的图像中的控制点删除。

d. 选择主界面菜单→“镶嵌融合”→“添加控制点”，使系统处于添加控制点的状态。

e. 用鼠标左键单击图像或图形窗口，系统将以单击点为中心弹出一个局部放大显示窗口，当前点将以红色十字叉显示，若该点附近有其他控制点，则这些点以蓝色十字叉显示作为参照，可在该窗口中通过单击左键来改变控制点位置，确定控制点位置时按下空格

键，局部放大窗口中的十字叉将变为黄色。

f. 在另一窗口中通过放大或缩小窗口，先粗略定位到与已输入的控制点相匹配的位置（如果已经弹出放大窗口，可以在放大窗口外的窗口位置单击鼠标右键使放大窗口消失），按下空格键确定加入匹配点。当两个放大窗口的十字架都变为黄色时，系统弹出对话框，选择“是”加入控制点，选择“否”取消操作。

④校正参数选择如图 7.7 所示。

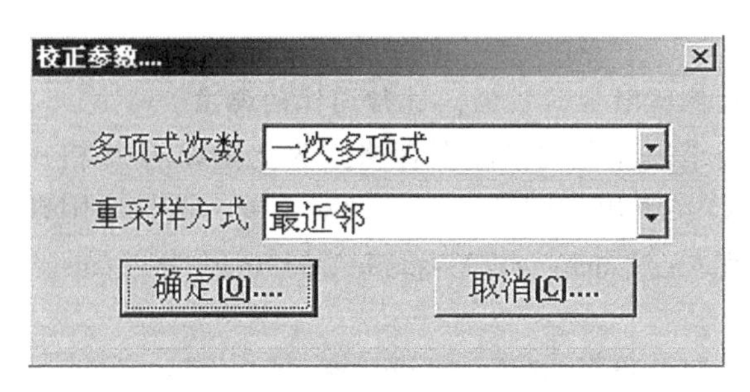

图 7.7 影像校正参数设置

⑤选择主界面菜单→“镶嵌融合”→“校正预览”，系统将处于控制点浏览状态，在校正图像和参照图像/图形窗口中突出显示所有的控制点，此时不允许进行控制点的编辑操作。

⑥影像校正，选取主界面菜单→“镶嵌融合”→“影像校正”后，弹出如图 7.8 所示的对话框。

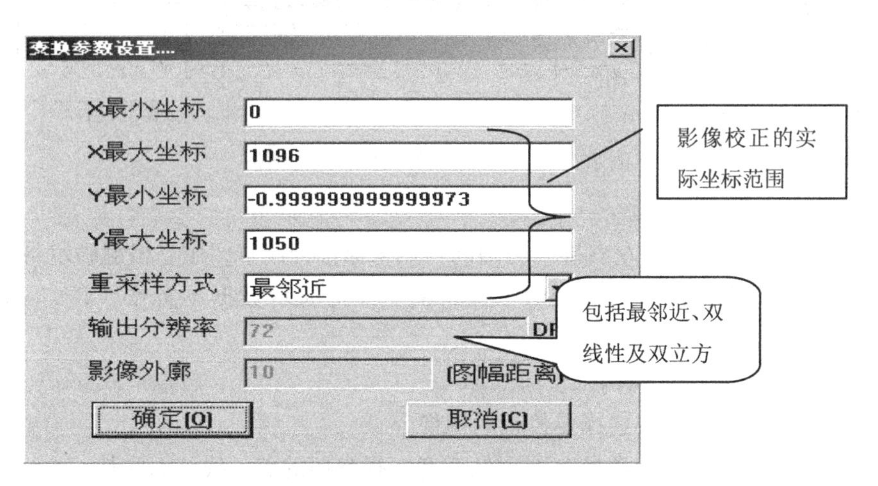

图 7.8 影像校正参数信息

对校正图像按校正图像的控制点信息进行几何校正并重采样，重采样只对参照坐标在处理参数设置的范围的校正图像数据进行，本操作生成一个新 MSI 图像。

2. 将扫描矢量化的地质图进行误差校正，使之与理论值相匹配

①进入 MapGIS 误差校正系统中，单击“文件”菜单打开实际值文件“HL 实 . wl”和理论图框文件“HL 理 . wl”，并显示图形文件。

②在文件菜单下，选择“打开控制点”，创建控制点文件，并命名为 HL. pnt。

③通过“设置控制点参数”功能，设置控制点的数据值类型为“实际值”，如图 7.9 所示，并通过“选择采集文件”功能选择文件“HL 实 . wl”，然后通过“自动采集控制点”功能，直接在图上采集图形中控制点的实际值。

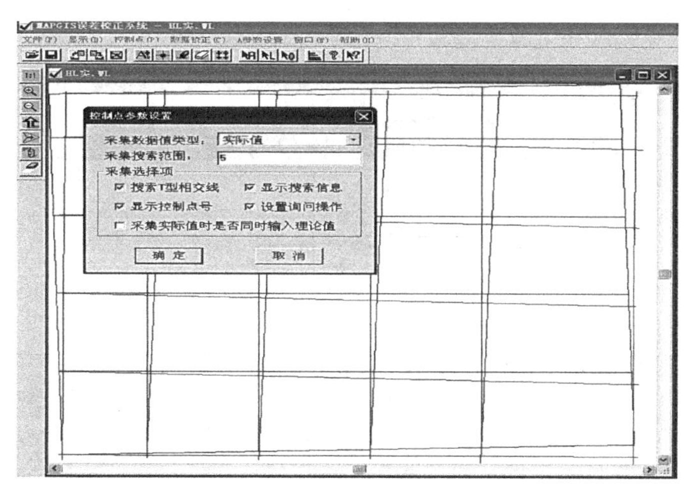

图 7.9 设置控制点参数对话框图

④通过“设置控制点参数”功能，设置控制点的数据值类型为理论值，通过“选择采集文件”功能选择文件“HL 理 . wl”，然后通过“自动采集控制点”功能，进入“理论值与实际值匹配定位框”（图 7.10），选择“直接进行匹配”，则直接从标准数据文件中采集对应的理论值。

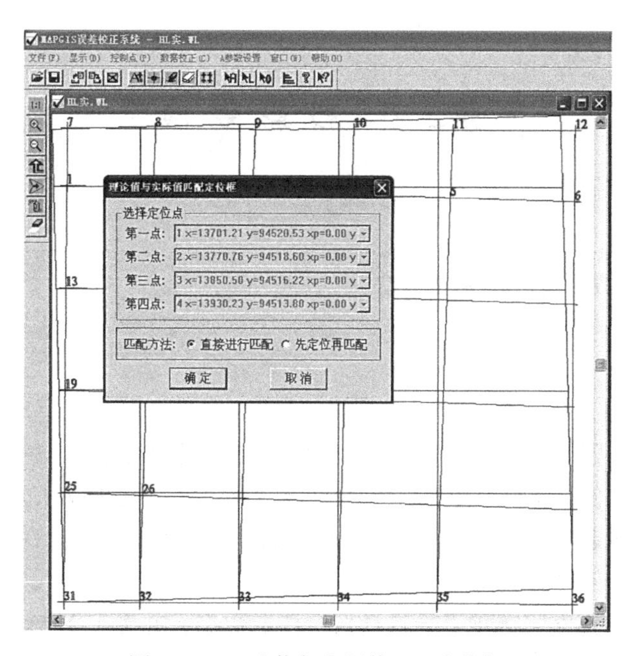

图 7.10 理论值与实际值匹配定位框

⑤显示或编辑校正控制点，检查是否正确，输入完毕进行保存。

⑥装入需校正的矢量化的实际文件(“HL. wt”和“HL. wl”)，设置校正参数，进行相应文件校正。

⑦显示校正后的图元文件，检查校正效果，若未能达到要求的精度，检查控制点的质量和精度。校正前后图形文件变化的对比如图 7. 11 所示。

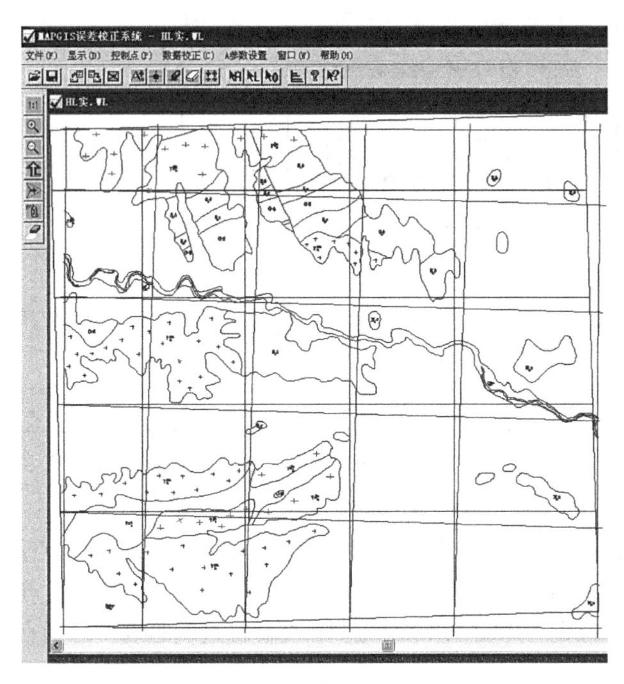

图 7. 11　校正前的图形与理论图框对比

第三节　投 影 变 换

一、实践目的

掌握 MapGIS 中投影变换的基本方法。

二、方法步骤

1. 用户明码数据文件投影转换

①进入 MapGIS 投影变换系统中，选择“用户文件投影转换”，通过“打开文件”按钮来打开要转换的文件，文件类型是纯文本文件“ * . txt”，如图 7. 12 所示。

②在“指定数据起始位置”窗口随即显示文件开始部分内容，在此处可查看整个文件的内容，并确定文件投影数据的起始位置。

③在“设置用户文件”选项下，选择按行读取数据，并确定 X 与 Y 所在的列为：X = 4 和 Y = 5，并通过右上角处“读取数据显示”来检查所设置的正确性。

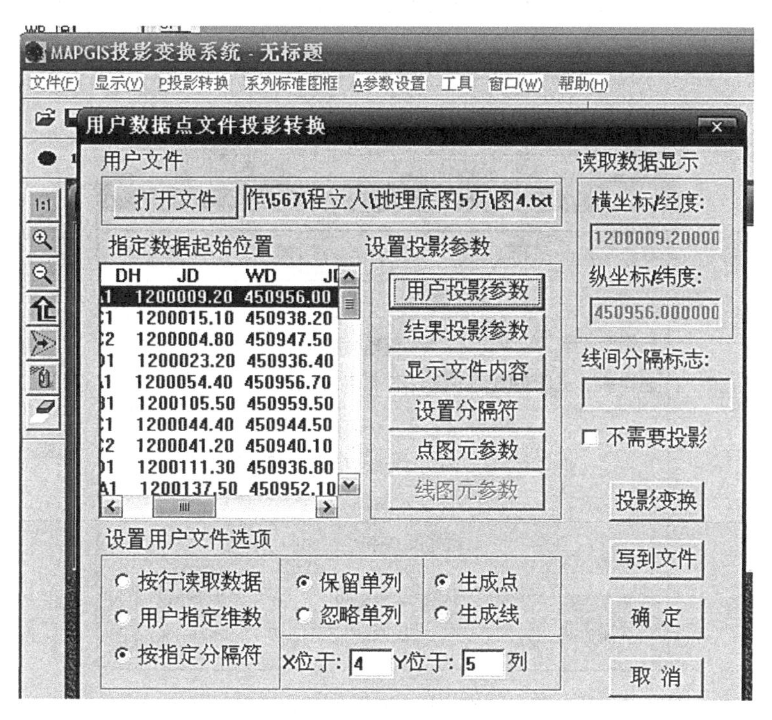

图 7.12 用户文件投影转换对话框

④点击“按指定分隔符”，并进入“设置分隔符”对话框（图 7.13），选择“空格”分隔符号，并设置下面的属性列表。

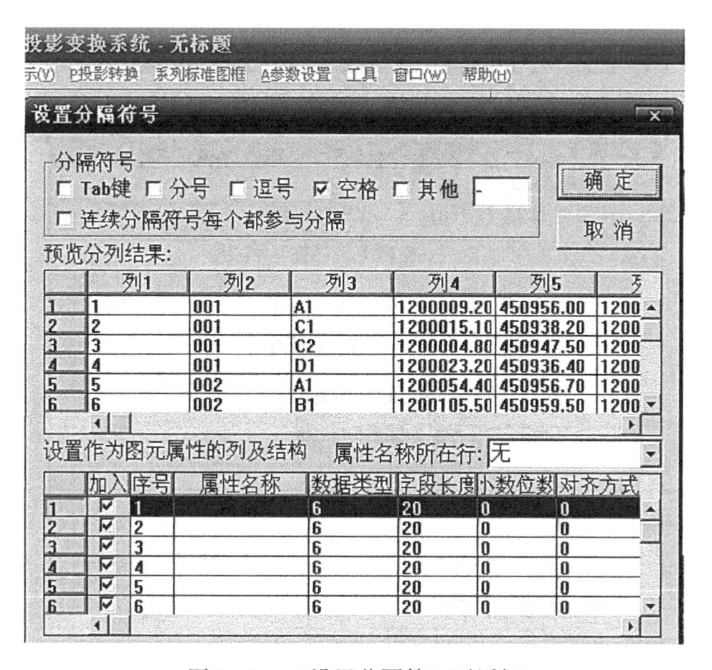

图 7.13 “设置分隔符”对话框

⑤选择“用户投影参数”来设置当前文件的投影参数，如图 7.14 所示，选择地理坐标，度/分/秒。

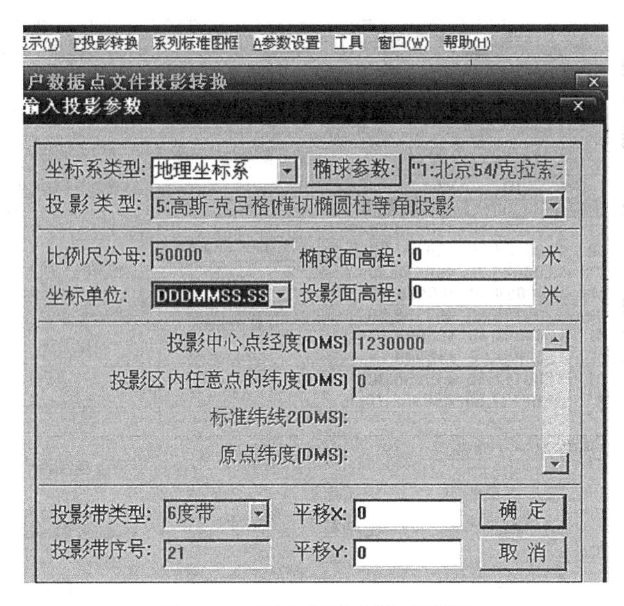

图 7.14　用户投影参数对话框

⑥选择“结果投影参数”来设置转换后目的文件的投影，如图 7.15 所示，依次选择投影平面直角坐标系、北京 54 椭球、高斯投影、50 000 比例尺、坐标单位毫米、6 度带，带号为 21。

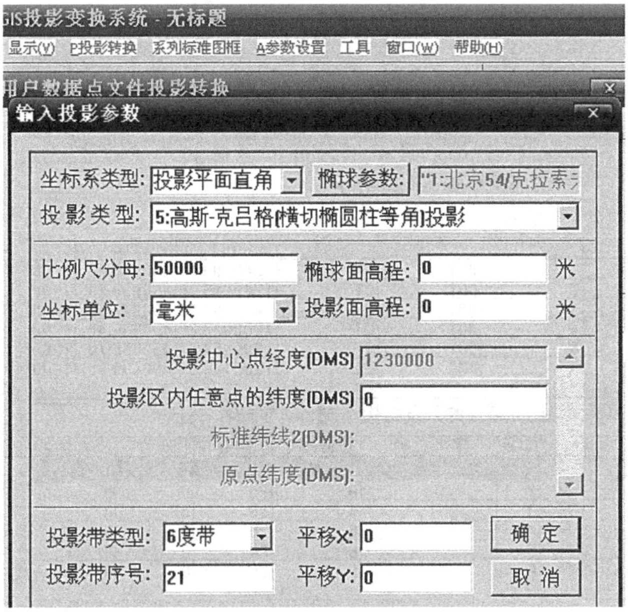

图 7.15　结果投影参数对话框

⑦在“设置用户文件选项”下，通过“生成点”和“生成线”选项来设置用户文件的投影结果生成的图元类型及参数。

⑧所有选择项设置完毕，单击“投影变换”按钮，即可开始投影转换，投影结果是生成相应的 MapGIS 图元文件。投影完毕可通过复位窗口来查看投影结果，投影结果文件名为 noname，需要在“文件”菜单下选择“另存为”将结果文件保存。

2. 将 1 : 5 万北京 54 坐标系的地形图投影转换成西安 80 坐标系

①进入 MapGIS 投影变换系统中，选择“成批文件投影转换”功能，系统随即弹出多文件或整个目录投影变换功能窗。

②在“按输入文件或整个目录投影”选项下，选中“按输入目录”，则点击“投影文件/目录”按钮，找到要投影文件的目录。

③在“设置投影参数”选项下，单击“当前投影参数”按钮，设置这些 1 : 5 万地形图的当前投影参数，如图 7. 16 所示。

图 7. 16　用户投影参数对话框

④在“设置投影参数”选项下，单击“结果投影参数”按钮，设置这些 1 : 5 万地质图结果投影参数，如图 7. 17 所示。

⑤在“设置投影参数”选项下，选中“文件投影后是否压缩存盘”，则单击“开始投影”按钮，进行文件的投影变换。

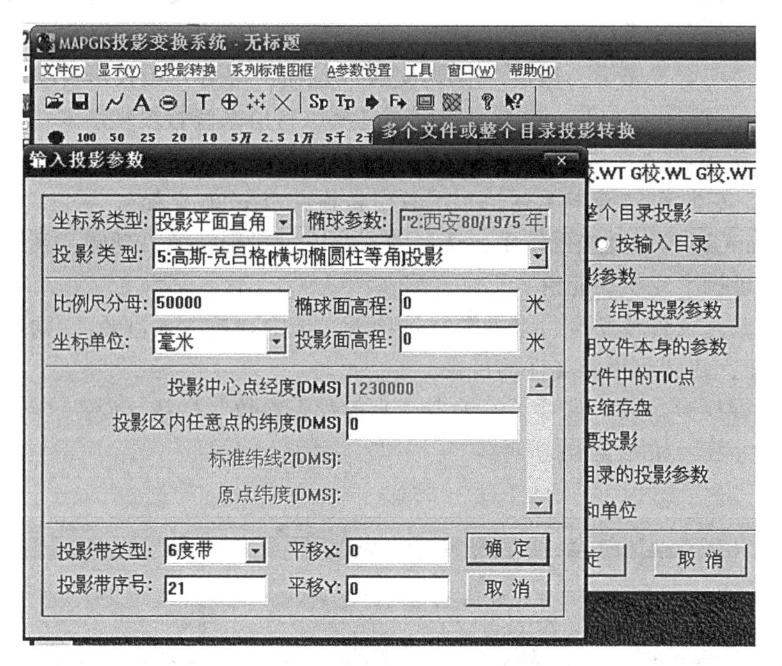

图 7.17　结果投影参数对话框

第四节　建立拓扑关系

一、实践目的

掌握 MapGIS 中拓扑处理的工作流程，即从一幅综合地质图中，提取地质界线要素，并利用这个线文件来进行拓扑处理，最终建立具有拓扑关系的区文件。

二、方法步骤

①进入 MapGIS 编辑系统中，打开一幅地质图的工程文件，并从综合线文件中，提取地质界线图元类，另存为一个线文件。

②在“其他”菜单下，执行“自动剪断线”功能，并保存文件。

③在“其他”菜单下，执行“重叠坐标及自相交”检查，若发现问题进行处理。

④在“其他”菜单下，执行“线拓扑错误检查”，这是最关键的一步，只有数据规范，无错误后，才能建立正确的拓扑关系。查错可以检查重叠坐标、悬挂线段、线段相交、重叠线段、节点不封闭等严重影响拓扑关系建立的错误，如图 7.18 所示。

⑤对“拓扑错误信息”中所涉及的错误必须一一改正，其修改方法如下：

a. 重叠坐标：执行“清除线重叠坐标”或“清除所有线重叠坐标”。

b. 悬挂线段：若该线段是多余的，则执行“删除线段”；若线段是有用的则执行“线段节点平差”。

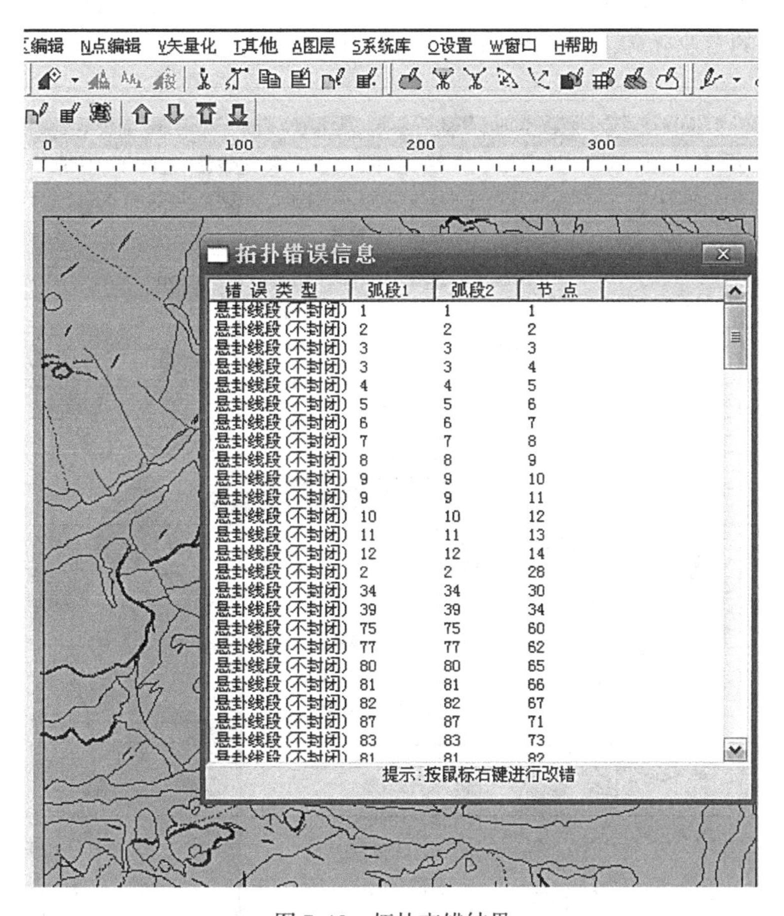

图 7.18　拓扑查错结果

c. 线路段相交：若是两条线段相交，只要剪断线；若是线段自相交，则要执行剪断自相交线段。

d. 重叠线路段：执行“清除所有重叠线段”。

e. 节点不封闭：利用“节点平差”或“线段上移点”功能使其封闭。

⑥这些“拓扑错误信息”所提示的错误改正完毕，保存文件，并再执行“线拓扑错误检查”，方法同以上步骤，直到再次检查没有错误信息为止。

⑦在“其他”菜单下，执行“线转弧段”功能，将工作区中的线文件转变为区文件，并对这个区文件进行保存，然后再将它装入工作区。

⑧在“其他”菜单下，对这个区文件执行“弧段拓扑错误检查”功能，方法同以上步骤。

⑨当经过多次的“拓扑查错”后，没有发现错误，则在“其他”菜单下，执行“拓扑重建”功能，系统自动建立节点和线段间的拓扑关系以及弧段所构成的区域之间的拓扑关系，同时给每个区域赋予属性，并自动为区域填色，如图 7.19 所示。拓扑关系建立完成，可以对区域进行参数及属性的修改。若发现数据有问题，利用相应的编辑功能，重新修改数据后，再执行“重建拓扑”。

⑩初建立拓扑结构的区文件中，图元的填充颜色是随机任意色，这需要人工操作，依据图元所表达的专业含义，将各图元的颜色按照国标匹配色，逐一修改为正确色。

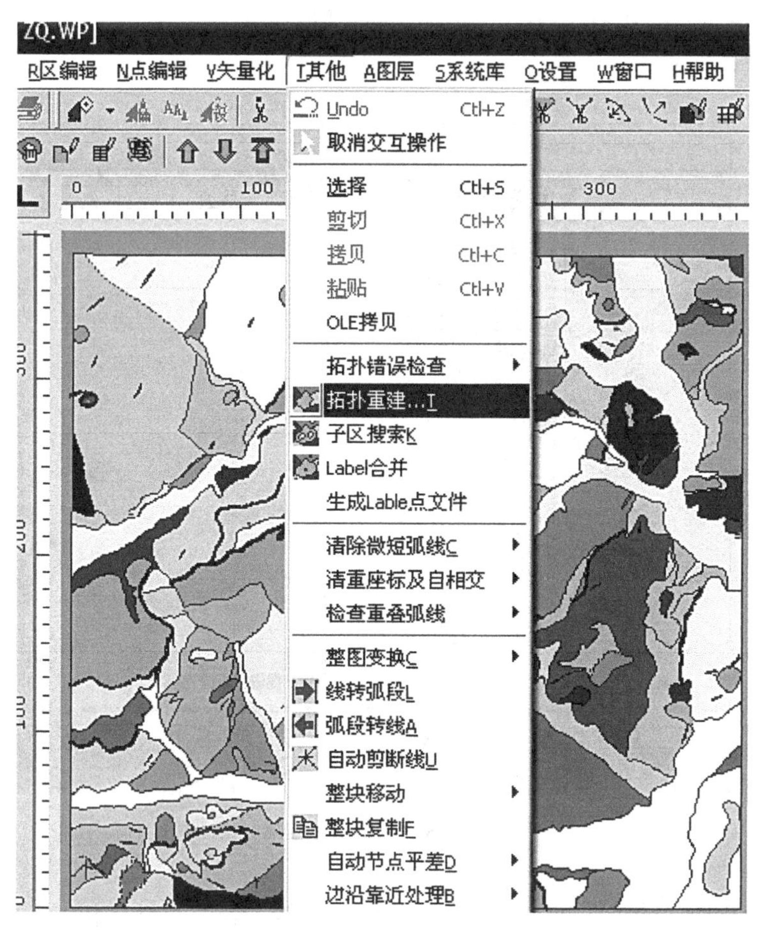

图 7.19 拓扑重建结果

第五节 矢量数据空间分析

一、实践目的

掌握矢量数据空间分析方法，即得到两个区域的空间分析结果。

二、方法步骤

①在 MapGIS 编辑系统中，先建立好两个区，分别存放在两个文件中（区文件 T1. WP 和 T2. WP）。

②启动 MapGIS 空间分析子系统，在“文件”的下拉菜单中，通过“新建综合图形”功能，新建一个显示多个文件的窗口。

③在“文件”菜单下，通过装“区文件”，打开工作区，装入区文件 T1. WP 和区文件 T2. WP，如图 7. 20 所示。

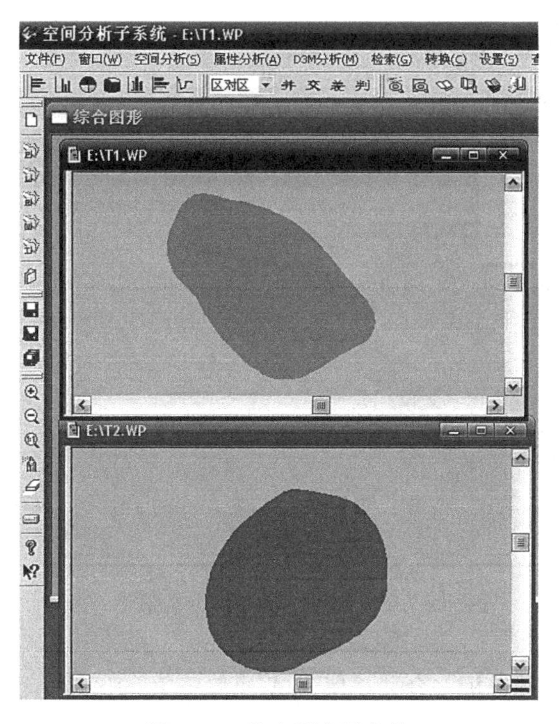

图 7. 20　装入两个区文件

④未作空间分析前两个区的属性：A 区属性为：标志码（ID）：1；面积：31 258. 251 659；周长：673. 989 936；区号：a（图 7. 21）。B 区属性为：标志码（ID）：1；面积：60 730. 174 591；周长：885. 795 108；区号：b（图 7. 22）。

图 7. 21　A 区属性

图 7. 22　B 区属性

⑤利用“空间分析”菜单的“区空间分析”功能，分别对 A 区和 B 区进行合并分析、相交分析、相减分析和判别分析，如图 7.23 所示。

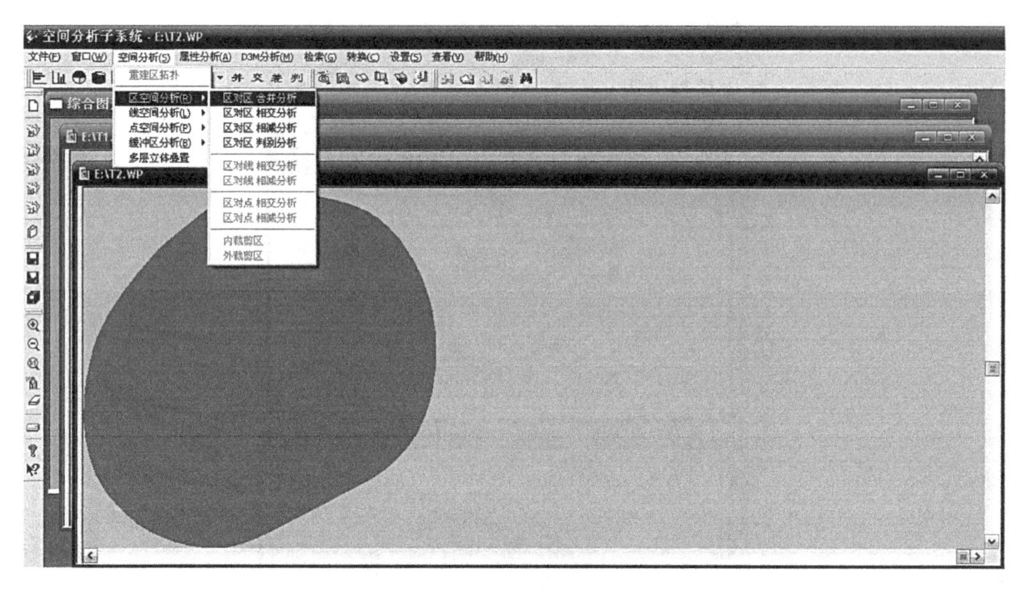

图 7.23 区对区的空间分析菜单

⑥执行区对区的合并分析，合并：属于 A 或属于 B 的区域，得到结果图形及其属性如图 7.24 所示。

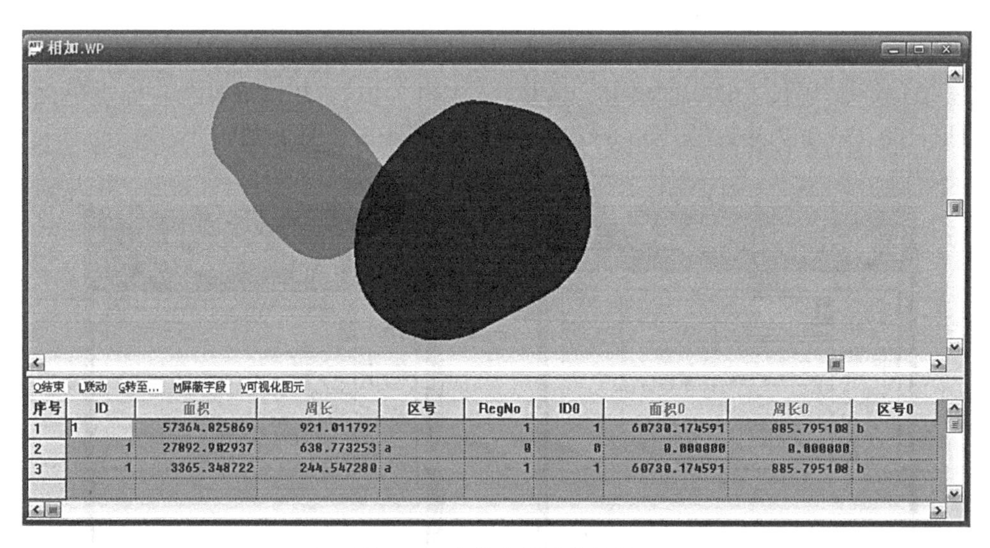

序号	ID	面积	周长	区号	RegNo	ID0	面积0	周长0	区号0
1	1	57364.025869	921.011792		1	1	60730.174591	885.795108	b
2	1	27892.902937	638.773253	a	0	0	0.000000	0.000000	
3	1	3365.348722	244.547280	a	1	1	60730.174591	885.795108	b

图 7.24 合并分析后的结果

⑦执行区对区的相交分析，相交：属于 A 且属于 B 的区域，得到结果图形及其属性如图 7.25 所示。

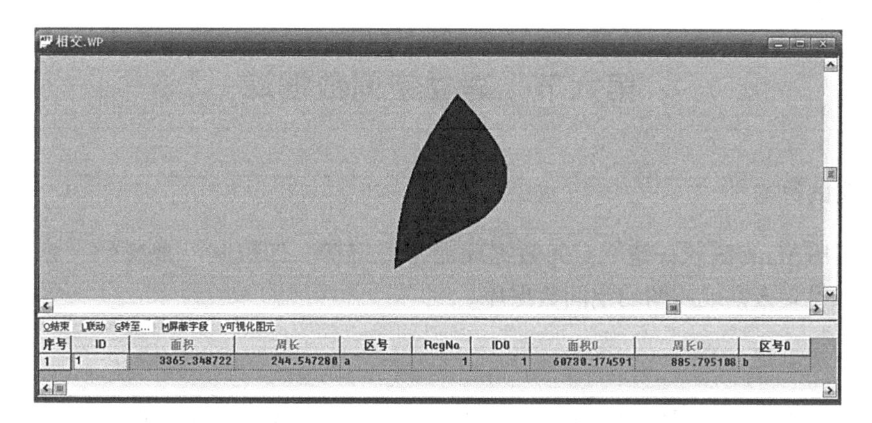

序号	ID	面积	周长	区号	RegNo	ID0	面积0	周长0	区号0
1	1	3365.348722	244.547288	a	1	1	60730.174591	885.795108	b

图 7.25　相交分析后的结果

⑧执行区对区的相减分析，相减：属于 A 不属于 B 的区域，得到结果图形及其属性如图 7.26 所示。

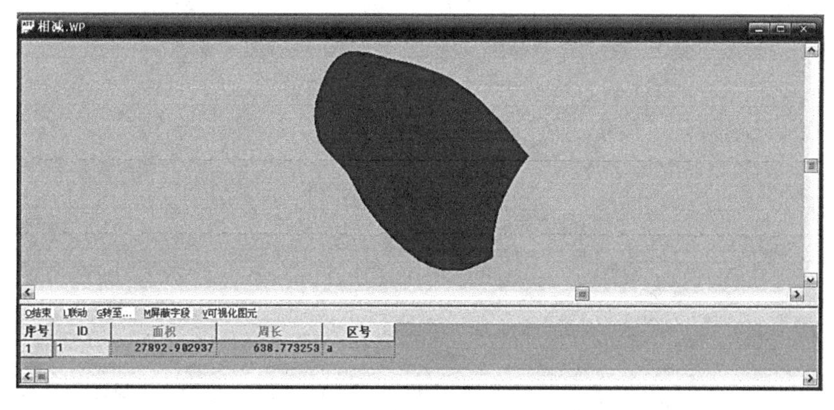

序号	ID	面积	周长	区号
1	1	27892.902937	638.773253	a

图 7.26　相减分析后的结果

⑨执行区对区的判别分析，判别：属于 A 的区域，得到结果图形及其属性如图 7.27 所示。

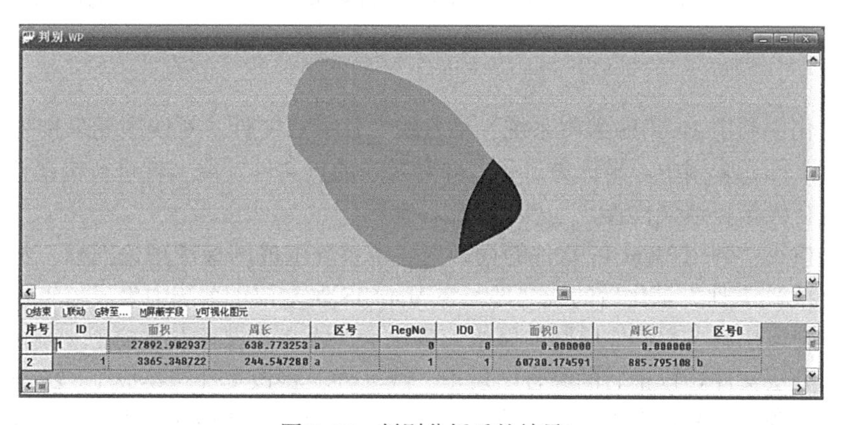

序号	ID	面积	周长	区号	RegNo	ID0	面积0	周长0	区号0
1	1	27892.902937	638.773253	a	0	0	0.000000	0.000000	
2	1	3365.348722	244.547288	a	1	1	60730.174591	885.795108	b

图 7.27　判别分析后的结果

第六节 建立空间数据库

一、实践目的

掌握利用 MapGIS 软件建立空间数据库的工作流程，即以某一地区的一幅 1∶5 万地质图为例，建立该幅地质图的空间数据库。

二、方法步骤

①图像扫描精度：图件扫描采用彩色工程扫描仪，为保证数字化精度，采用大于等于 300dpi 分辨率的扫描精度，对原图进行真彩色扫描，并保存为 tif 格式光栅文件。在图像分析模块内，利用镶嵌配准功能，将所扫描的图像以标准理论图框为参照，配准到理论位置，如图 7.28 所示，绿色横纵相交线为标准图幅的理论公里网格线。

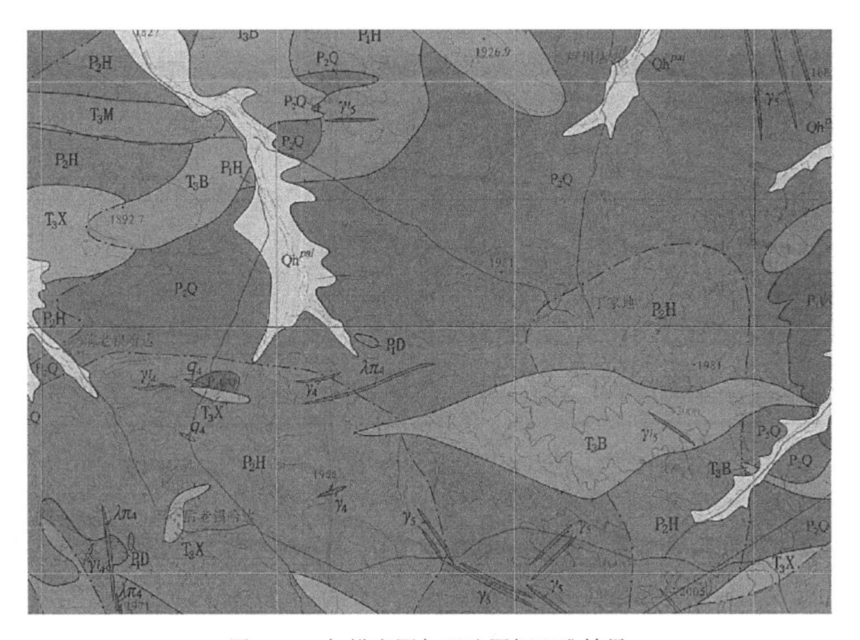

图 7.28 扫描底图与理论图框配准结果

②矢量化：利用 MapGIS 编辑系统，录入线文件、点文件。对线图元采用中心线跟踪矢量化，对点图元采用中心坐标矢量化，并对录入的点文件及线文件进行错误检查。对综合线文件进行线拓扑错误检查。

③误差校正：利用 MapGIS 软件的投影变换子系统生成的标准理论图框，将实际采集的控制点（线）文件矢量化后的线文件，在 MapGIS 误差校正系统中生成校正控制点文件（*.pnt）。用该控制点文件地质图的原始矢量化点、线文件进行误差校正。

④建立分层文件：校正后的综合图层点、线文件，将该文件转换成 1∶25 万比例尺坐标，利用标准理论图框建立内图框，建立区文件。进行区拓扑错误检查。检查无误后，按

照图层划分要求对综合图层进行剥离，并建立分层文件，对建立的分层文件按照专业分层要求进行分层存储，进行喷绘全要素图检查。图 7.29 为变质地层图层相对应的文件。

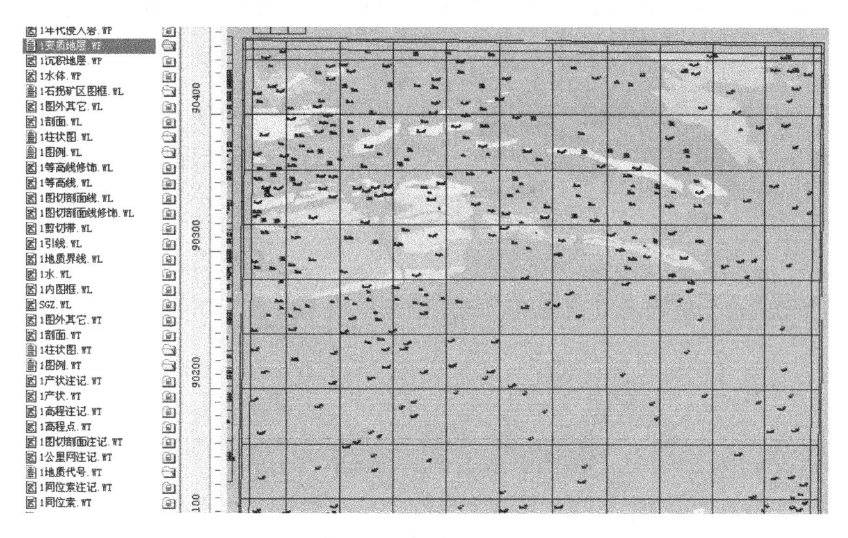

图 7.29　变质地层图层

⑤属性连接：按照分层文件的预编 ID 号，填写各数据层数据项内容，建立完整的属性卡片。录入属性时，在 MapGIS 中根据图形参数按属性表赋属性，然后进行属性与图元的一致性检查。检查无误后对每一图元填充唯一的图元编号。也可预先编辑好属性文件，在属性库模块中执行属性连接功能，如图 7.30 所示。

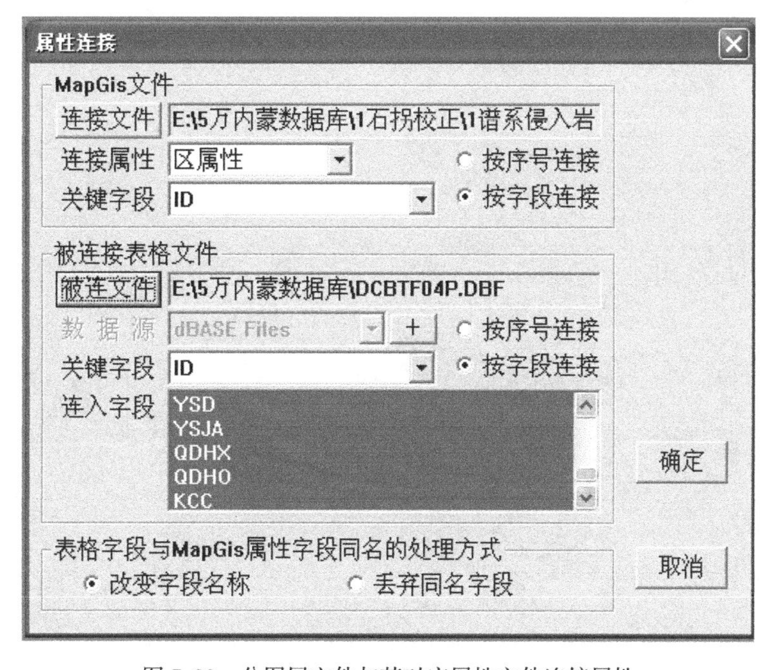

图 7.30　分图层文件与其对应属性文件连接属性

⑥坐标转换：在 MapGIS 投影变换系统中采用批处理方式，分别做北京坐标系投影（单位：mm）、西安坐标系投影（单位：mm）、经纬坐标投影（单位：s）。按照存储格式：北京坐标系、西安坐标系、无投影坐标系、EOO（单位:°）要求存储的各目录文件。

第八章　数字地质填图工作方法

1999年至今，国土资源部、中国地质调查局在国土资源大调查等专项中设置了多个与数字地质调查技术研究、系统研发及推广应用相关的项目，开展了几百个图幅，30多个矿区的应用。随着数字化进程的推进，数字化填图日益成为地质专业教学中一项重要的内容。数字区域地质调查的常规工作流程为：资料收集、背景数据准备→野外总图库创建→野外数据采集→野外采集数据导入野外总图库→实际材料图制作→编稿原图制作→地质图空间数据库建库→资料汇交。根据野外地质实习的实践性与基础性要求，可以对数字地质填图的工作流程进行以下精简（详见以下三段式工作流程）：野外总图库创建→野外数据采集→野外采集数据导入野外总图库→实际材料图制作→编稿原图制作→资料汇交。其中，背景数据（矢量化地理底图）、资料收集由野外实习队统一提供，资料汇交部分主要包括野外路线数据、实际材料图、地质图的汇总检查以及报告的编写等。本章将主要介绍数字地质填图的基本工作方法。

第一节　数字地质填图简介

2010年中国地质调查局开发了“数字地质调查系统（2010）”，该软件系统由4大子系统构成：①数字地质填图系统，RGMap（Regional Geological Mapping System）；②探矿工程数据编录系统，PEData（Prospecting Engineering Data Documentation System）；③数字地质调查信息综合平台，DGSInfo（Digital Geological Survery Information System）；④资源储量估算与矿体三维建模信息系统，REInfo（Reserve Estimate & 3D Modeling Information System）。

野外数据采集系统运行于掌上机，基于嵌入式GIS平台，采用手写输入和数据字典相结合的数据记录方式，配合GPS、电子罗盘和数码照相机等外部设备，可实现野外快速定位，结构化数据标准化采集，自由描述文本输入，产状信息自动化采集和素描图实时绘制等功能。野外数据采集部分由两个掌上机系统完成，分别为数字地质填图系统（RGMap）和探矿工程数据编录系统（PEData）。其中，RGMap主要功能为区域地质填图、实测剖面以及地球化学数据的采集，PEData为槽井坑钻等勘探工程数据的现场编录和素描图实时绘制。

数字地质调查信息综合平台（桌面系统）运行于台式机或笔记本电脑，适合在室内使用。功能模块主要分为原始数据和成果数据两部分。原始数据主要由野外手图（路线数据）、实测剖面、第四系钻孔和勘探工程4部分组成。原始数据经初步处理后可汇总至野外总图库，该库起承上启下的作用，可通过软件的数据继承功能生成实际材料图，从而进入成果数据部分。成果数据主要包括实际材料图、编稿原图和成果数据库3部分，按照地质图的制作阶段和数据处理程度，3 部分逐级递进，在数据流程上属于继承关系，如图 8.1 所示。

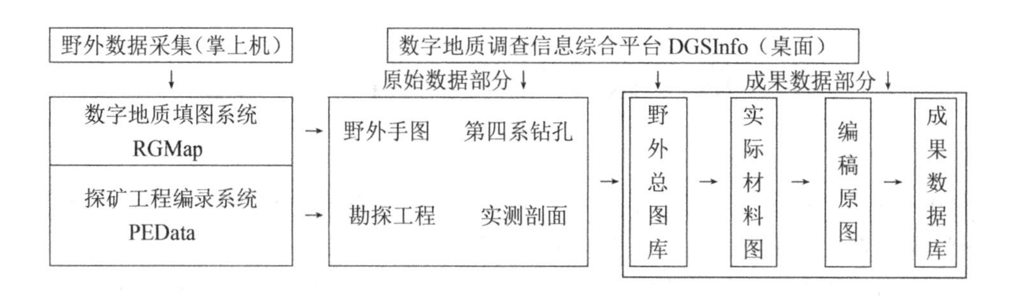

图 8.1　数字填图系统组成图

一、PRB 定义

PRB 数字填图技术：把野外地质调查观测路线的过程，用实体点——地质点（Point）、网链——分段路线（Routing）、全链或几何拓扑环——点和点间界线（Boundary）的数据模型和组织方式，对野外路线观测的对象及其过程的描述进行定义、分类、聚合和归纳，分层并结构化与非结构化相结合地储存在空间数据库中。使野外路线观测描述的地质现象的复杂过程及其本身观测的过程变为数字 PRB 过程。采用这种 PRB 过程进行数字填图的技术被称为 PRB 数字填图技术。

PRB 基本过程由地质点（Point，简写为 P）、分段路线路线（Routing，简写为 R）、点上和点间界线（Boundary，简写为 B）3 个基本过程组成。

地质点 P 过程是指野外路线所通过的地质界线，重要接触关系，重要地质构造或重要地质现象等进行地质观测点控制的过程。

分段路线 R 过程是两个地质观测点之间的实际分段路线描述记录的控制过程。该实际路线根据两个地质观测点之间的内容和变化来进行分段描述，该变化可以是两个地质实体的界线，也可以是一个地质实体的内部变化。

点间界线 B 过程是依赖于 R 的过程。它是对两段 R 之间的界线来进行分段描述。同 R 一样，该界线可以是两个地质实体的界线，也可以是一个地质实体的内部变化界线。B 过程在室内 PRB 过程中，是地质连图的重要依据。

PRB 的基本过程组合的规则：地质点 P 过程是 PRB 过程的核心。分段路线 R 过程、点间界线 B 过程必须隶属 P 过程。一个 P 过程可以有 1 个至 n 个 R 过程，0 个至 n 个 B 过程。一个 R 过程可以有 0 个或 1 个以上的 B 过程。

PRB 过程基本程式：PRB 过程基本程式是由 PRB 的组合而成。它是路线地质调查的最小组合单位。它由以下几种最小单元的组合模式：

模式一：P 适合区域地质调查中的补点工作；

模式二：P-R-P，P-（B）-R-（B）-P，P-P 组合适合地质内容中等复杂程度的填图工作；

模式三：P-（B0，B1，…）-R-（B1，B2，…）-P 组合适合地质内容复杂程度大的填图工作。

从以上对 PRB 的定义来看，相比较传统填图工作，数字填图中地质点的内涵没有太多变化，而是把地质界线点中的界线单独提取出来，把沿途描述单独提取出来，按照地理信息系统的要求，从图形的点、线、面及空间数据库的角度对其进行抽象概括。相当于把野外手图和记录本综合在一起，在矢量化的地形底图上用点、线表示地质信息的空间位置关系，然后在相应图形符号上面连接地质属性。下面我们通过一段路线的模拟操作对传统填图和数字填图进行对比说明（对比过程中会根据野外工作流程对其进行简化处理，简化后的描述不一定完全准确，但有助于对概念的理解）。如图 8.2 所示，路线起点 D1024，终点 D1027。

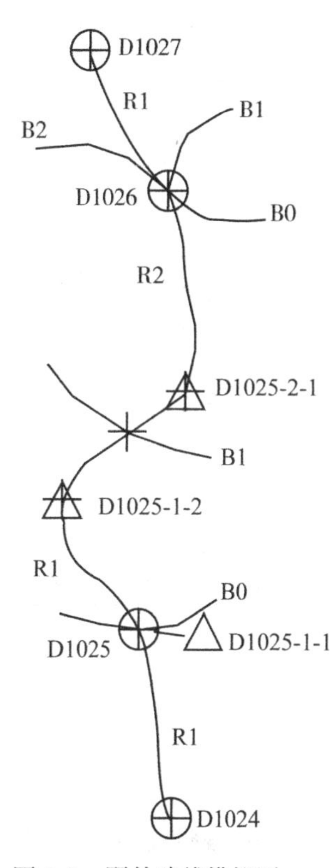

图 8.2　野外路线模拟图

遵循传统的地质填图工作，我们会按计划路线前行，到达某地后（如 D1025），发现地质内容有所变化，首先确认自己所处的位置（后方交汇法等），进行详细的地质内容观察研究，然后野外记录本上按照地质界线点进行内容的描述与记录，采集样品（D1025-1-1），在野外手图上勾画地质界线；该点的工作完成后，继续行进，沿途采集样品（D1025-1-2），地层分层（B1），采样（D1025-1-2），这些内容都要记录在沿途描述中，到达新的观测点（D1026）后，重复进行当前点的工作。

对于数字化填图，路线起点 D1024 处，首先确定空间位置 GPS 定位（十字加号），然后添加地质点图标（圆圈），并连接地质属性。到达 D1025 点，GPS 定位，补画 D1024 到达该点的路线，连接沿途描述的地质属性；添加地质点图标，连接属性；画地质界线（B0），连接属性；添加样品（三角符号，D1025-1-1），连接属性。沿途行进过程中，进行了样品采集（D1025-1-2），首先确定 GPS 点位，后添加样品图标，连接属性。确认地质内容发生变化，需要添加分界线（B1），首先 GPS 定位，补齐分段路线（R1），之后添加分界线。沿途采样（D1025-2-1）。到达 D1026，GPS 定位，补齐上一段的分段路线（R2），添加地质点，分别添加分界线 B0/B1/B2。到达路线终点 D1027，GPS 定位，补齐上一段的分段路线（R1），添加地质点，路线结束。

综上所述，数字填图和传统填图工作过程基本一致，需要注意的是，路线数据采集过程中 PRB 的基本过程是以地质点 P 过程为核心，R、B 分段流水编号，其中避免出现同一分段路线穿越地质界线（B 过程）的现象，另外，同一分段路线上样品、照片、产状等地质要素的采集要在添加该分段路线之前完成，分段路线的操作要在下一个地质点或分界线之前完成。

二、三段式工作流程

根据野外工作内容及工作流程，软件操作的流程可进行简化与定义见表 8.1。

表 8.1　　三段式工作流程表（根据近年数字地质填图技术培训资料修改）

<table>
<tr><td rowspan="6">三段式工作流程</td><td colspan="2">工作步骤划分</td><td colspan="2">工作流程及内容</td></tr>
<tr><td colspan="2">一、室内前期准备</td><td colspan="2">地形图矢量化、建立测区（或图幅）的字典库</td></tr>
<tr><td rowspan="3">二、野外数据采集</td><td>①前期准备：
笔记本</td><td>①数字填图系统安装
②图幅 PRB 库建立</td><td>①创建新剖面</td></tr>
<tr><td>②数据采集：
笔记本
掌上机
笔记本</td><td>③野外手图建立（设计路线）
④野外手图转入掌上机
⑤地质路线野外数据采集
⑥掌上机野外采集数据导入野外手图</td><td>②实测剖面野外数据采集
③实测剖面数据导入桌面系统</td></tr>
<tr><td>③资料整理：
笔记本</td><td>⑦野外手图整理
⑧导入图幅 PRB 库</td><td>④编绘剖面图及柱状图
⑤剖面导入图幅 PRB 库</td></tr>
<tr><td colspan="2">三、室内成果提交</td><td colspan="2">⑨实际材料图库→⑩编稿地质图→⑪实习报告编写</td></tr>
</table>

第二节　前 期 准 备

一、野外总图库（PRB 库）创建

进入一个新的工作区（图幅），要使用数字填图系统，必须创建图幅库，其操作步骤如下：

1. 选择工作图幅/自定义接图表

系统提供 1∶25 万到 1∶5 万的全国规范化接图表，而对于大于 1∶5 万的工作图幅，需要自定义接图表。

①选择工作区→1∶5 万图幅选择→弹出“选择省份”对话框→选择工作区所在省份→按“确定”键→选择查询编号或查询名称→输入图幅号或图幅名→点击“查询”→在下拉框中选择查询出的图幅号或图幅名→当前信息显示所选择图幅信息，接图表中选择图幅闪烁显示。

②自定义接图表→弹出“自定义接图表”对话框→新建接图表→弹出对话框→输入接图表名称、行列数→单击“OK”→弹出“自定义接图表管理”对话框→编辑完善接图表属性信息→根据接图表属性库形成接图表（图 8.3）→单击“OK”→返回“自定义接图表”对话框→选择自定义的接图表→单击“确定”→接图表中选择工作图幅。

2. 选择背景图层

操作步骤：选中“拷贝背景文件”→单击选择背景图层文件目录→弹出“选择要拷贝的背景图层文件的路径”对话框→选择图幅背景图层文件存放的位置→点击“确定”（图 8.4），新建图幅库。系统自动生成的文件组织目录见表 8.2。

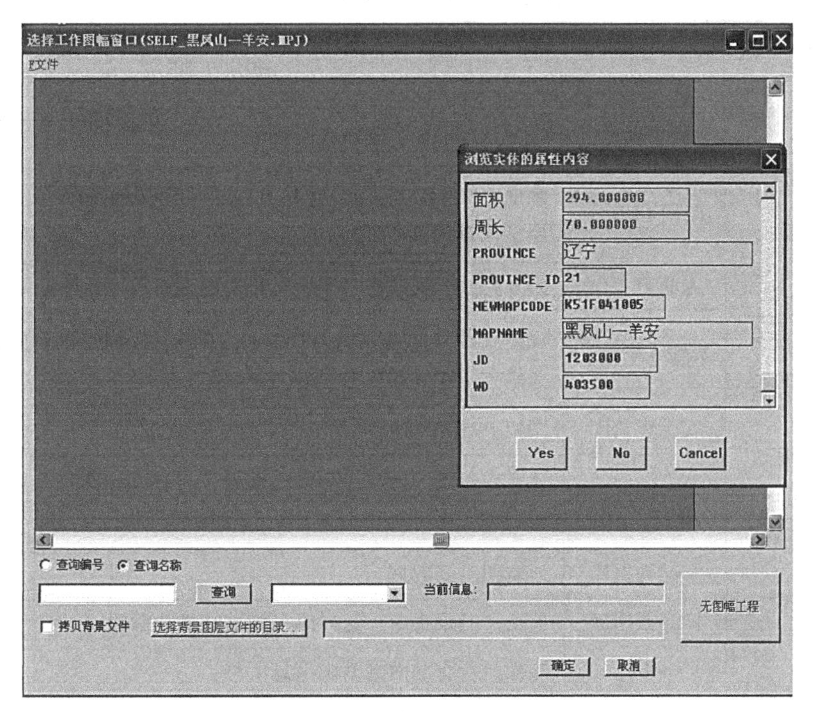

图 8.3　实习区接图表及其属性

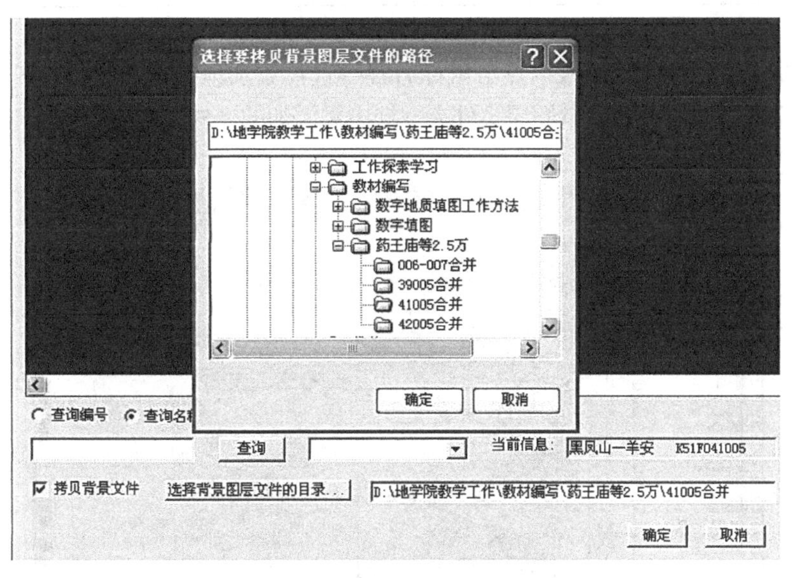

图 8.4　选择背景图层界面

3. 添加背景图层到野外总图库（图幅 PRB 库）

第一次生成的图幅 PRB 库中，除了自动生成的可操作图层外，电子底图需要手动添加。

表 8.2 **数字地质填图数据文件的组织目录表**

<table>
<tr><th>一级目录</th><th>二级目录</th><th>三级目录</th><th>四级目录</th><th>说明</th></tr>
<tr><td rowspan="10">DGSdata</td><td rowspan="10">图幅代号，自定义接图表</td><td rowspan="7">数字填图</td><td>背景图层</td><td>存放地理底图及遥感影像图等</td></tr>
<tr><td>图幅 PRB 库</td><td>全部路线 PRB 的同类合并，包括工程文件及图层、注释文档及质量检查记录</td></tr>
<tr><td>采集日备份</td><td>野外路线工程备份，掌上机采集的未解压原始数据</td></tr>
<tr><td>野外手图</td><td>以路线号为目录存储路线文件，野外路线数据解压成多个图层文件</td></tr>
<tr><td>实际材料库</td><td>图幅 PRB 库与地质点、线、面图层整合</td></tr>
<tr><td>编稿原图</td><td>是地质空间库数据库建库的基础，由实际材料图合并、整理、编辑而成</td></tr>
<tr><td>空间数据库</td><td>地质图空间数据</td></tr>
<tr><td rowspan="3">数字剖面</td><td>样品数据库</td><td>包括样品采集库、送样库、测试结果数据库</td></tr>
<tr><td>SectionInfo. dbf</td><td>图幅内所有剖面的基础信息汇总</td></tr>
<tr><td>PM001
(剖面文件夹)</td><td>按剖面号文件夹存储剖面数据。包括剖面计算、编辑数据文件引用资料等</td></tr>
</table>

操作步骤：在图层列表区域内点击鼠标右键→选择添加项目→弹出“打开文件”对话框→返回上一级目录→打开背景图层文件夹→选中需添加的文件→点击“打开”（图 8.5）。

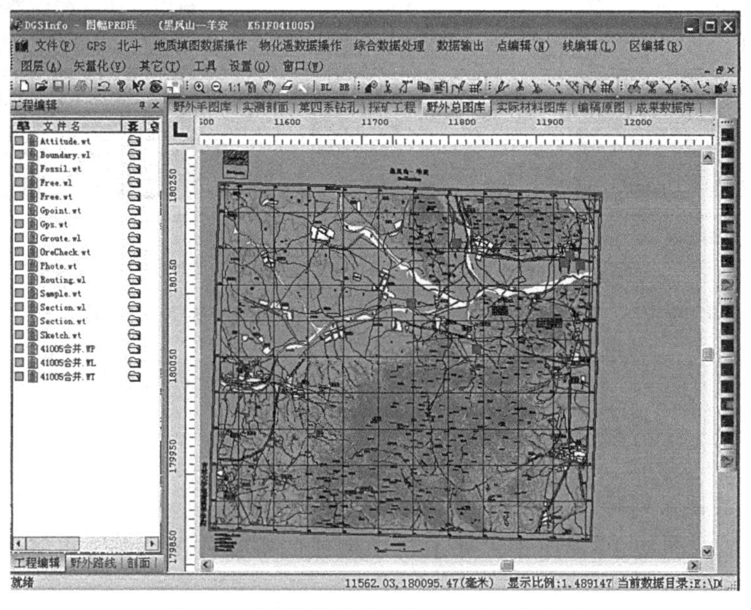

图 8.5 背景图层添加到 PRB 图幅库界面

对于已经创建好的图幅库，如果每次操作的工作图幅不变，可以在工作区菜单中选择打开最近的工作区，系统进入软件关闭前工作的图幅库。对于进入任意一幅工作图库，可以在“工作数据控制台”中直接双击图幅工程，或者在相应接图表中选择工作图幅。

二、字典库编辑

图幅PRB字典是地质工作者对测区地质点、点间描述和地质界线实体信息的描述性词汇，是数据采集过程中查询、检索和应用词汇的数字化工具文件。它的作用在于规范调查图幅地质调查内容与结构、地质内容描述语义的标准化，以及提高数字区域地质调查工作的效率。但是，在字典的使用过程中必须注意，复制过程中避免不同地质点、界线等描述内容的雷同。

操作步骤：图幅PRB库界面，选择工具菜单→编辑字典→弹出“字典编辑”对话框→编辑“一级字典”→在一级字典列表中双击字典名称→打开相应字典文件→编辑文本（图8.6），输入字典条目→每一条内容输入完成后都必须单击回车键→保存关闭文本→编辑“二级字典”→在“二级字典编辑”中选择“第一级”中的字典名（其内容会在右边的“第二级”列表中显示）→在“第二级”字典中双击条目→弹出文本→编辑相应字典内容，方法类似一级字典编辑。添加新的字典只要输入名称→点击“添加二级字典”→程序会创建该字典对应的文件，如选择“删除第二级字典”则会连同文件一起删除。

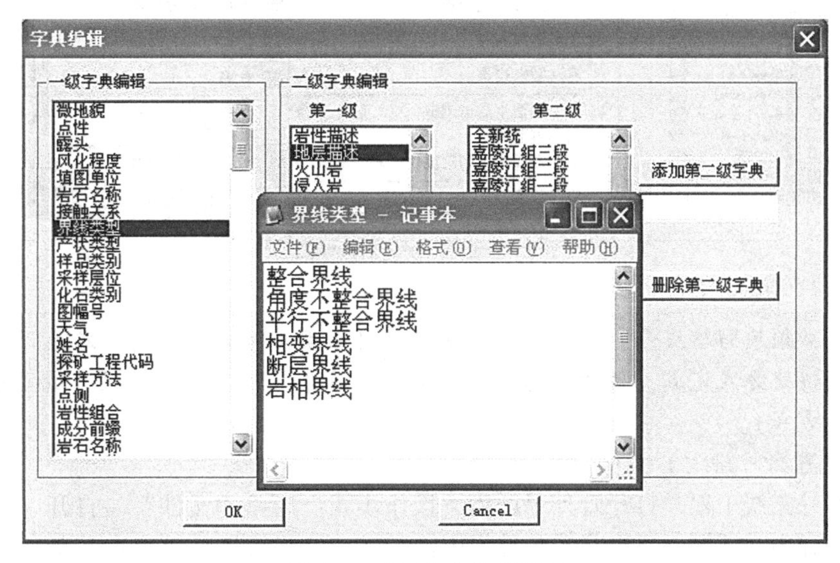

图8.6　编辑字典库界面图

第三节　野外地质数据采集

野外地质数据采集包括路线数据采集和实测剖面数据采集两部分内容。

一、野外路线数据采集

数字野外路线数据采集一般包括野外手图创建（设计路线）→野外手图数据转换

（桌面到掌上机）→地质路线野外数据采集系统操作→掌上机野外采集数据导入野外手图。

1. 创建野外手图（设计路线）

创建野外手图实质就是设计一条可供掌上机（野外数据采集系统）使用的地质调查路线，一般包括以下步骤：

（1）设计野外路线

在图幅 PRB 库窗口下设计野外地质路线，操作步骤：地质填图数据操作→室内数据录入→设计路线（图 8.7）→单击鼠标左键在图上添加设计路线轨迹，单击右键结束→在弹出的野外路线基本信息表中填写相关属性信息（图 8.8）→单击“保存”。

图 8.7 设计路线菜单界面

提示：必须填写路线号，路线编号一般用 L+4 位数字表示。另外，路线设计可以添加设计路线快捷方式完成（位于图形编辑区右侧工具条，该工具条提供了填图用的添加和编辑快捷方式）。

（2）创建野外路线工程

创建野外路线工程并打开野外手图库，操作步骤：选择“文件”→打开（新建）野外手图库→弹出对话框→新建路线名称栏中输入设计的路线编号→点击“新建”→打开工程，进入野外手图库。

也可以通过点击“工作数据控制台”图形区上方视图标签中的野外手图库创建野外路线工程（按系统自动提示操作便可完成）。

新建的野外手图库自动生成地质要素采集图层，地理底图图层需要手工添加。

（3）添加背景图层到野外手图库

在图层列表区域内单击鼠标右键→选择添加项目→弹出“打开文件”对话框→回退二级目录→打开背景图层文件夹→选中需要添加的文件→打开。

提示：①一张野外手图有且仅有一条设计路线与之对应。②只有创建了野外手图才能

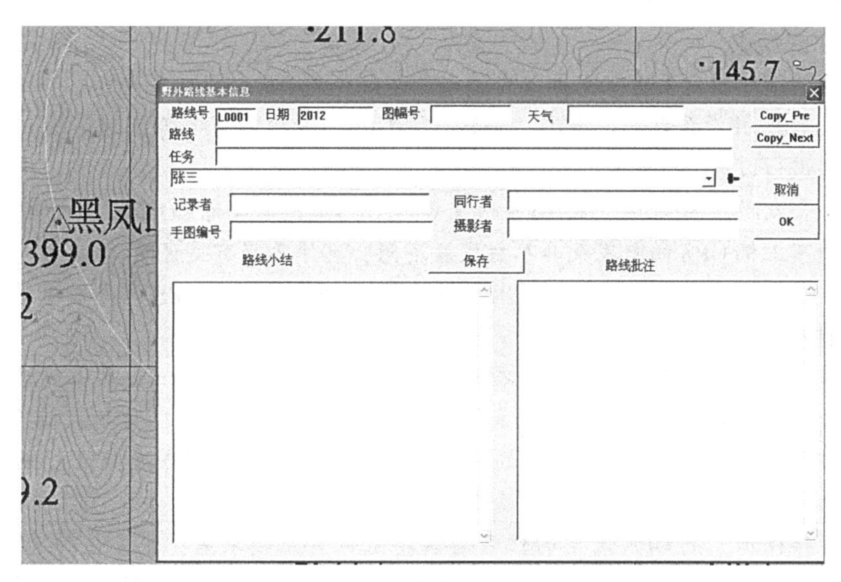

图 8.8　设计路线属性表

进行路线数据的采集，但实际路线行程不受设计路线轨迹的限制。③只有创建了野外手图，野外采集的数据才可以导回桌面系统。④当地质路线穿越不同图幅时，应按不同图幅分别建立路线编号不同的野外手图。

2. 野外手图数据转入掌上机（野外数据采集系统）

将桌面创建的野外手图数据压缩存储到电脑硬盘上，再同步传输或拷贝到掌上机，操作步骤：在野外手图路线窗口下，选择“文件”→“野外手图数据转换”→“桌面到掌上机”，在弹出的对话框中选择设计路线在电脑中存储的位置（如“我的文档”或者单独建立新文件夹）→点击“确定”→转换成功提示信息→通过同步传输或 SD 卡拷贝至掌上机。

提示：由于掌上机硬件限制，此步操作是对桌面生成的野外手图进行压缩保存。掌上机上，野外地质数据可存放在 My Documents 目录下，应用程序存放于“我的设备”中。

3. 地质路线野外数据采集系统操作

数字野外路线地质数据的采集工作与传统地质路线内容一致、工作流程一致，包括确定当前空间位置、地质点、地质界线、地质路线、样品、素描、产状、照片，等等。传统方法是以地质点为依托，把各项地质要素记录在点上，描画在地形底图之上。数字化填图则根据计算机原理，将以上工作落实到以下两点：一是图面，相当于传统的野外手图，利用点、线、面等把路线地质形象化在数字底图之上；二是利用地理信息系统的空间数据库原理，把地质要素属性连接在图面之上。点、线的添加顺序请参考序言部分的路线实例，这里尽量按照工作流程讲解对应的软件操作。

（1）打开野外手图

操作步骤：打开程序→输入当天的路线号和第一个地质点点号→单击“OK”→进入软件界面→点击“手图”菜单→打开地图→选择要工作的地质路线号→单击“打开”→

程序进入设计好的野外手图。

（2）GPS操作

野外路线地质要素采集，必须首先确定其空间位置。

①启动GPS并设置参数：点击“编辑”→GPS→参数设置→弹出对话框→对GPS串口及波特率进行设置。

提示：合众思壮MG758手持GPS内置普通GPS，其串口为COM4，波特率为57 600。不同机型的掌上机GPS的配置及其参数设置不同，具体参照有关说明。

②GPS误差校正：运行程序→弹出“欢迎”界面→点击“GPS误差校准值”→弹出对话框→输入GPS系统误差值。

提示：对一个新工作区，在工作之前应该对GPS进行误差校正，校正所需的系统误差参数值由目标点处采集的GPS值与标准坐标值的差的均值形成，目标点标准坐标值最好是由测绘部门收集的工作区范围内的地形图三角点或GPS控制点坐标值。一般1∶5万图幅均匀择取4个校正点即可满足其精度。一个不是十分精确的办法是在明确的地物点对GPS进行直接校正，把GPS采集的位置与实物点位置比较求差，把差值作为校正参数，当然所能达到的精度受到数字地形底图精度和GPS工作精度的双重限制，然后在工作区内不同地物点重复以上操作进行精细校正。

③GPS信息采集及定位：编辑→GPS→普通GPS连接（若为电子罗盘GPS，选择罗盘GPS连接）→弹出空间坐标信息→GPS手工采点→野外手图中在当前位置上添加十字加号并自动居中显示。

提示：a. 若空间坐标信息对话框的有时间显示，说明GPS已连通，等待X，Y值基本稳定后（至少4颗卫星以上）即可进行GPS手工采点。

b. 由于GPS工作精度影响因素的限制，实际工作中经过误差校正后的GPS点有时仍会与实际位置有偏差，这样，除了要待X、Y数据稳定一段时间后才可以进行GPS手工采点外，有时还需要根据微地貌进一步评估确定实际点位。

c. GPS点获得后，应及时关闭GPS，以节约电能，延长掌上机的使用时间。

（3）野外路线数据采集操作（PRB过程）

数字野外路线地质数据的采集要素包括地质点、地质界线、地质路线、样品、素描、产状、照片，等等。这部分操作选项均在野外路线窗口中的编辑菜单内进行，操作过程类似：图面添加相应图标，连接对应的地质属性。

1）添加地质点（P过程）操作

地质点（P过程）是野外数据采集的核心，野外路线上对其他数据的采集必须隶属于地质点。操作步骤：在野外路线窗口中依次选择“编辑”→新增路线数据→地质点→在当前位置处（GPS定点十字加号处）点击屏幕→图上添加一个地质点的圆形符号并闪烁→点击目按钮→弹出地质点属性表对话框→录入结构化地质点属性→单击“地质描述”按钮→进入“地质点描述”对话框→填写地质信息。

提示：地质点的记录力求详细全面，尽可能采集全各种地质要素。

2）添加地质界线（B过程）操作

该界线可以是两个地质实体的界线（相当于从传统的界线点中把界线单独提取出来），也可以是一个地质实体的内部变化界线（如沉积岩段内的分层）。地层界线是地质连图的重要依据。依赖于P过程，一个P过程可以有多条地质界线，从一个地质点（包括该点上界线）到下一个地质点（不包括该点界线），B编号系统自动从0开始流水编号。

操作步骤：在野外路线窗口中选择“编辑”→新增路线数据→点和点间界线→在野外手图相应位置处画线→线条闪烁→点击目按钮→弹出“地质界线属性表”对话框→输入其属性。

提示：①画线的方式可选择流线、曲线、折线方式，一般采用流线输入，流线输入笔不抬，抬笔后画线结束并自动闪烁。②为了避免与地质点描述雷同，分界线重点描述地质体的接触关系特征（证据）。断层线属地质界线（B过程）。③准确填写左右地层单位，规定面向画线结束的方向，左手一侧为左地层，右手一侧为右地层。④在地质点或地质界线交汇位置上出现三项地质分界线时，必须分段绘制，并给予其相应的顺序编号。⑤对于规模较小的地质体，如岩脉，应在地质体的两侧做两条地质界线，不能简单一条界线封闭，对于地质意义重大而规模太小的地质体，可以归并或夸大表示。

3）添加分段路线（R过程）操作

分段路线是对不同地质实体之间的内容和变化进行描述，该变化可以是两个填图实体的描述，也可以是一个填图实体的内部变化（类似于分界线的定义）。即把传统记录本上的沿途描述单独提取出来单独表示，分段路线描述重点突出路线地质变化情况。

操作步骤：在野外路线窗口中依次选择“编辑”→新增路线数据→分段路线→在图上相应位置勾画连接起点与终点位置的流线→画线结束并闪烁→点击目按钮→弹出分段路线属性表→单击“段首”按钮（系统自动添加该段路线的长度、方向）→输入属性及描述内容。

提示：路线依赖于P过程，一个P过程可以有多条分段路线，从一个地质点到下一个地质点，R编号自动从1开始流水编号。

4）添加产状

操作步骤：在野外路线窗口中选择编辑→新增路线数据→产状→在添加产状位置处点击屏幕→自动标注产状符号并会闪烁→点击目按钮→在弹出的属性表中录入产状信息。

提示：注意产状类型和编号隶属关系，产状编号是按地质点流水编号的。

5）添加照片

操作步骤：在野外路线窗口中选择编辑→新增路线数据→产状→添加产状位置处点击屏幕→自动标注照片符号并闪烁→点击目按钮→弹出属性表→录入照片信息。

提示：照片编号按地质点流水编号；数码照片需在桌面系统中导入才能显现；照片数码序号中的符号及连字符必须是英文状态下（如，是“-”而不是“—”），否则无法导入照片；同一点采集多张照片的情况下，可通过点击照片属性框下端的照片说明，在弹出的新属性框中对每张照片进行补充说明。

6）添加样品

操作步骤：在野外路线窗口中选择“编辑”→新增路线数据→采样→添加样品位置处点击屏幕→样品符号自动添加并闪烁→点击目按钮→弹出属性表→录入样品信息。

提示：注意样品类别和编号的填写，样品编号是按地质点的不同流水编号的。

7）素描图操作

操作步骤：在野外路线窗口中选择编辑→新增路线数据→素描→在添加素描位置处点击屏幕→素描符号自动添加并闪烁→点击目按钮→弹出属性表→录入素描相关信息→点击进入素描图工具→弹出素描绘图界面→通过添加和编辑有关点、线、注释画素描图。

提示：①素描编号是按地质点的不同流水编号的。②由于掌上机显示窗口较小，对于复杂的素描图，可在掌上机上简要绘制素描轮廓及比例尺，导入桌面系统后最终完善整饰。或者先做纸介质的野外素描，室内对其拍照，照片 JPG 格式转换成 MSI 格式，添加到桌面系统中对应的素描图工程，然后进行矢量化处理。

8）野外路线信手剖面自动生成与绘制

数据准备：在数字填图桌面系统中生成地形底图的数字高程模型数据（Grd 格式），并拷贝到掌上机的“ My Documents”目录下。

信手剖面操作步骤：在掌上机野外手图窗口中选择“编辑”→信手剖面→自动生成→选择 Grd 文件→点击“确定”→生成野外路线信手剖面图基本框架→在此基础上手工编绘信手剖面图。

提示：由于掌上机显示窗口较小，操作不便，野外路线信手剖面可以参考素描图的处理办法。

9）野外路线数据编辑与浏览

野外路线调查中往往需要对已采集的野外地质数据进行浏览与编辑，其操作方法：编辑菜单→编辑路线数据→编辑的对象（地质点、界线、采样等）→在图形上框选要编辑的图标→图标闪烁→点击目按钮→对相应采集层进行编辑与浏览。

10）结束野外路线操作

在手图菜单→转出 PC 数据→退出系统，野外路线完成。

4. 掌上机野外采集数据导入桌面野外手图库

该操作是把掌上野外数据采集系统的数据再还原到桌面数字填图系统中。主要包括野外路线数据和照片的导入。

（1）野外路线导入

导入前，必须先将掌上机路线资料拷贝到电脑。掌上机野外路线导入时，在导入桌面的 PRB 图幅库中必须有当前路线的设计路线的工程文件，否则无法导入。

路线导入操作步骤：在图幅 PRB 窗口选择文件→野外手图数据交换→掌上机到桌面→选择野外采集数据存放的目录→在弹出的对话框上选中野外路线工程文件并打开→系统显示文件转换成功和采集日备份成功的信息提示。

提示：有时会出现 CE 文件转换失败，原因可能是图像数据不匹配。解决方法是回到掌上机将其删除后，重新转出 PC 数据，再转入野外手图。

系统会自动把野外路线采集的数据更新到数字填图系统中的野外手图目录中，并在采集日备份文件夹中备份。

（2）打开野外手图

路线导入成功后便可进入野外手图库。在图幅 PRB 窗口→文件菜单→（新建）野外手图库→选择路线名称→选准野外路线数据工程文件并打开。

(3) 照片导入（顺序放在调整完之后，或者在检查过程中保证记录没有问题时修改）

准备工作：导入前先把数码相机中的照片拷贝至桌面硬盘中，并检查照片属性栏数码序号录入的正确性。

操作步骤：野外手图路线窗口→地质填图数据操作菜单→选择影音照片剖面数据导入→野外照片导入野外手图→在弹出的对话框中单击“DIR1”→选择照片存放的路径并单击“OK”→显示照片导入完毕对话框。

二、实测剖面数据采集

与传统实测剖面的测制过程相比较，数字剖面系统有以下约定：

①分层位置是指导线上该层的起点位置值。

②采样、照片等过程按分层顺序流水编号。

③跨导线不分层时，在新导线起点处重新记录该分层，且分层位置记录为0m。

④对于分段不分层的情况，即在同一层中，遇到褶皱如背斜、向斜，必须在轴部分开，分段输入实测剖面数据，这样做的目的是为计算机提供正确的剖面厚度计算等数据处理。

对于剖面数据的采集，可以利用掌上机进行数据采集，也可以按照传统办法在纸介质上进行记录，回到室内再进行资料录入整理。所以，操作可以按照桌面创建剖面→导入掌上机→野外数据采集→数据导入桌面系统，或者直接由掌上机生成新剖面→采集数据→桌面生成剖面→野外数据导回桌面；或者直接纸质剖面信息记录→桌面创建剖面→野外数据手工录入的顺序进行操作。这里将按照第二种方式进行讲解，即在掌上机数字剖面系统中创建好一个新剖面后，按操作规程在导线库详细记录导线号、导线方位、导线长度、坡度、分层号；分层库详细记录各层分层斜距、岩性、岩相、构造；产状采样等分项库内记录各类产状及测量位置、各类样品及采样位置、照相或素描及其位置等内容，最后导回桌面系统。

1. 创建新剖面

(1) 掌上机新建剖面

操作步骤：打开掌上机上的RGMAP→进入路线手图→选择编辑菜单→实测剖面→新建剖面→弹出对话框→输入剖面编号，通常是“PM”+三位数字→点击“OK”→弹出对话框，点击“OK”。

(2) 剖面信息编辑

操作步骤：选择编辑菜单→实测剖面→编辑剖面→弹出对话框→点击“剖面选择”→双击已经建好的剖面→弹出“剖面信息列表”→选择剖面记录反色显示→点击“EDIT”→对剖面基本信息进行编辑→点击“OK”→进入剖面库编辑。

提示：新建的剖面存储在掌上机的“my documents”目录下，或者拷贝桌面系统生成的剖面文件。

2. 野外数据采集

(1) 导线信息录入与编辑

操作步骤：按“导线测量库”菜单→屏幕自动弹出导线库列表框→单击“ADD”，增加一条新的导线记录→导线数据输入对话框→输入导线信息→单击“OK”。

提示：导线数据自动加入到导线库的列表框。该导线库的列表框按导线的顺序排列。其他按钮说明如下：

DEL：在列表框中，选中一条记录，单击“DEL”键则删除本记录。

INSERT：在列表框中，选中一条记录，单击“INSERT”，在该记录前增加一条记录。

EDIT：在列表框中，选中一条记录，单击“EDIT”则编辑本记录。

CANCEL：推出新增导线的操作。

CLEAR：删除列表框中的所有记录。注意：需要按“OK”键后，才能真正把导线库的记录全部删除。

（2）分层信息录入与编辑

操作步骤：在当前导线情况下→单击“分层数据库”按钮→弹出分层库列表框→单击“ADD”键→分层数据输入→单击“OK”→分层数据加入到分层库的列表框→点击分层库列表右边的“分层描述”→进入分层描述对话框→输入分层描述→单击“OK”键→回到分层列表框。

提示：在编写过程中，经常使用“保存”按钮，避免文字丢失。“复制”按钮的使用，可以将其他分层的描述内容复制过来，但要避免雷同。由于当前编辑层隶属于对应的导线，所以，进行分层操作之前，或者重新打开剖面继续中断的工作时，需要确认一下对应的导线是否正确。

（3）照片、产状、素描、采样、化石地质点描述信息的录入与编辑

照片、产状、素描、采样、化石地质点描述信息的录入与编辑，操作基本一致，下面以照片为例进行操作说明。

操作步骤：当前导线和当前分层的状态下，按“照片”按钮→自动弹出照片表框→单击“ADD”按钮，增加一条新的照片记录→照片数据输入对话框→单击“OK”，照片数据自动加入到分层库的列表框。

提示：照片库的列表框按分层和照片编号的顺序排列。输入照片等信息之前，需要查看是否为当前数据采集的导线和分层，因为照片、产状等信息和导线、层号有对应关系。

3. 实测剖面数据导入桌面系统

（1）桌面系统创建新剖面

野外数据采集录入完整后，需要导入桌面系统，进行后期的编辑及绘图。

操作步骤：在野外路线界面，选择视图标签“实测剖面”→进入剖面操作界面→选择实测剖面菜单→打开（新建）实测剖面→弹出剖面组织对话框→输入新建的剖面名称→调整新建网格的大小→按新建按钮→单击“打开”按钮→进入当前剖面编辑界面。

提示：新建网格宽高输入值可根据剖面长度和比例尺大小估计或者在生成剖面后，根据实际大小用新生成的合适大小的“grid. wl”图层替换原图层。

（2）野外实测剖面、数码照片和素描图导入

操作步骤：野外数据从掌上机拷贝到桌面的任一位置→实测剖面菜单→野外剖面数据导入→弹出剖面数据导入对话框→鼠标光标放在剖面数据对应的源数据目录编辑框中→单击目录浏览选择→选择剖面数据目录→对照片数据及素描数据进行同样的操作过程→单击

“开始拷贝”。

提示：实测剖面的导入，前提是桌面系统中必须有对应的剖面信息。

三、野外地质数据采集关注问题

①注意各记录项属性术语的规范、统一，切勿出现同义多形词的现象，以免影响室内数据整理和数据检索。

②有时由于掌上机的错误操作，在 R、B 过程和其他点要素采集过程中出现无任何编号的现象，需手动进行删除或信息写入。

③为提高野外数据采集效率，一定要用好用活电子字典，切忌不加修改的照搬套用。

④注意野外数据的安全性：

a. 为防止不确定因素造成的程序无法运行和路线毁坏，野外工作时，最好在掌上机 SD 扩展存储卡上做好运行程序和设计路线的备份。每天回来后，各填图组应尽快在笔记本电脑中进行原始数据和照片的备份（按照日期进行备份）。

b. 图幅中应有专人负责收集各组的原始数据备份进行汇总。

c. 室内整理完成后，应进行整理路线的备份（按日期）。

d. 基站结束时，项目组应由专人进行整个基站的数据备份工作（按照日期分原始数据和整理数据进行备份），并尽可能在不同的机器上进行备份。

第四节　资 料 整 理

一、野外路线资料室内整理

受野外客观工作条件的限制，数字填图桌面系统中必须对野外收集的路线地质资料进行室内完整性整理。一般包括野外采集数据导入桌面野外手图库、野外路线数据检查及整理、复查野外路线数据的录入等内容。虽然操作具有一定的流程，但是有些步骤是有反复的，如照片的导入，一般情况下我们会在野外数据入库的时候进行照片的导入，但是在实际过程中，由于照片记录信息的不完整或不规范，往往会造成照片导入的不完整，这样，就需要在检查照片信息完整性之后，根据需要重新导入照片，尽量按照工作经验安排，但实际工作中可以根据个人习惯进行调整。另外，这部分内容涉及 MapGIS 的点线编辑操作，MapGIS 的基本操作可查阅相关资料，这里不做太多赘述。

1. 野外路线数据检查及整理

为保证原始资料的准确性和完整性，必须对野外第一手资料进行详细认真的检查和整理完善。操作需在野外手图窗口下完成，包括两个方面内容，首先是资料的准确性和完整性；其次是保证图面的清晰美观。一般经验性操作步骤如下：①逻辑性检查；②人工属性联动检查；③移点、计算；④线整理、长度计算；⑤地质标注；⑥完整性检查与补充；⑦路线小结；⑧路线质量自检与互检。以上操作步骤可以根据个人习惯调整。

（1）野外路线质量程序检查

野外路线数据从掌上机导入桌面电脑后，首先对野外路线数据进行计算机逻辑检查，系统自动检测野外数据录入编码有无错误、缺录、重复，是否存在由错误操作形成的无任何属性的多余的无意义的空间地质实体等。

操作步骤：野外手图路线窗口→地质填图数据操作菜单→数据质量程序检查→弹出检查结果信息提示框。

提示：野外路线通过质量程序检查出错误，必须对相关问题修改排除。问题排除后，对文件进行压缩保存，然后再进行质量程序检查，否则，尽管问题消除，再检查时仍会出现错误信息的提示。此外，如果软件操作熟练，对于那些明显的具有普遍性的错误，我们可以先进行人工编号（逻辑）检查，排除错误之后再利用该功能进行系统检查操作。

压缩保存工程的操作步骤：在工程文件区将修改文件（亦可选所有文件）置于编辑状态→点击鼠标右键→压缩保存工程→进行质量程序检查→弹出没有问题的信息提示框。

（2）野外路线人工编号（逻辑）检查

根据野外路线 PRB 数据的编号规则对各类采集数据（地质点、界线、点间路线、采样、照片、产状素描等）进行各种逻辑编号检查，防止因 PRB 编号重复发生文件覆盖而导致的数据丢失、破坏、混乱。

操作步骤：野外手图路线窗口→地质填图数据操作菜单→野外数据编辑与浏览→选择要编辑的地质点或路线等地质要素→工具菜单→属性联动浏览→弹出选择要处理的文件类型对话框→选择相应的点、线等类型→桌面下部弹出相应的属性浏览信息框→对编号进行浏览与编辑。

提示：可以先在掌上机系统内进行明显错误的检查与修改，即保证原始数据的正确之后再导入桌面整理。由于系统是按照编号对应数据文本的组织方式，如果单独修改编号而不注意描述的顺序，就会造成空间与属性对应关系的混乱，甚至造成数据的丢失，所以在修改的时候最好逆序修改。

（3）野外路线资料准确性、完整性整理

消除上述逻辑问题后，用系统提供的各种功能对野外采集的各类数据进行完整性、准确性、一致性整理。建议按照路线数据采集过程进行顺序检查。主要内容包括：点、线图形空间位置正确性及图式的规范性（重点采用 GB 958—99 图式图例标准）；地质属性内容是否规范准确、描述齐全和正确；地质点、样品等的标注是否正确；照片导入是否正确；完善素描图及路线信手剖面图等。该部分操作主要是基础的 MapGIS 点线操作，另外点线图形图式需要参考《区域地质图图例（1∶5 万）GB958—99》，该标准不仅对不同类型地质体、界线线型及线参数进行了设定，并且数字填图的系统库与该国标对应。

1）点、线图形空间位置及图式整理

①通过属性联动浏览功能，对要编辑的地质实体进行选择，利用 MapGIS 的点编辑功能，移动点实体（地质点，采样点等），使各点实体位置与 GPS 点吻合，由于点实体的位置发生变化，故要对其进行“点坐标写入”。然后按照 GB 958—99 图式图例，对不同类型地质点选择合适的点符号样式及大小，例如，○表示天然露头观测点（系统库序号 1147），⊙表示重砂测量观测点（系统库序号 1151），▲表示光片标本（系统库序号 1154）等。

操作步骤：属性联动浏览→选择要编辑的点实体→点编辑→移动点→地质填图数据操作→点间路线计算与点坐标重写→点坐标重写→点编辑→修改点参数→确定。

②地质界线整理，界线应过 GPS 点，并依照“V”字形法则修改圆滑曲线，按 GB

958—99规定从系统库中选取地质界线线型。

操作步骤：属性联动浏览→选择要编辑的线实体→线编辑→线上移点→光滑线→修改线参数→线型选择→单击“确定”。

③对分段路线轨迹和长度可通过线上移点等编辑功能进行整理、圆滑，要求过程之间无缝连接（上一段的终端与下一段的起点都是GPS的十字加号中心），并且与实际所跑路线吻合（路线经过沿途采集的GPS点），修改后分段路线长度要重新写入。

操作步骤：将分段路线图层（Routing. wl）置于编辑状态，属性联动浏览→线编辑→线上移点→按路线顺序逐条移动线上坐标点→光滑线操作→地质填图数据操作→点间路线计算与点坐标重写→点间路线计算→弹出路线属性表对话框→单击段首→段首信息系统自动更新。

2）地质点、样品、产状等的标注

标注主要用到地质填图数据操作菜单中的图式图例整理功能。由于基本操作类似，所以下面以产状为例进行操作说明。

操作步骤：在野外手图路线窗口选择地质填图数据操作→图式图例整理→生成产状注释图层（静态）→选准标注的路线并点击“确定”→生成产状倾角标注图层（ATTNOTE. WT）并自动添加至工程编辑区→工具栏按1：1或更新，标注的产状号便会显示→点编辑，移动点（图面上处理好与它类地质图元的压盖关系）→修改点参数（调整好大小，以纸质输出的清晰美观为标准）。

提示：新生成的地质点注释图层为GPTNOTE. WT，产状倾角标注图层ATTNOTE. WT，样品编号标注图层SAMNOTE. WT。

3）野外地质描述的齐全和正确性整理

野外记录是地质调查核心内容，必须是野外现场收集、客观、全面、准确。对各地质要素结构化的属性内容进行检查，语义是否标准、规范、一致，对其缺项进行补充。对地质点、地质界线、分段路线非结构化描述内容检查完善。建议按照路线顺序进行点线地质属性的检查，并且最好能够当天完成。

4）照片导入的正确性检查与整理

对照野外描述，检查显示照片与照片内容是否对应。需要的话，照片可以重新入库。

5）素描图及路线信手剖面图的整饰

数字填图中的素描图或信手剖面的实质就是把传统纸介质的素描图/信手剖面图实现微机制图，实现的方式主要有以下两种：一种是按照纸介质绘图的方法，利用MapGIS的制图功能直接绘制素描图/剖面图；另外一种则是把先期完成的纸介质素描制作成MapGIS的msi格式，然后进行素描的矢量化。第一种方式不仅要求较高的地质专业素养，还要能够熟练应用MapGIS，第二种方式比较适应当前的形式，即有些人懂地质但不熟悉软件，有些人会软件但缺乏足够的地质认识，所以需进行分工协作。下面以纸质素描图的添加和矢量化为例简要介绍第二种操作：

首先将纸质素描制作成JPG或TIF格式的图片，再通过MapGIS图像处理转换成MSI图像文件格式，然后将其导入对应素描图库进行数值化处理。

操作步骤：打开素描图属性框→点击“画素描图”→进入素描工程编辑操作窗口→在素描工程编辑窗口下操作文件→编辑工程文件→弹出工程文件管理器对话框→点击

“添加项目”→在弹出的对话框中选择要转换的素描图 MSI 图像文件并打开→图像自动添加至素描工程编辑区→打开工程文件管理器→将操作图层文件置于编辑状态→在素描工程编辑区点击鼠标右键→打开工具箱→运用各种点线面工具对素描图像进行矢量化处理与编辑。

2. 复查野外路线数据的录入

野外实际工作中，可能由于露头差、地质现象观察及认知能力有限等多种复杂因素影响，难免出现遗漏地质信息的情况，这样就需要在野外复查的基础上补充相关资料。对补充或修改的资料需进行批注录入，说明补充或修改的依据，并署名，注明日期，严禁直接对原记录进行删除、修改等简单操作。

①如果不新增地质要素，仅对已采集地质要素图层的有关属性和描述内容进行补充和修改，在桌面系统中打开相应野外手图路线，通过地质要素的属性编辑功能打开属性表，在批注部分对其进行属性修改或补充描述。

操作步骤：在桌面系统打开野外手图路线→地质填图数据操作→野外数据编辑与浏览→选择编辑相应地质要素→图面上选择要修改的图形符号→弹出地质要素属性表→对地质要素进行批注修改。

提示：可以利用图形编辑区右侧工具条中提供的编辑快捷键完成上述操作；修改时要注意地质要素的对应关系，如地质点属性修改完成后，必须对点上的地质界线属性进行类似批注修改。

②插入产状、照片等地质要素。在桌面系统中打开相应野外手图路线，并设置相关图层为编辑状态，按系统提供的添加功能在图形区目标位置处进行相应子图添加，在弹出的属性表中手动补录属性，注意各类编号的正确性。

操作步骤：地质填图数据操作→室内数据录入→样品操作→在图形编辑区目标位置处点击鼠标→样品符号自动添加至图形区→弹出样品属性列表→对属性进行填写→根据样品类别设置好样品符号及大小→对样品编号进行标注。

提示：可以利用图形编辑区右侧工具条中的添加样品完成上述操作。

③插入地质界线（B）或分段路线（R）操作。经野外复查，如果需在原野外路线基础上插入新的地质界线，就必须对新插入地质界线以后的原地质界线编号和分段路线编号进行修改，如果单独修改编号而不注意描述的顺序，就会造成空间与属性对应关系的混乱，甚至造成数据的丢失，为有效地解决此问题，系统提供了自动修改编号并保证描述顺序与之对应的功能。该修改过程仅对隶属于同一地质点过程中的地质界线或分段路线产生影响。两者操作过程基本一致，下面以插入地质界线为例进行说明。

操作步骤：在桌面系统打开野外手图路线→地质填图数据操作→室内数据录入→插入地质界线（B）操作→弹出对话框中输入新插入地质界线（B）的编号，注意插入界线所属地质点号的选择→点击“OK”→在相应位置添加地质界线→弹出地质界线属性表→属性及描述内容手工录入。

提示：该功能会改变原图层属性及描述文件，为避免操作失败致使原数据丢失，在操作前一定先做好原路线数据的备份。

3. 编写路线小结及人工多级质量检查野外路线

整饰完成后，需按照惯例编写路线小结，为保证野外路线数据质量，需要进行自检和互检。

操作步骤：地质填图数据操作→野外路线小结和自检→弹出对话框→单击“该路线工作量统计”（路线工作量可自动统计并添加至路线小结框中）→按照规范填写路线小结→填写路线质量检查说明（自检说明）→点击“RPB多级质量检查”→弹出数据检查报告对话框→填写路线多级质量检查。

二、剖面数据整理

按照野外工作习惯，为提高工作效率，可以利用传统方法对野外数据进行采集，然后在桌面系统进行数据的录入与编辑，具体操作可参考以下剖面数据的编辑部分。下面主要针对掌上机导入的数据进行整理，以内蒙古自治区乌拉特中旗希日楚鲁侵入岩实测剖面图的制作过程为例进行说明。

在数据库编辑主界面上，可直接对导线库、分层厚度库、分层描述、产状化石等库进行阅读、编辑与修改。可以利用INSERT功能键对野外纸介质采集的数据进行录入。

常用功能键如下：

INSERT：插入一条记录；

ADD：增加一条新记录；

DEL：删除一条记录；

EDIT：编辑已有记录；

CANCLE：不保存数据退出录入；

全部写库：保存当前数据库，但不退出编辑状态。

1. 野外采集数据的阅读、编辑修改

（1）导线数据库、分层数据库的编辑与查看

对于导线数据库：实测剖面菜单→剖面编辑与计算→弹出剖面数据录入与编辑主界面→鼠标点击导线测量库中要编辑的导线→按“EDIT/ADD”按钮→弹出对话框→对编辑框内相应数据进行编辑→按“OK”→重复以上步骤至数据完整无误。

编辑、查看分层与分层数据库：点击分层厚度，计算编辑框中要编辑的层号→按“EDIT”→弹出分层编辑框→对编辑框内相应数据进行编辑→单击“OK”→重复以上步骤至数据完整无误。

对于分层描述：点击要编辑的层号→在分层文字描述中进行文字描述的修改或剖面分层批注→单击“保存文本”或“批注”。

（2）产状化石采样库的阅读、编辑修改

数据录入编辑主界面→按“产状化石采样”按钮→进入产状化石采样编辑界面→查看产状库数据库→点击要编辑产状号→单击“EDIT”→弹出产状编辑框→修改保存。

编辑阅读、编辑修改化石、样品的操作步骤相同。

（3）照片库的阅读、编辑修改

数据录入编辑主界面→单击“照片”按钮→进入照片编辑界面→查看照片数据库→点击要编辑照片号→单击“EDIT”→弹出照片编辑框→修改保存。

（4）素描库的阅读、编辑修改

数据录入编辑主界面→单击“素描”按钮→进入素描编辑界面→查看素描数据库→

点击要编辑素描号→单击“EDIT”→弹出素描编辑框→修改保存。

提示：要查看、编辑素描图，其操作同路线中的素描编辑操作。

2. 剖面信息与小结录入及剖面总库编辑与游览

数据录入编辑主界面→剖面信息与小结按钮→弹出剖面信息库→内容编辑→单击“OK”

实测剖面菜单→剖面信息总库浏览与更新→弹出剖面总库→更新剖面信息→单击“确定”

提示：为了保证该剖面最终能够投影到图幅PRB库，需要将“剖面编号”和剖面起点位置的横纵坐标字段“*XX*”“*YY*”填写完整。剖面总库只能浏览而不能修改剖面信息。

3. 剖面厚度计算

本系统提供了多种计算厚度的方法。下面分别描述如下：

真厚度计算：分层厚度的产状选取是按就近原则选取来计算该层的厚度。

真厚度计算（自选产状）：由于程序按就近原则选取产状来计算该层的厚度不一定合理，所以用户可以根据层的情况选取产状。可以在分层厚度计算编辑框中查看产状值是否合理，也可通过临时生成剖面图在图面上进行检查。选取的产状可以在分层数据库的修改分层数据录入对话框中对厚度与分层产状修改项目栏中进行修改。

按产状分段分层计算：主要是根据野外剖面数据采集的规则，解决向、背斜厚度计算的方法。

高精度剖面厚度计算：是针对一些近垂直测制的剖面厚度计算而设计的，其真厚度就是导线（斜距）的长度。

按室内分层剖面厚度累计：指用户根据剖面情况进行室内分层，然后按照室内分层进行剖面厚度计算与绘制。

高精度剖面厚度计算：真厚度就是导线（斜距）的长度。

基本操作如下：实测剖面→剖面编辑与计算菜单→弹出“数据录编辑”主界面→单击“厚度计算”按钮→系统自动计算分层厚度→在厚度计算框中自动填入计算结果。

室内分层号的数据录入编辑操作如下：选择要重新分层那一层→用鼠标拉宽新分层号项目一栏→双击新分层号→直接输入新的分层号→重复此步骤。

4. 生成剖面图

（1）图形绘制参数说明

①比例尺：全图的比例尺。

②纵向比例尺：用户希望对纵向方向进行放大，可输入该比例尺，通常与比例尺相同。

③顶底绘制选择：由底到顶：画柱子时，最上层号是剖面数据采集的最后一个层号；然后倒序由上往下绘制；由顶到底的绘制方式正好相反。

④柱状图文字描述选择；

⑤原始描述：柱状图文字描述用文字；

⑥批注描述：柱状图文字描述用批注文字；

（2）剖面分层线绘制选择

①自定义分层线：直接读取自定义分层库绘制剖面的分层线。

②默认：直接读取分层库绘制剖面的分层线。

③产状位置画分层线：可以在产状的位置上按产状要素绘制分层线，但分层线的长度比正常的分层线短一些。该功能便于用户画岩层花纹。

操作步骤：实测剖面→绘制剖面图→提示对话框选择“是”→弹出“图形绘制参数”界面→参数配置→单击“OK”→生成剖面图→在剖面框架基础上人工绘制剖面花纹和其他图示、图例等内容

提示：剖面图的绘制后期主要是 MapGIS 绘图编辑功能的使用，图式图例参看 GB 958—99，这里不再赘述。剖面绘图质量的好坏，评判标准和传统剖面绘制一致，要求美观合理（图 8.9）。

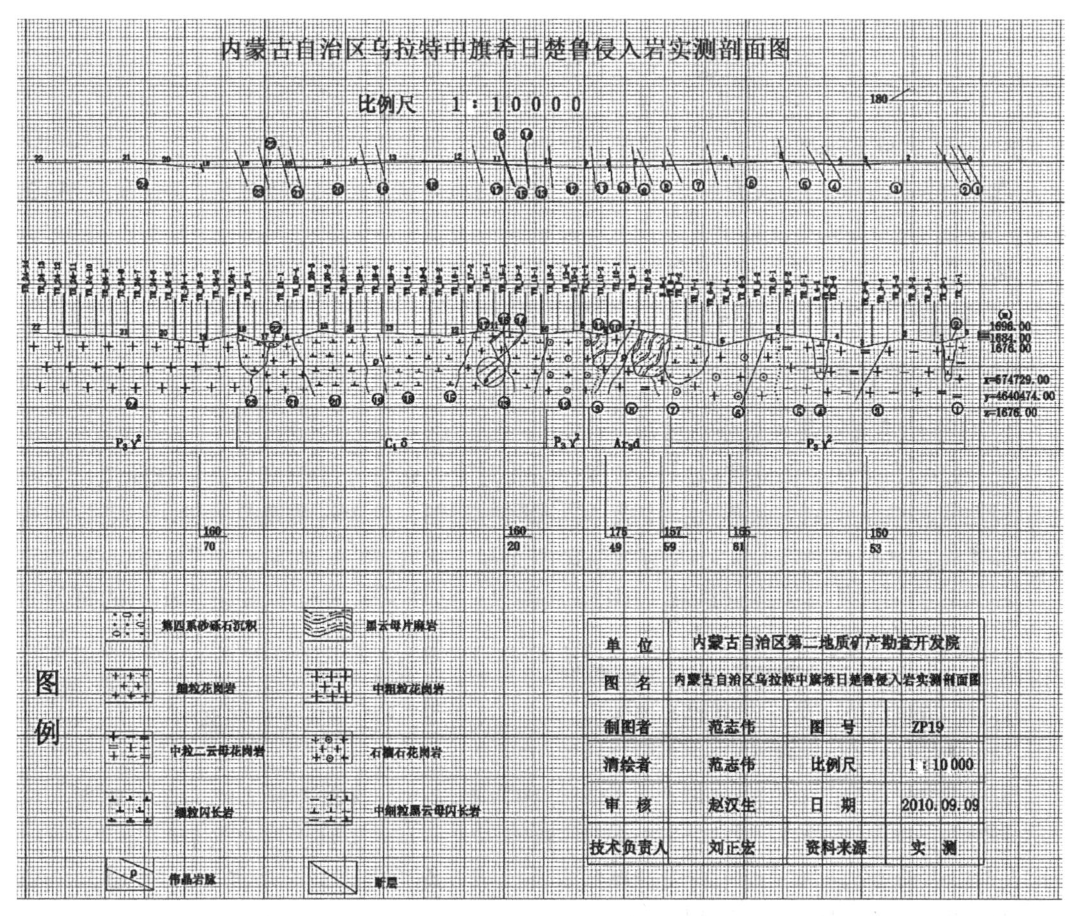

图 8.9　野外剖面整理效果图

5. 柱状图群组段录入

该数据用于剖面柱状图绘图。

操作步骤：实测剖面→剖面编辑与计算→单击“群组段”按钮→弹出“群组段”录入界面→通过标签切换界、系、统等数据表进行录入。

6. 柱状图厚度及花纹录入

该数据用于剖面柱状图绘图。

操作步骤：实测剖面→剖面岩石花纹信息编辑→花纹库录入主界面→编辑分层基本信息→岩性柱状图缩放设置→分层虚厚度设置→花纹类型设置→岩石类型设置→岩石花纹填充设置。

提示：岩性柱状图缩放设置，主要是针对某一比例尺下，岩性花纹厚度比例不协调的问题，对柱状图岩性花纹的绘制厚度进行压缩，柱状图将绘制波浪线表示，分层文字部分也随之调整厚度。虚厚度是指在绘制剖面柱状图时，由于各层的厚度不同，造成分层描述字体很小，为了使柱状图美观整齐，在保证岩性柱厚度不变的情况下，调整分层文字描述部分的横格高度。

7. 生成柱状图

操作步骤：实测剖面→绘制剖面柱状图→弹出“图形绘制参数”界面→参数配置→单击“OK”→柱状图设计界面→参数配置→选择“柱状图”→生成柱状图（图 8.10）。

8. 输出剖面原始记录

为了方便数据输出与检查，系统对剖面数据的输出提供了 3 种输出方式：文本格式、Excel 格式、表格形式。

操作步骤：实测剖面→输出剖面原始记录（文本格式）/输出剖面综合数据表（Excel 格式）/输出剖面计算表（表格形式）→弹出相应数据表（图 8.11）。

三、野外数据入库

1. 野外地质数据导入野外总图库

每条路线在野外手图库中以路线名称存储并对应一张野外手图文件夹。按照惯例只有将所有地质路线汇总到一张图上，才能形成实际材料图，这个过程就是野外手图数据导入野外总图库。其前提条件是野外地质资料整理完善，没有错误，而且一个项目组只需创建一个完整的单幅野外总图库（图幅 PRB 库）即可，这样就需要把所有路线小组的野外手图及采集日备份数据汇总到一起，放入相应文件夹内。野外总图库（图幅 PRB 库）地质内容主要包括地质路线数据及数字剖面数据。

提示：图幅 PRB 库只需将野外原始地质数据汇总在一起，不作连图操作。

（1）野外路线数据导入

操作步骤：打开图幅 PRB 窗口→地质填图数据操作→路线数据入库→单条路线入库→选择要导入的野外路线→打开选择的野外路线→双击对应路线的工程文件→单击“是”（导入前应先检查数据）（由于有设计路线存在，因此会出现重复，选择“是”，系统会删除老的数据，然后把新的路线数据再导入）→按 1∶1 或更新，查看导入后的数据→重复以上步骤，将本图幅所有野外地质路线导入野外总图库（图幅 PRB 库）。

提示：系统提供了批量入库功能，但其前提是图幅 PRB 库中必须有对应路线的设计路线，对于汇总来的在该桌面系统没有设计过的路线，在野外手图完整的情况下，只能用单条路线入库的方式入库。

（2）剖面数据投影野外总图库

执行该操作的前提是图幅剖面信息总库中要有该剖面的信息索引，即在剖面整理过程中需要对剖面信息总库进行更新操作。

白音高老组剖面

年代地层			岩石地层				层号		层厚 m	柱状图 1:5 000	岩性简述
界	系	统	阶	群	组	段	野外	室内			
							5	1	55.64		球粒流纹岩：斑晶极少，只见有斜长石、呈板装晶体，无色 基质，球粒结构，球粒核为细粒的石英 结构：斑状结构，球粒结构，显微晶体结构。构造：块状构造
							6	2	9.80		流纹质火山角砾岩：角砾有流纹岩，流纹质晶屑凝灰岩 晶屑有钾长石：石英，表面干净，粒径为2m左右。 玻屑，脱玻化，粒径为2m左右，总体含量40%左右。 胶结物为火山灰。 结构：火山角砾结构。构造：块状构造
						上	7	3	21.82		流纹质含砾岩屑、晶屑、斑屑凝灰岩：岩屑有流纹岩 晶屑为石英，长石（蚀变明显），白云母，大于2m。 玻屑：脱玻化，大于5mm的少量，一般是小于2mm。 火山灰。结构：岩屑、玻屑、晶屑凝灰结构；构造：块状构造
中					白		8	4	3.45		火山角砾岩：风化面红褐色，新鲜面褐化，板岩、流纹岩
	侏	上					9	5	1.45		含砾流纹质岩屑、晶屑、玻屑凝灰岩：岩屑有变质粉砂岩 晶屑有石英、长石，粒径大于2mm。玻屑：脱玻化，粒径较大 其余为火山灰，55%左右。 结构：岩屑、玻屑、晶屑凝灰结构；构造：块状构造
						段	10–11	6	28.08		流纹质岩屑、晶屑、玻屑凝灰岩：岩屑：流纹岩 火山灰胶结。 结构：火山角砾结构；构造：块状构造。
							12	7	255.00		流纹质晶屑凝灰岩：晶屑：石英，呈大小不等的棱角状、无色 一级灰白干涉色，有解理，有双晶出现，小于2mm。火山灰 结构：晶屑凝灰结构；构造：块状构造。
		侏			音		13	8	45.54		流纹质含角砾凝灰岩：风化面深灰色，新鲜面灰白色
							14	9	62.41		流纹质晶屑凝灰岩：晶屑：石英，棱角状晶体， 长石，棱角状：绢云母花或高岭土化。 白云母少量。 副矿的：磷灰石，锆石，磁铁矿。 火山灰有55%左右。 结构：晶屑凝灰岩；构造：块状构造。
生 界	罗 系	罗 统			高 老 组	下 段	15–16	10	611.39		流纹质火山角砾岩：火山角砾：流纹岩、安山岩、细粒花岗岩、石英细砂岩、流纹质玻屑晶屑凝灰岩、火山玻璃，基本上大于2mm，还有石英、长石晶屑，有的大于2mm。 胶结物为火山灰。 结构：火山角砾结构；构造：块状构造。

图 8.10　剖面柱状图效果图

Microsoft Excel - PM023

PM023实测剖面地质记录表

导线								分层							产状			样品	
导线号	方位角	斜距	坡角	平距	高差	累计平距	累计高差	层号	厚度	累计厚度	真厚度	导线与走向间夹角	岩层简述	接触关系	位置	倾向	倾角	编号	位置
0-1	185.0	698.6	3.0	697.6	36.6	697.60	36.6	1	670.0		148.5	45.0	镜下定名为安山质火山角砾岩，角砾有流纹岩，杏仁安山岩，大于2mm，其余为安山质晶屑玻屑凝灰岩，火山灰胶结，火山角砾结构，块状构造，综合定名为流纹质火山角砾岩。		2.0	230.0	14.0	1－1	0.0
																		1－2	2.0
								2	28.6		6.3	45.0	镜下定名为安山质岩屑、晶屑、玻屑凝灰岩，岩屑有安山岩，粒度在2-5mm，细粒花岗岩，流纹岩，晶屑有长石，蚀变强烈，绢云母化和高岭土化，玻屑少量，已脱玻化，火山灰沸石化，呈放射状，含量50%左右，含角砾岩屑玻屑晶屑凝灰结构，块状构造，综合定名为流纹质含角砾岩屑玻屑晶屑凝灰岩。					2－1	680.0
1-2	198.0	219.2	13.0	213.6	49.3	911.20	85.9		219.2		91.7	58.0							
2-3	182.0	447.9	9.0	442.4	70.1	1353.60	155.9	3	194.0		60.5	42.0	流纹质角砾岩：风化面浅灰色，砾径：0.5-1.5cm，凝灰质中晶屑多。综合定名为流纹质火山角砾岩。					3－1	10.0
								4	253.9		79.1	42.0	镜下定名为安山质含角砾岩屑、晶屑、玻屑凝灰岩，岩屑有安山岩，流纹岩，粒度较大，岩屑以斜长石为主，多绢云母化，有少量石英，呈大小不等的棱角状，黑云母已绿泥石化，玻屑已脱玻化，总体含量大于50%，岩屑玻屑晶屑凝灰结构，块状构造，综合定名为流纹质含角砾岩屑玻屑晶屑凝灰岩。					4－1	210.0
3-4	215.0	542.8	5.0	540.7	47.3	1894.30	203.3		542.8		172.3	75.0						4－2	60.0
4-5	191.0	383.7	7.0	380.8	46.8	2275.10	250.0	5	383.7		108.6	71.0	镜下定名为流纹质火山角砾岩，火山角砾为流纹岩，流纹质晶屑凝灰岩，绿帘石粒径较大，一般大于3mm，含石英，长石晶屑粒度较大，有的大于3mm，火山角砾结构，块状构造，综合定名为流纹质火山角砾岩。		70.0	210.0	10.0	5－1	70.0
																		5－1	70.0
																		5－2	100.0
								6	70.0		19.1	63.0	镜下定名为流纹质晶屑玻屑岩屑凝灰岩，晶屑主要为长石，有绢云母化，表面不干净，石英，表面干净，有熔蚀现象，玻屑较细小，多被脱玻化呈隐晶质，岩屑主要为流纹岩和安山岩，安山岩内的长石交织结构明显，副矿物可见锆石，磁铁矿，晶屑玻屑岩屑凝灰结构，块状构造，流纹构造，综合定名为流纹质含角砾晶屑玻屑岩屑凝灰岩。					6－1	10.0
																		6－1	10.0
																		6－2	30.0
								7	30.		8.2	63.	镜下定名为流纹质晶屑玻屑岩屑凝灰岩，晶屑主要为长石，有绢云母化，表面不干净，石英，表面干净，有熔蚀现象，玻屑较细小，多被脱玻化呈隐晶质，岩屑主要为流纹					7－1	80.0
																		7－1	80.0

图 8.11　输出剖面数据效果图

操作步骤：选择地质填图数据操作→音影照片剖面数据导入→剖面数据投影→弹出本图幅剖面总体信息库→选择要投影的剖面名称→单击“OK”。剖面导线、剖面分层界线及分层号、产状会自动投影至野外总图库（图幅 PRB 库）→剖面投影图形的整饰（标示清晰美观）。

提示：①投影的前提条件是，必须有剖面起点坐标，剖面信息总库中有该剖面索引信息，否则不能投影；②剖面整饰过程中，由于剖面产状较多，可适当保留部分重要产状并标注其倾角。将剖面上诸如岩石地球化学样、同位素、化石样等重要样品手动添加在图上，并对样品属性进行简单填写。当同一位置有较多编号的不同样品时，通过点移动操作调整好样品符号的空间显示位置，并用引线指明采样位置。在移动样品位置前，把所有样品符号置于实际采样位置点处，选择地质填图数据操作，再进行点检路线计算与点坐标重写，单击“点坐标”写入，对样品点坐标自动写入（操作之后不论怎么移动样品符号，只要不再进行样品点坐标重写操作，样品点坐标位置保持不变），样品位置确定后，然后手动标注样品编号。为防止添加图面的剖面样品坐标位置写入时改变路线样品的坐标位置，所以对剖面数据先行投影入库并进行样品坐标写入，然后再对路线数据入库。

2. 野外总图库数据整理

野外总图库中的数据是继承野外手图库数据而来，所以，除了标注图层未导入外，地质要素图式图例及参数大小均与野外手图库中的样式保持一致（图 8.11）。如果在野外手图中对每条野外地质路线进行了规范性、完整性、准确性整理，那么数据入野外总图库（图幅 PRB 库）后的整理工作就会大大减少。

（1）地质点、产状、样品的标注

对于没有导入的标注图层，可通过以下两种方式进行标注：一种是直接用系统提供的功能进行重新标注，操作与野外手图整理过程一样；另外，可以通过合并野外手图库对应图层的标注完成，前提是野外手图整理必须到位。整饰过程中需要注意点标注的大小及与其他类地质要素间的相互避让关系。

图层合并操作：在工程文件区→点击鼠标右键→添加项目→把所有野外路线地质点标注图层（GPTNOTE. WT）添加到图幅 PRB 库工程文件编辑区→选择要合并的点标注图层文件→点击鼠标右键→弹出合并所选项的对话框→点击“保存为…”→弹出选择保存文件名对话框→定义合并的文件名并选择存储位置→选择“确定”→单击“合并”→弹出合并文件成功的信息对话框→对合并后的图层检查图面内容的避让关系。

（2）整理完善样品数据库

数字填图系统有很完善的样品管理数据库，数据入图幅 PRB 库后，需要对样品采集库、送样库及测试成果库逐步完善。

①样品采样库：选择地质填图数据操作→样品管理→对路线样品/剖面样品/化石样品导入→单击“确定”→对样品信息进行添加、更新等操作。

②送样库形成：在采样库选择样品类型→点击“查询”→相应类型样品添加到采样信息列表中→选择需要导入送样库的样品→在右侧送样库信息栏处选择样品大类→单击“导入”（相关类型样品便自动添加至送样库）。

③测试成果库的形成。从送样库导入送样数据形成鉴定测试成果库。测试成果库中需要手动将鉴定测试成果数据进行录入。

④打印输出样品的送样单和分析测试结果。

图幅 PRB 库野外路线整理效果图如图 8.12 所示。

（3）对野外路线数据进行浏览、检查

通过系统提供的属性联动浏览或路线数据查询的多种方式进行野外路线数据的浏览与查看，重点检查不同路线地质界线属性，尤其是填图单位和接触关系类型，为下一步地质体界线的勾连作准备。

在图幅 PRB 库中对地质数据浏览检查中如果发现问题，可通过以下两种方式进行修改：

①直接在图幅 PRB 库对数据进行修改，同时对野外手图库相应部分进行修改。

②删除图幅 PRB 库中有问题的路线，在野外手图库中修改后重新入库。

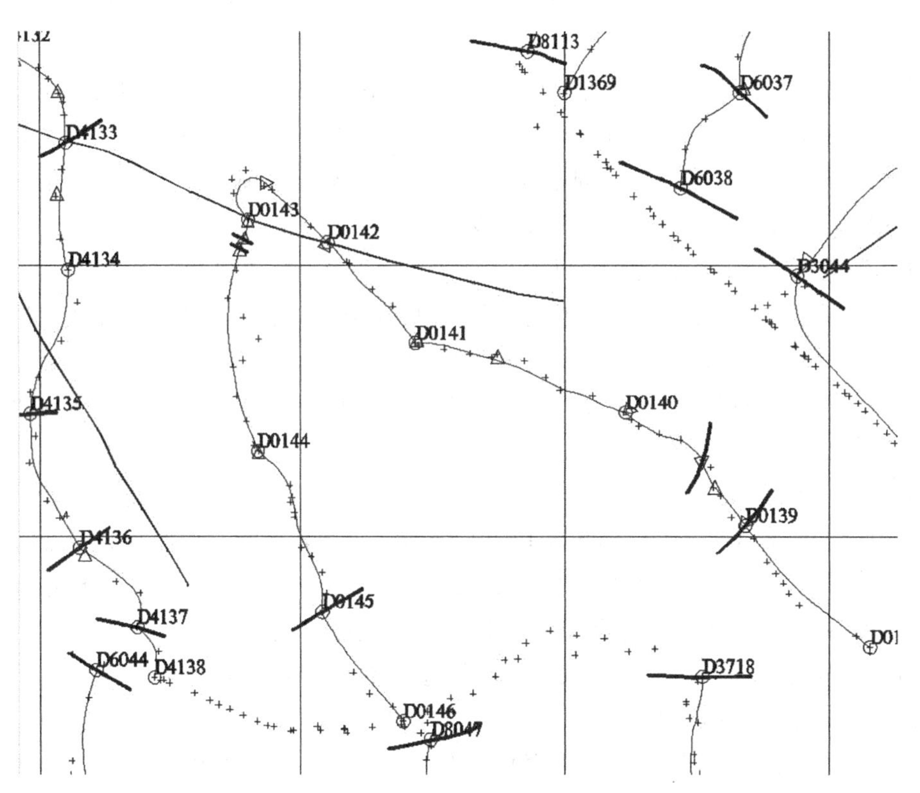

图 8.12　图幅 PRB 库野外路线整理效果图

第五节　成果提交

一、数字实际材料图制作

数字实际材料图是用点、线、面的空间实体在地形图上表示地质点、地质界线、分段路线、地质体、样品、产状、GPS 点、地质工程等各种地质要素分布密度的一种重要的原始资料地质图件。1∶5 万区域地质调查包括实际材料图在内的原始资料，原则要求用 1∶2.5万比例尺图幅，即单幅 1∶5 万填图项目需要完成 4 幅 1∶2.5 万的实际材料图（图 8.13）。

1. 进入实际材料图库

在图幅 PRB 库窗口下，选择“文件”菜单→更新野外总图库到实际材料图库→打开实际材料图库→系统自动更新并打开实际材料图库。

提示：实际材料图是在继承图幅 PRB 库的基础上形成的，工程文件区新增了 Geolabel. wt（可用做地质面实体的标注点）、Geoline. Wl（用于连接地质界线）、Geopoly. wp（用于存储地质面实体）3 个文件。首次进入实际材料图库，或图幅 PRB 库地质内容进行了修改更新，就必须进行更新野外总图库到实际材料图库的操作。如果野外地质数据没有更改，再次打开时，直接选择打开实际材料图库。

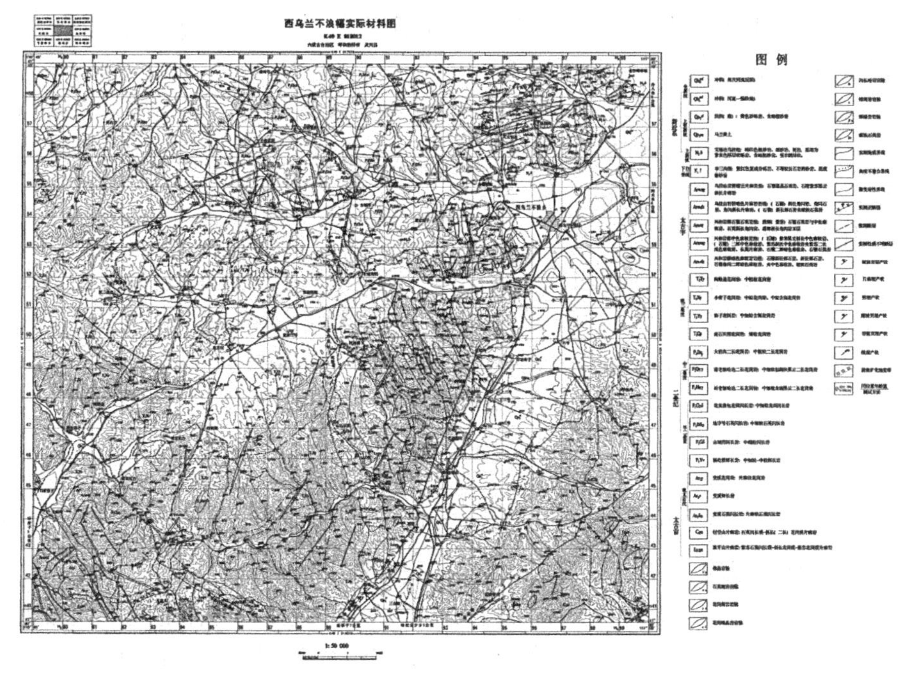

图 8.13　实际材料图效果图

2. 编稿实际材料图

主要工作为地质连图和连接属性两部分工作，连图基于地质知识和 MapGIS 制图要求，图面美观。地质体赋属性则是利用 GIS 的空间数据库功能，将地质属性连接到完成的图形数据上。基本工作流程包括：地质连图→线拓扑重建→地质体面实体→地质体赋属性。

（1）地质连图

地质连图应充分运用多源数据、合理运用"V"字形法则、处理好地质体压盖关系。连图方式大致有两种：一是根据系统提供的多种查询及检索手段直接在实际材料图库进行界线勾连；二是先在纸质上勾画地质界线，然后根据纸质实材图在实际材料图库中进行界线描绘。不论采取何种方式，地质连图必须由地质工作者手动完成，系统无法自动连图。实际材料图库中用于连图的线图层文件名为 Geoline. wl，为方便后期建立拓扑关系形成地质体面，其内容除地质体界线外，还包括内图框线及地理底图中的面状水体、雪山、沙漠等界线，界线可以从相关图层直接拷贝获取。连接地质界线所使用的操作均为 MapGIS 的基本功能，这里不再赘述。

提示：Geoline. wl 图层地质体界线主要是依据野外手图地质界线（Boundary. wl）进行勾连的，所以两者在空间位置上应保持一致。地质体界线（Geoline. wl）经过野外地质路线或剖面时，必须有与地质体界线（Geoline. wl）对应的地质界线（Boundary. wl）或剖面分层线存在，切实保证实际材料图与地质路线、剖面地质资料的一致性。

（2）地质体面形成

1）进行线拓扑前的检查

将 GEOLINE. WL 图层设置编辑状态，选择“其他”→自动剪断线→清除微短弧线→清除微短线→对最小线长进行设置→在弹出的对话框中，对每一条悬挂线进行检查、处理→清除线坐标重叠和自相交→重叠线检查。

提示：断层的悬挂线段不属错误，其余的基本属修改信息，多余的、无用的线段删除，本应形成节点而未封闭的线段进行封闭修改。选准错误信息提示条目，点击鼠标右键可进行改错。

2）拓扑形成地质体面实体

将 GEOLINE. WL 图层置于编辑状态，选择“其他”→线转弧段→填写文件名并选择文件存储的路径→将新生成的上述区文件添加到实际材料图库工程文件区，处于编辑状态→其他菜单→拓扑重建→形成地质体面→选择“其他”→拓扑错误检查→区拓扑错误检查→合并临时文件与地质体区文（GEOPOLY. WP）。

（3）地质体赋属性

1）地质体界线属性提取

地质体界线属性提取主要是把野外路线地质界线（Boundary. wl）的属性提取给 Geoline. wl 中的地层界线。对于无法提取属性的线实体，可手工填写属性内容。

操作步骤：Boundary. wl 和 Geoline. wl 图层处于编辑状态→选择地质填图数据操作→地质界线（B）属性提取到 Geoline→在图形编辑区选择需要传递属性的两个正确的线实体→系统自动提取属性信息。

2）地质面实体属性提取

地质面实体属性提取是把分段路线（Routing. wl）属性提取至 Geopoly. wp 中地质面实体。该过程是自动为地质面实体填写地质代号、岩性等信息的主要手段。无法提取属性的面实体，可进行复制或手动写入属性内容。

操作步骤：Routing. wl 和 Geopoly 两个图层处于编辑状态→选择地质填图数据操作→点间路线（R）属性提取到 Geopoly→依次选择路线实体（R 过程）和需要赋值的地质面实体。

3）根据地质体面自动给 Geoline 地层界线赋左右地质体代号

操作步骤：选择地质填图数据操作→实际材料图综合工具→自动赋 Geoline 左右地质体代号。

4）浏览编辑实际材料图属性

将参与拓扑的 Geoline. wl 图层文件中的内图框线删除，选择地质填图数据操作→实际材料图属性浏览→弹出的列表框中选择面地质要素/地质界线要素→对要素进行属性浏览与编辑。

提示：在弹出的属性表中对某一面实体属性进行浏览编辑，有关编号等系统会自动添加，重点对属性进行完善，若有批注信息未提取，则进行手动添加。面地质要素/线地质要素属性的填写可参照空间数据库建库相关内容进行。

3. 实际材料图整理

①对不同地质体根据属性进行统一着色。

经拓扑重建自动形成的地质体区颜色是任意的，按《地质图用色标准及用色原则（1∶50 000）》（DZ/T 0179—1997）标准规范对各地质体必须进行设色。

操作步骤：在工程编辑区仅将 Geopoly. wp 地质体区图层置于编辑状态，而后选择地质填图数据操作→路线数据查询→按图层属性进行空间数据查询→弹出的检查/选择工作区属性内容对话框→属性结构栏中选准 STRAPHA 字段名→本图幅所有地质体代号便在右侧属性内容一栏中列出→在属性内容列表中选准地质体代号并双击→对应地质体代号的所有地质体图元便在图形区闪烁→即可统改区参数，并统一着色。

②根据相关标准规范对地质体不同类型界线线型及对应参数进行修改。

③按规范对地质体代号进行标注。

④对图廓外进行整饰，重点是图例的完善。

提示：实际材料图、野外手图、图幅 PRB 库原始采集地质内容必须一致。

4. 地质代号批注修改并自动回填原始资料库

野外填图阶段拟定的填图单位代号，随着项目工作的进展和资料的积累，往往会根据客观实际进行修订。系统提供了从实际材料图面实体（Geopoly）的“批注地质代号”回填到地质点（P）、地质界线（B）、分段路线（R）过程的功能，该回填过程不仅修改实际材料图中的 P、R、B 过程地质代号，也会追溯修改野外总图库（图幅 PRB 库）中以及野外路线中的相应 P、R、B 过程地质代号。

选择地质填图数据操作→实际材料图属性录入编辑→面地质要素→在图形编辑区点击对应面实体图形→弹出面地质要素属性表→填写批注代号→地质填图数据操作→实际材料图综合工具→地质代号回填→回填当前图幅→用鼠标点击回填地质代号的面图形→在弹出的对框中选择“是”→批注地质代号便自动回填。

提示：对样品、产状等要素图层属性表中的地质代号不能回填，另外，地质体边界的 B 过程批注代号有时不能准确回填，可手动写入。

二、编稿原图的制作

编稿原图等同于地质图，按照填图项目要求 1∶5 万编稿原图是在 1∶2.5 万实际材料图基础上形成的。这里按该要求进行操作说明，如果不需要合图的话，直接进行编稿原图更新即可。

1. 打开编稿原图

①创建 1∶5 万野外总图库→在 1∶5 万野外总图库（图幅 PRB 库）窗口下→选择地质填图数据操作→实际材料图到编稿原图→2∶5 万投影到 1∶5 万野外总图→逐个选择并投影。

②投影至 1∶5 万图幅 PRB 库后，对 1∶2.5 万实际材料图图面进行初步整饰。删除 1∶2.5万地理图层，将所有的地理信息替换成 1∶5 万地理图层。删除 1∶2.5 万图廓外诸如图例等地质内容。

③打开“文件”→选择“更新野外总图库到实际材料图库”→更新实际材料图库到编稿原图→打开编稿原图→将实际材料图库中系统自动生成的无用的空文件删除。

2. 全面编辑整饰编稿原图

严格按照相关标准规范，参照出版地质图的要求，对编稿原图进行全面性、规范性、标准化整理。具体有以下几方面：

（1）地质体界线图层的形成

首先合并1∶2.5万实际材料图中的4个Geoline.wl图层。将1∶2.5万图幅接边处地质界线进行连接，按有关图式图例标准规范，设置好不同界线类型线型及参数。进行线拓扑前检查，方法与前述实际材料图制作相关部分操作相同。

（2）地质体面图层的形成

首先合并4幅1∶2.5万实际材料图中的GEOPOLY.WP图层文件，并生成Label点文件，然后删除地质体区图形及弧段。利用地质体界线通过拓扑形成新的地质体面实体，并对不同地质体根据属性进行统一着色，具体操作同实际材料图地质体面形成的操作，此处不再赘述。地质体面形成后可将生成的Label点文件合并至GEOPOLY.WP图层，实际材料图中地质体的属性及参数便可继承到编稿原图地质体面中。

生成Label点文件的操作：设置GEOPOLY.WP图层为编辑状态，选择"其他"→生成Label点文件（带参数）→定义Label点文件名并设置存储路径→保存。

合并Label点文件操作：设置GEOPOLY.WP图层为编辑状态，选择"其他"→Label点与区合并（带参数）→选择存储的Label点文件并打开→地质体图元属性内容及参数便可继承。

（3）产状图层的形成

地质图面上的产状必须经过取舍。编辑时把全部产状图层放入新的产状图层文件中，在新图层文件中保留代表性的地质体产状及相关的面理、线理产状，删除不予表示的产状。注意不同类型产状的子图并设置好大小。

（4）地质图整饰图层

地质图中未经证实的遥感解译断层、变质相带、部分岩相界线、韧性断层带短线、地质代号引线及岩石花纹、表示断层性质的符号等都可以归入整饰图层，整饰图层一般没有属性结构，可以按照不同类型建立不同图层文件分别保存。

（5）地质体标注

地质体图元需要进行地质代号标注，标注必须符合相关图式图例标准、规范，地质体外标注一定要有指示引线，注意处理好各类地质体的避让压盖关系。

（6）图外整饰图层

图外整饰图层包括图例、图外附图、图表、图切剖面、接图表等相关内容。一般不具有属性结构，不同图件单独建立图层文件。设置好图件摆放的位置，充分考虑图面结构整体布局。

（7）编稿原图库文件整理

在编稿原图库中将系统自动生成的无内容的空文件删除，在编稿原图工程文件中将野外地质采集图层文件删除，仅保留与地质图相关的图层文件。

三、专题图的制作

通过1∶5万编稿原图（地质图）直接提取有关信息形成专题图，消除了人为因素对其精度和质量的影响，从而提高了工作效率。下面以构造纲要图制作为例进行说明。

构造纲要图图形要素主要包括构造层、断层、褶皱、岩体和产状等。

构造层中的边界线和面实体可通过编稿原图（地质图）相关属性内容检索提取，具体操作是：选择地质填图数据操作→专题图提取→在编稿原图中条件检索实体到新的图层

→在弹出的点、线、面文件选择对话框中选择区文件→在输入文件对话框中定义构造层文件名→选准地质体代号图层→在英文状态下输入检索的地质体实体代号→点击“确定”按钮→对应代号所有地质体图元便自动检索出来并在图形区闪烁→根据上述操作将同一构造层的不同填图单位实体及边界线检索出来→通过合并文件形成构造层和边界线图层→直接从地质图中提取断层和相关产状要素图层→褶皱图层，用褶皱轴迹符号区别表示不同类型和时代的褶皱，建议通过造子图表示褶皱几何形态的线样式→对形成的新图层进行编辑(图 8.14)。

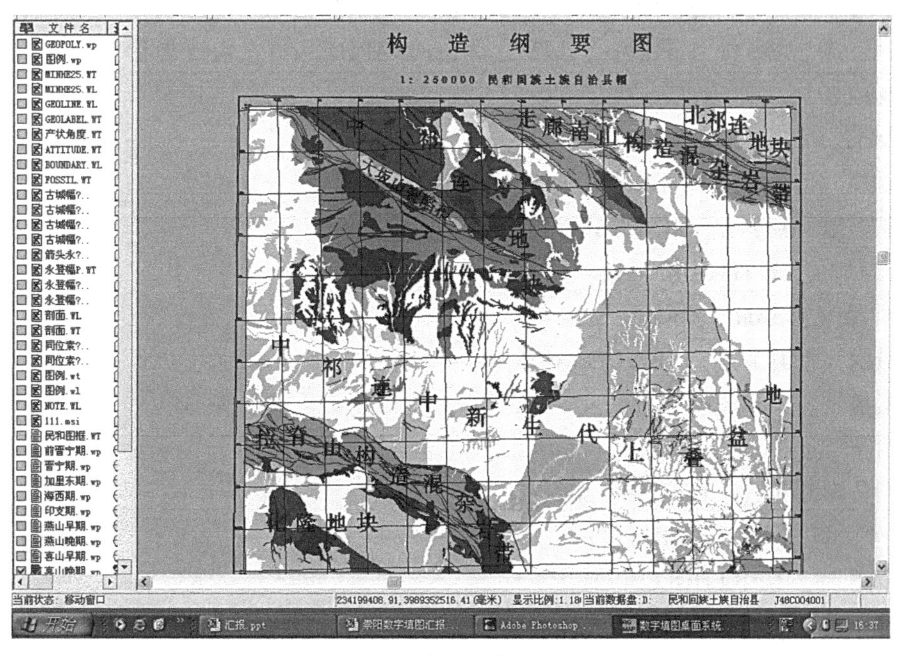

图 8.14　专题图件效果图

四、空间数据库建设

数字填图系统的特点之一是针对传统地质填图的各个阶段建立不同的数据库，例如：野外路线数据库、野外总图库、实际材料图库、编稿原图和空间数据库等。同实际材料图库、编稿原图库一样，为保证每一个阶段数据库与其前后阶段数据库的数据继承与被继承关系，又要保证每个阶段数据库的原始性和独立性，数字填图系统在空间数据库阶段采用了选择文件更新的方式来继承编稿原图数据，将编稿原图中的文件选择性地复制更新到空间数据库目录中。

地质图空间数据库模型把地质图数据组织成关系型的数据对象。它包括以下数据类型：

①基本要素类：基本要素类是共享空间参考系统的要素类的集合。一个要素类是具有相同几何类型和相同属性的要素的集合。在地质图数据模型中，由地质点、线、面要素实体类构成。

基本要素类就是在地质调查过程中在野外实际获得的地质数据以及所用的地形数据，包括野外采集的地质界线、产状、样品、照片、素描、化石、同位素等地质内容和河、湖、海、水库岸线、泉等地形数据。

基本要素类数据集有 15 个：

a. 地质体面实体（_ GEOPOLYGON. wp）：主要是地质体，除地质体之外还包含戈壁、沙漠、冰川与终年积雪、面状水体与沼泽等参加空间拓扑的地理实体；

b. 地质（界）线（_ GEOLINE. wl）：包含地层界线、完整的断层（遥感解译断层中未经地质勘查证实的和隐伏断层放入整饰图层）、参加拓扑的水体界线；

c. 河、湖、海、水库岸线（_ LINE_ GEOGRAPHY. wl）：包含地形图中所有的单线水体界线；

d. 脉岩（点）（_ DIKE. wt）；

e. 蚀变（点）（_ ALTERATION_ PNT. wt）；

f. 矿产地（点）（_ MINERAL_ PNT. wt）；

g. 产状（_ ATTITUDE. wt）；

h. 样品（_ SAMPLE. wt）；

i. 摄像（照片）（_ PHOTOGRAPH. wt）；

j. 素描（_ SKETCH. wt）；

k. 化石（_ FOSSIL. wt）；

l. 同位素测年（_ ISOTOPE. wt）；

m. 火山口（_ CRATER. wt）；

n. 钻孔（_ DRILLHOLE. wt）；

o. 泉（_ SPRING. wt）。

基本要素类中河流及海岸线、泉、面状水系可以从地理图层中获得。而蚀变、产状、钻孔、脉岩、化石、地质界线、地质体面实体、同位素、矿产地、照片、素描可以从地质图数据中获得。

②对象类：对象类是一个表，存储非空间数据。在地质图数据模型中，一般一个对象类对应多个要素类。

对象类是建立在基本要素类基础之上的上层建筑，在地质图中每一个圈闭的区域代表一个地质体，如 Pt_1B 白沙河岩群、T_3e 鄂拉山组。所有图中某个地质填图单位的集合（如 Pt_1B）称为对象类。所以，对象类数据与空间位置无关。

对象类有 12 个：

a. 沉积（火山）岩岩石地层单位（_ Strata）

b. 侵入岩岩石年代单位（_ Intru_ Litho_ Chrono）

c. 侵入岩谱系单位（_ Intru_ Pedigree）

d. 变质岩地（岩）层单位（_ Metamorphic）

e. 特殊地质体（_ Special_ Geobody）

f. 非正式地层单位（_ Inf_ Strata）

g. 脉岩（面）（_ Dike_ Object）

h. 戈壁沙漠（_ Desert）

i. 冰川与终年积雪（_ Firn_ Glacier）

j. 面状水域与沼泽（_ Water_ Region）

k. 断层（_ Fault）

l. 图幅基本信息（_ Sheet_ Mapinfo）

断层对象类从地质界线（_ GEOLINE. wl）中提取；图幅基本信息从标准图框（_ MAP_ FRAME. wl）中提取；其他 10 个对象类皆从地质体面实体（_ GEOPOLYGON. wp）中提取。

③综合要素类：综合要素类与要素类相同，是共享空间参考系统的要素类的集合。在地质图数据模型中，由复合地质点、面、线要素实体类构成。不与其他要素类构成拓扑关系。

综合要素类是在野外的基础上，通过室内的综合研究和样品测试确定的。如变质岩的变质相带、火山岩相、矿化带等。

综合要素类有 8 个：

a. 构造变形带（_ TECOZONE. wp）；

b. 蚀变带（面）（_ ALTERATION_ POLYGON. wp）；

c. 变质相带（_ METAMOR_ FACIES. wp）；

d. 混合岩化带（_ MIGMATITE_ ZONE. wp）；

e. 矿化带（_ MINERAL_ ZONE. wp）；

f. 火山岩相带（_ VOLCA_ FACIES. wp）；

g. 大型滑坡（崩塌）体（_ LANDSLIDE. wp）；

h. 标准图框（内图框）（_ MAP_ FRAME. wl）；

④独立要素类：在地理数据库中建立一个不属于任何要素数据集的要素类。其特点是独立要素类需要建立自己的空间参考坐标系统，并设定自己的投影系统参数和/*X*/*Y* 域。

在地质图中，地质图内图框以外的内容均属独立要素类，如图例、图切剖面、综合柱状图、接图表、责任表等。

空间数据库建库流程如图 8. 15 所示。

1. 成果数据检查

①坐标系统（必须正确）；

②拓扑关系、线弧一致性检查（必须符合要求）；

③地质界线、地质体属性的完整性。

2. 进入地质图空间数据库

在地质图数据模型中，图例及图饰部分（如接图表、图例、综合柱状图、责任表、图切剖面、其他角图等）属于独立要素类。该独立要素类可采用平面坐标系。修改各相应的文件名，使之符合地质图空间数据库要求。进入地质图空间数据库流程如图 8. 16 所示。

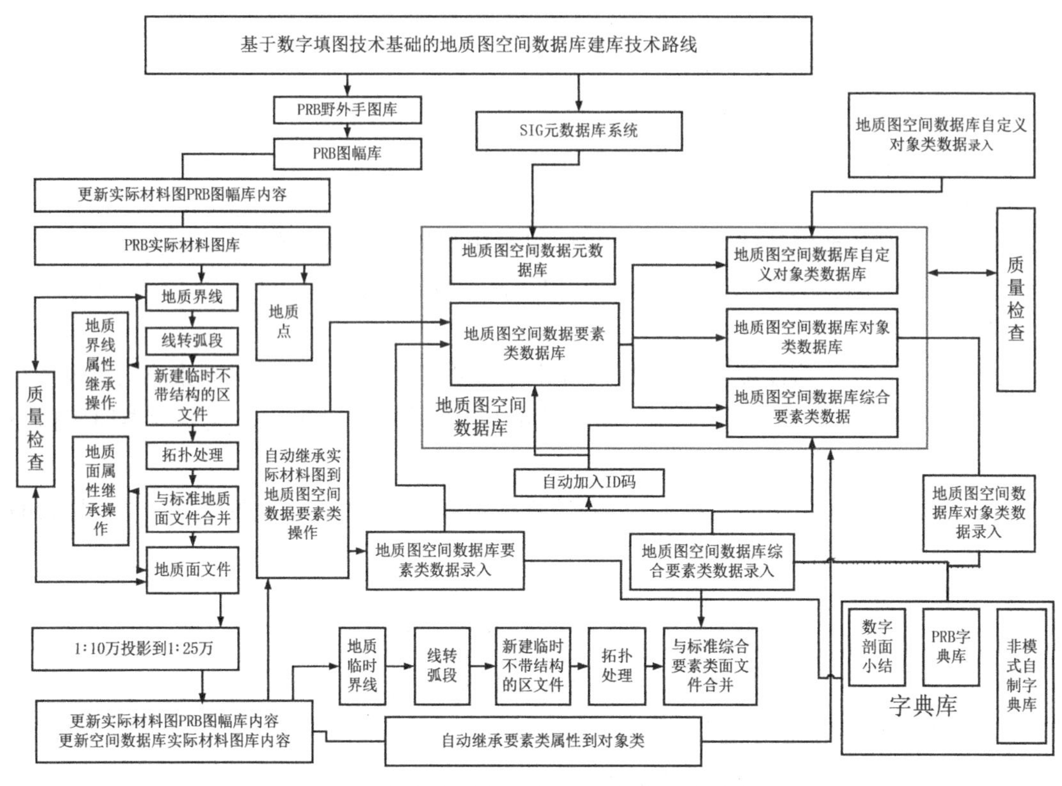

图 8.15　基于数字填图技术基础的空间数据库建库流程图

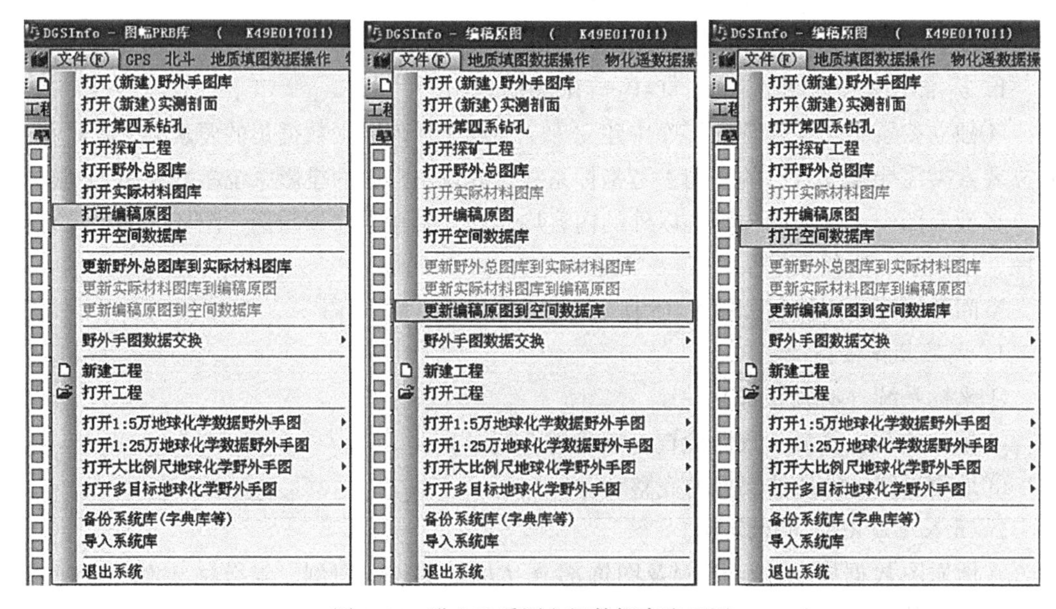

图 8.16　进入地质图空间数据库流程图

3. 基本要素类属性录入

基本要素类属性录入界面如图 8.17 所示，属性编辑如图 8.18 所示。

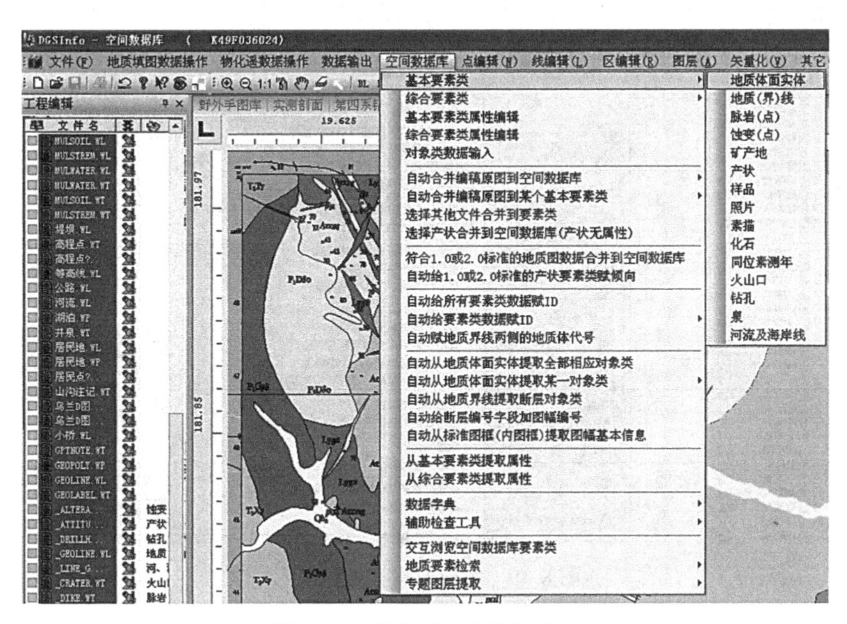

图 8.17　基本要素类属性录入

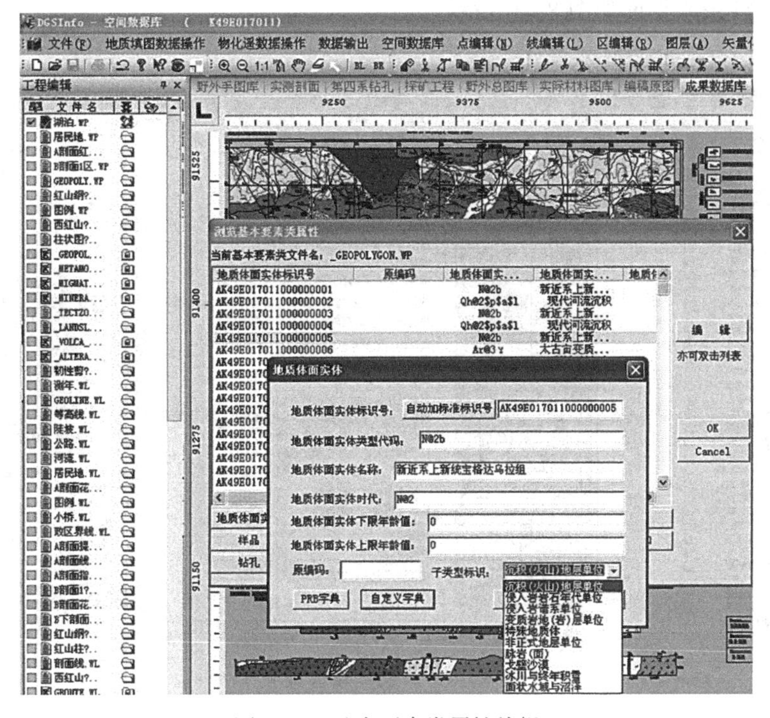

图 8.18　基本要素类属性编辑

4. 综合要素类属性录入

综合要素类属性录入界面如图 8.19 所示。

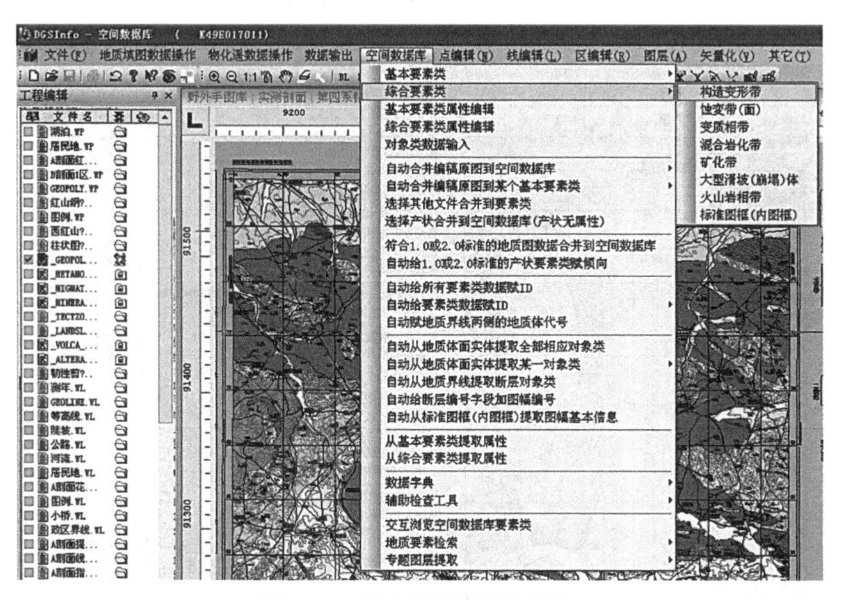

图 8.19　综合要素类属性录入

5. 对象类属性录入

对象类属性录入界面如图 8.20 所示。

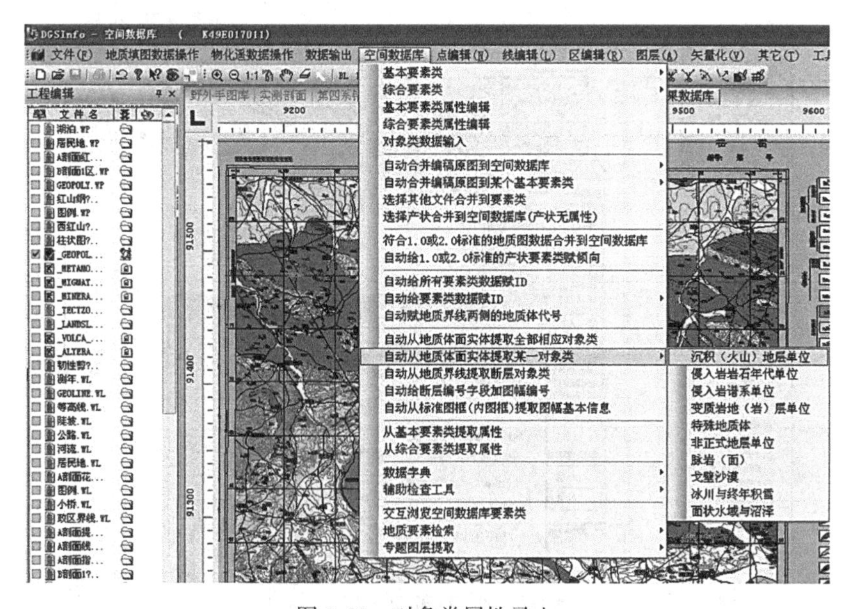

图 8.20　对象类属性录入

6. 独立要素类数据整理

独立要素类是一个不属于任何要素数据集的要素类。其特点是独立要素类需要建立自己的空间参考坐标系统，并设定自己的投影系统参数和/*X*/*Y* 域。

在地质图数据模型中，图例及图饰部分（如接图表、图例、综合柱状图、责任表、图切剖面、其他角图等）属于独立要素类。该独立要素类可采用平面坐标系。

第九章　ArcGIS 上机实践

作为目前全球功能最为强大的 GIS 软件，ArcGIS 在空间数据编辑、建立地理空间数据库、空间分析等方面均有明显优势。鉴于本教材篇幅有限，本章将主要介绍利用 ArcGIS 软件绘制地质图的相关上机操作内容。

第一节　数据组织

一、实践目的

掌握在 ArcGIS 中组织数据的基本方法。

二、方法步骤

1. 插入数据框

第一步，插入数据框。在 ArcMap 中选择“Insert”→“Data Frame”，数据框默认名称为“New Data Frame”，如图 9.1 所示。

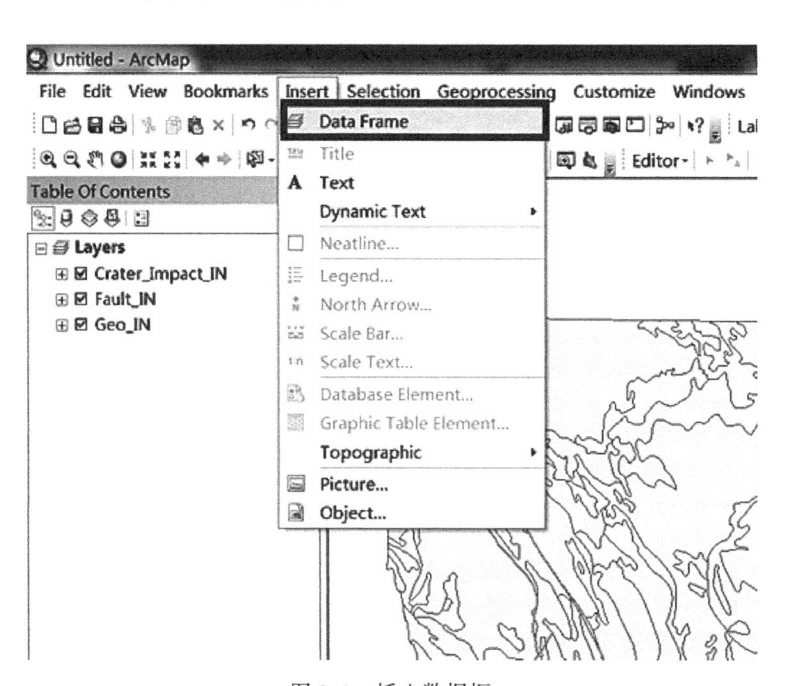

图 9.1　插入数据框

第二步，重命名数据框。在 TOC 列表中，右键单击数据框“New Data Frame”，选择属性，弹出数据框属性窗口，在 General 选项卡中，将数据框名称改为“索引数据框”，点击“确定”，如图 9.2 所示。

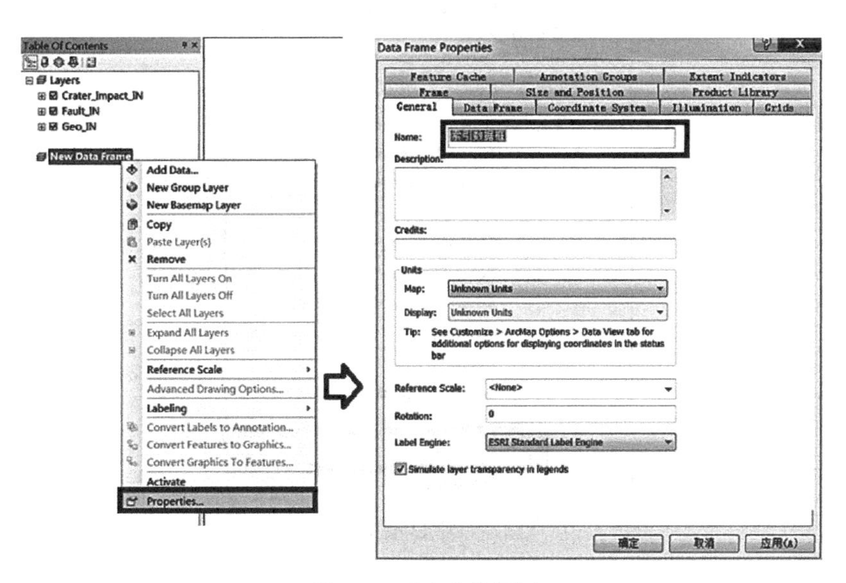

图 9.2 重命名数据框

第三步，复制图层（图 9.3）。在 TOC 列表中，依次选择数据框 Layers 中的图层，按住鼠标左键不放，拖放至数据框“索引数据框”中，如图 9.3 所示。

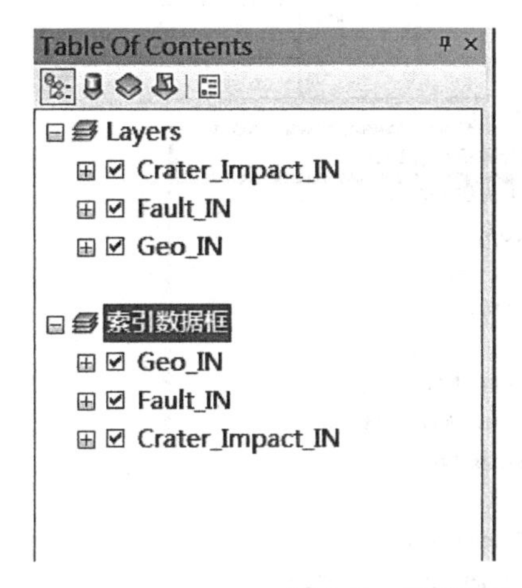

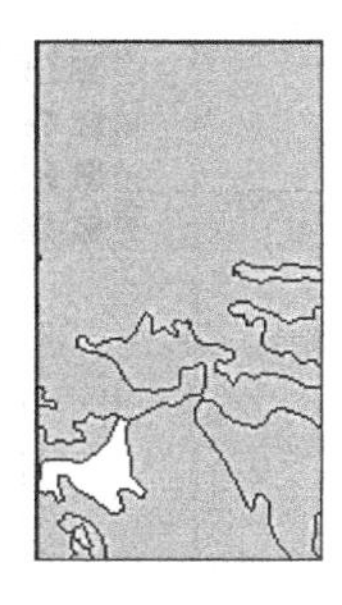

图 9.3 复制图层

第四步，在地图窗口中显示激活数据框的内容。在 TOC 列表中，右键单击数据框“Layers”，选择“Activate”，激活数据框 Layers，此时地图窗口中显示的内容为数据框 Layers 中的图层，如图 9.4 所示。

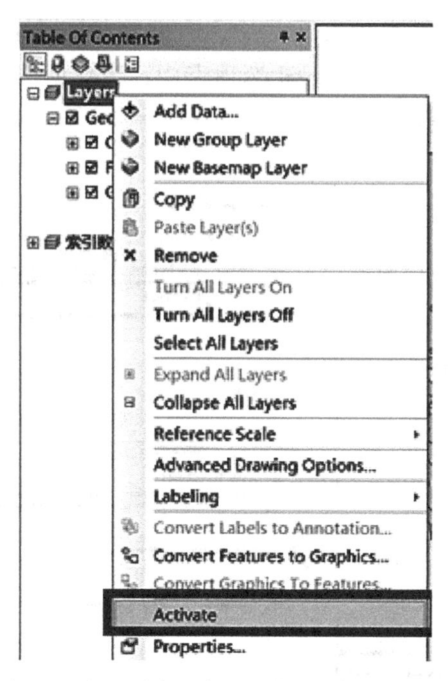

图 9.4　在地图窗口中显示激活数据框的内容

2. 创建图层组

第一步，右键单击数据框“Layers”，选择“New Group Layer”，图层组默认名称为“New Group Layer”，如图 9.5 所示。

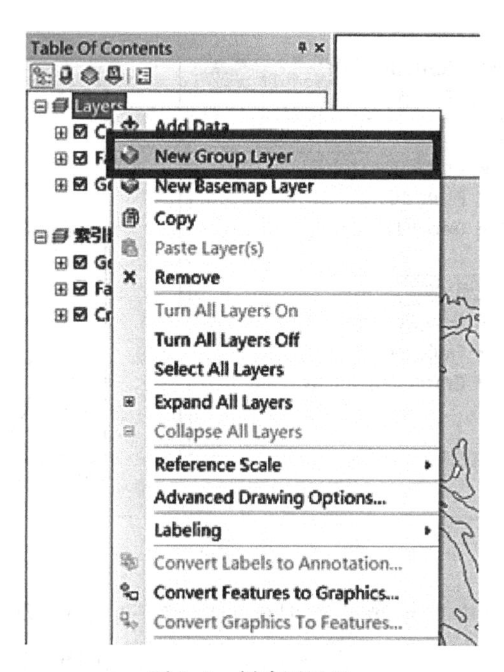

图 9.5　创建图层组

第二步，重命名图层组。右键单击图层组“New Group Layer”，选择“属性”，弹出数据框属性窗口，在 General 选项卡中，将图层组名称改为“Geo”，点击“确定”，如图 9.6 所示。

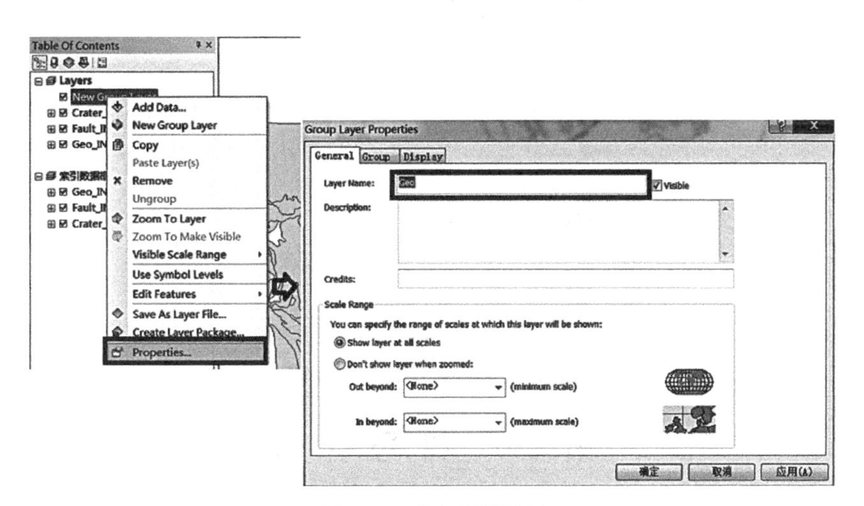

图 9.6　重命名图层组

第三步，图层分组。依次选择数据框“Layers”中的其他图层，按住鼠标左键不放，拖放至图层组“Geo”中，如图 9.7 所示。

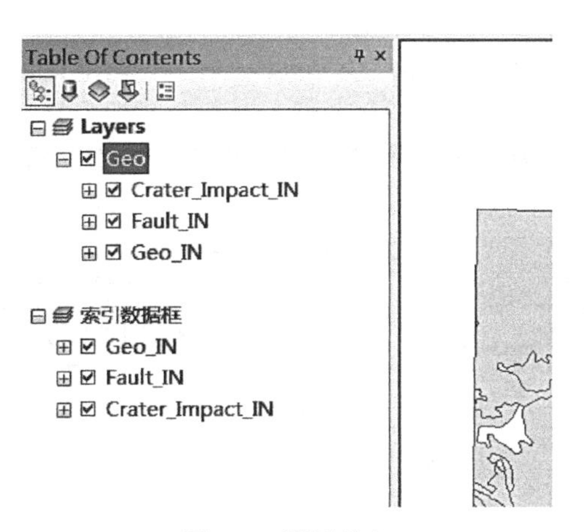

图 9.7　图层分组

3. 创建特定比例尺地图

创建 1：5 00 万的地图。在 TOC 列表中，右键单击数据框“Layers”，选择“属性”，弹出数据框属性窗口，在 Data Frame 选项卡中，“Extent”框下选择“Fixed Scale”，比例尺设为“1：500 万”，点击“确定”，此时数据框的比例尺被锁定，放大、缩小等工具不能使用，如图 9.8 所示。

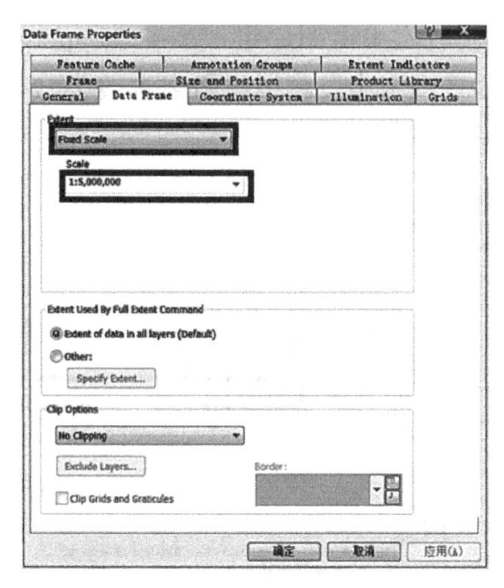

图 9.8　创建特定比例尺地图

第二节　符 号 管 理

一、实践目的

掌握在 ArcGIS 中进行符号管理的基本方法。

二、方法步骤

1. 创建符号

第一步，打开符号管理器。选择“Customize”→“Style Manger”，弹出符号管理器如图 9.9 所示。

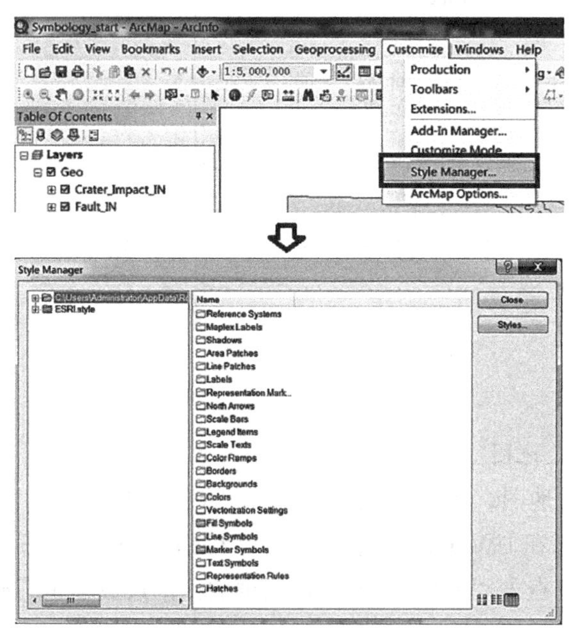

图 9.9　打开符号管理器

第二步，引用外部样式文件（＊.style）。单击“Styles…”，弹出“Style Reference”对话框，再单击“Add Style to List…”，弹出“打开”窗口，选择“Mystyle.style”文件，单击打开，将“Mystyle.style”文件加入到当前列表，单击“OK”，过程如图9.10所示。

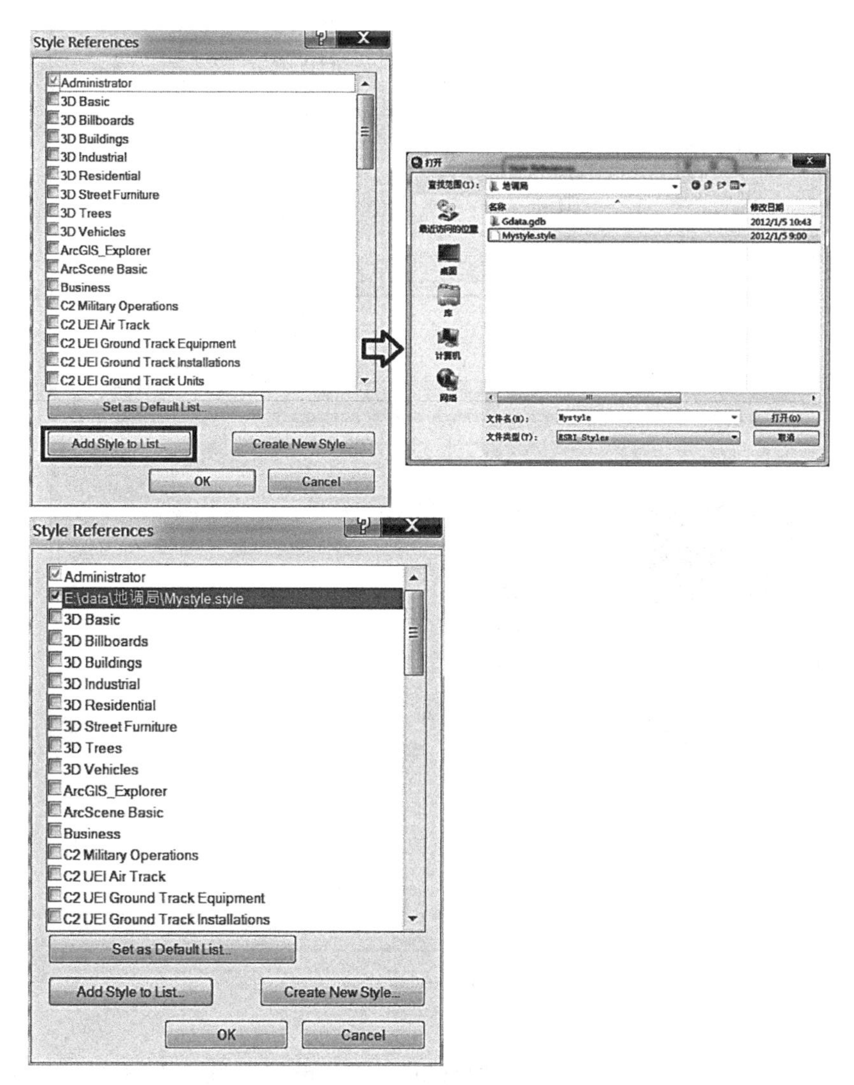

图9.10 引用外部样式文件

第三步，创建符号（图9.11）。在符号管理器中，选择“Mystyle.style”文件，在其列表下选择“Fill Symbols”文件夹，可以看到填充符号的列表。右键单击空白处，选择“New”→“Fill Symbol…”，弹出符号属性编辑窗口，如图9.11所示。

2. 编辑符号

第一步，编辑标记填充符号。在符号属性编辑窗口中，修改符号类型为“Mark Fill Symbol”，设置Mark样式为十字，颜色为“白色”，大小为“8”，具体如图9.12所示。

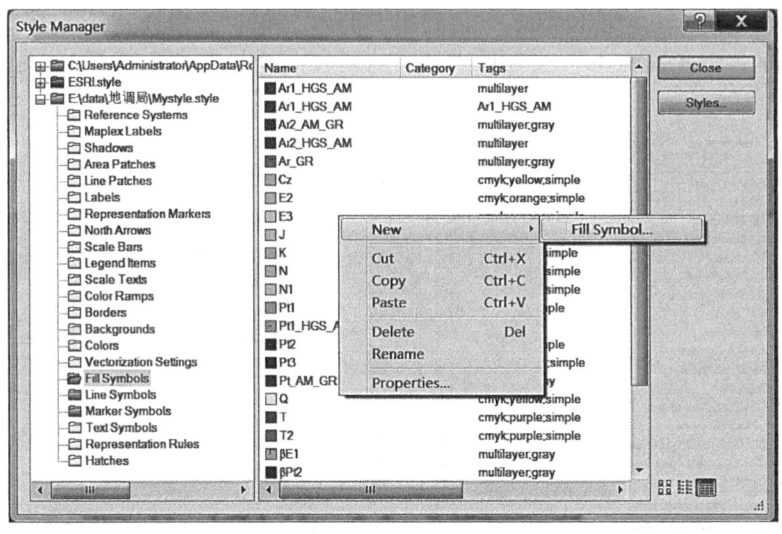

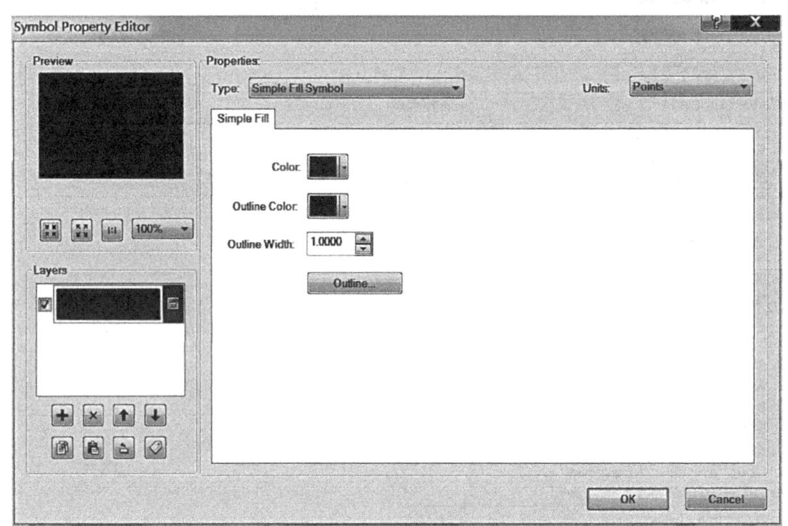

图 9.11　创建符号

第二步，修改 Outline 样式。单击“Outline...”，设置边线符号不显示，如图 9.13 所示。

第三步，编辑简单填充符号。在符号属性编辑窗口中，增加符号图层，修改符号类型为“Simple Fill Symbol”，移至 Mark Fill Symbol 的下方，设置颜色为（R245 G122 B122），具体如图 9.14 所示。

第四步，重命名填充符号。连续单击“OK”，在填充符号列表中新增名为“Fill Symbol”的符号，选择该符号，再单击可修改其名称。该符号已经存储在“Mystyle. style”文件中，如图 9.15 所示。

第五步，使用符号（图 9.16）。在 TOC 窗口中，右键单击 Geo_ IN 图层，选择属性，使用唯一符号，符号样式选择“Fill Symbol”，如图 9.17 所示。

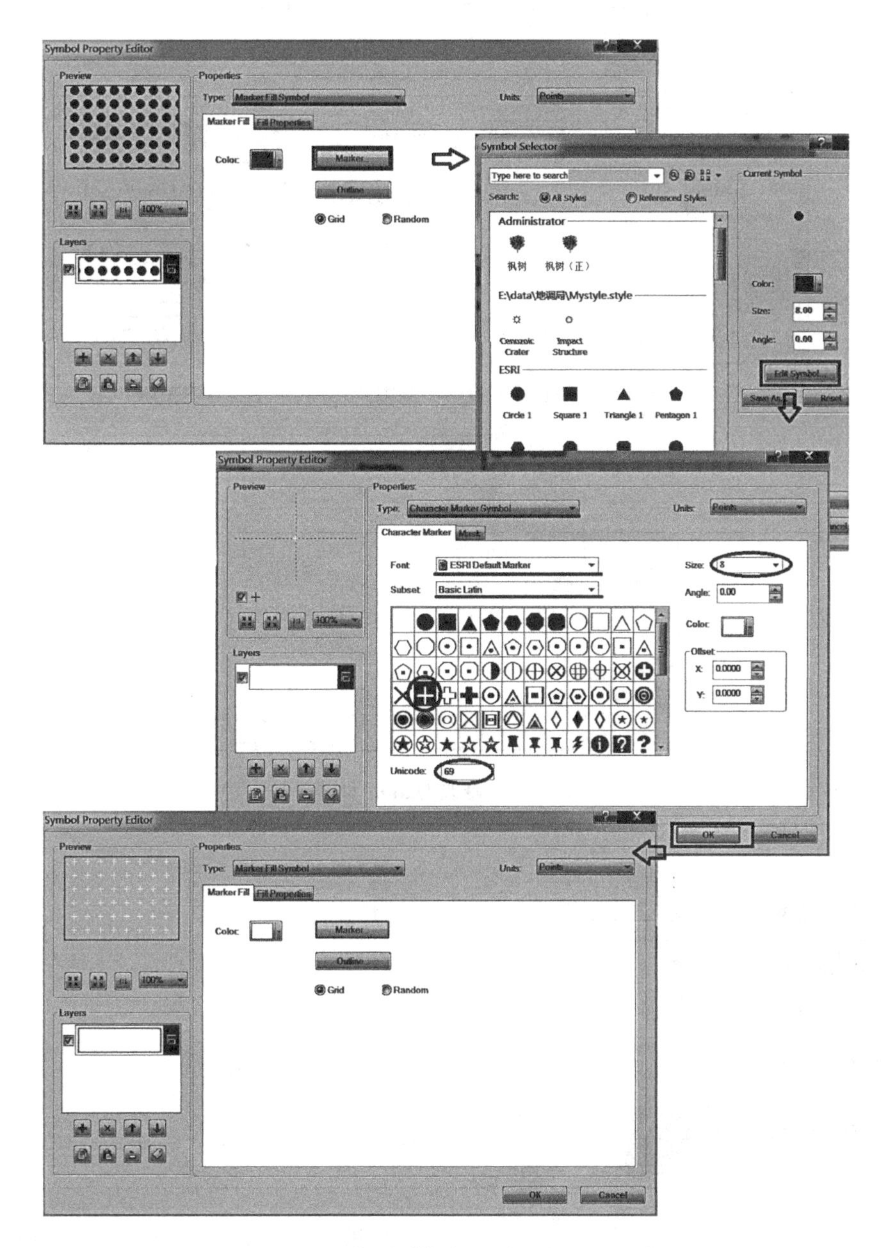

图 9.12　编辑标记填充符号

3. 保存符号

保存符号的方法：在 TOC 窗口中，选择 Geo_ IN 图层，单击其符号，弹出符号选择器，单击“Save as…”，可将符号保存在指定样式文件（＊.style）中，可为符号命名和添加标签（主要用于搜索），如图 9.18 所示。

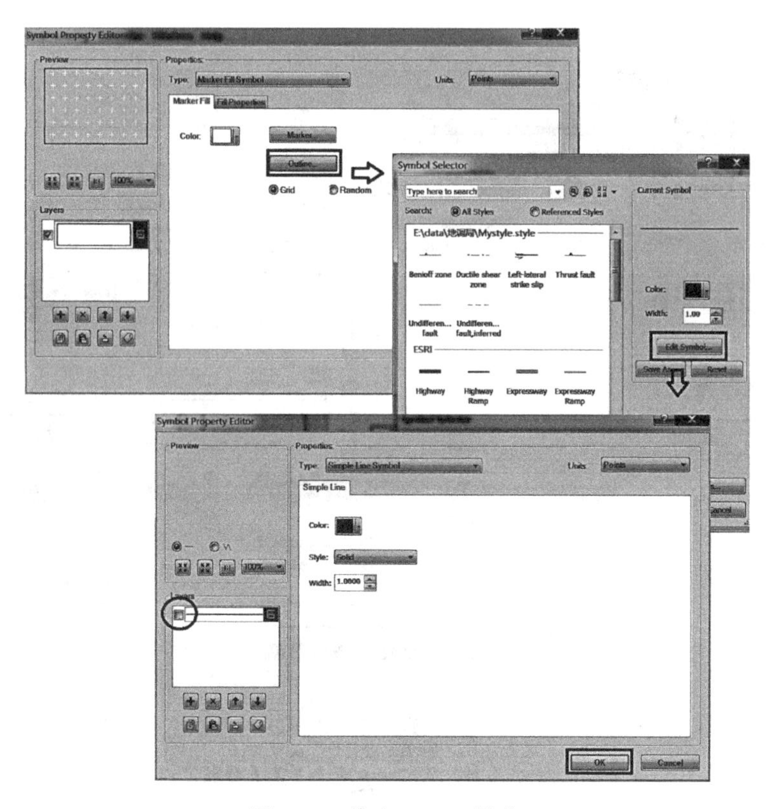

图 9.13　修改 Outline 样式

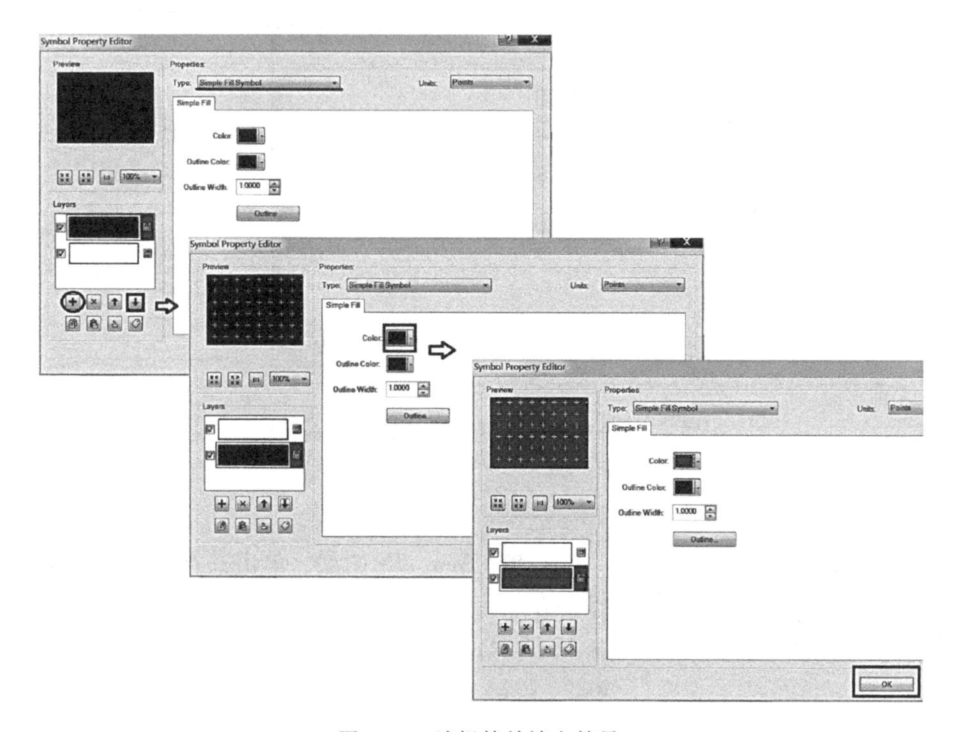

图 9.14　编辑简单填充符号

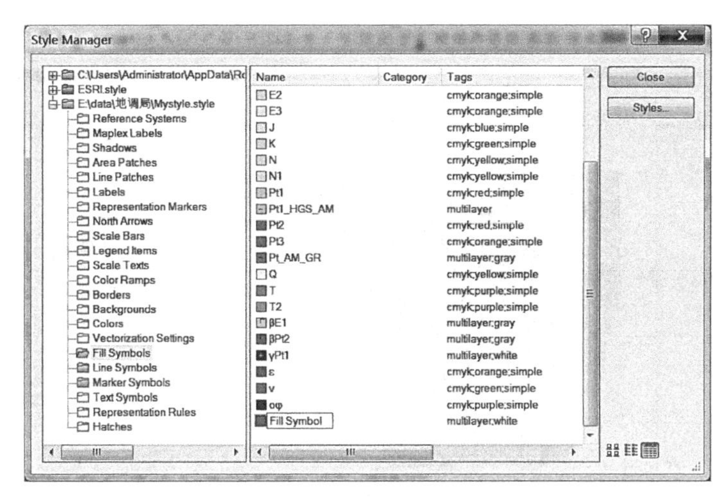

图 9.15　重命名填充符号

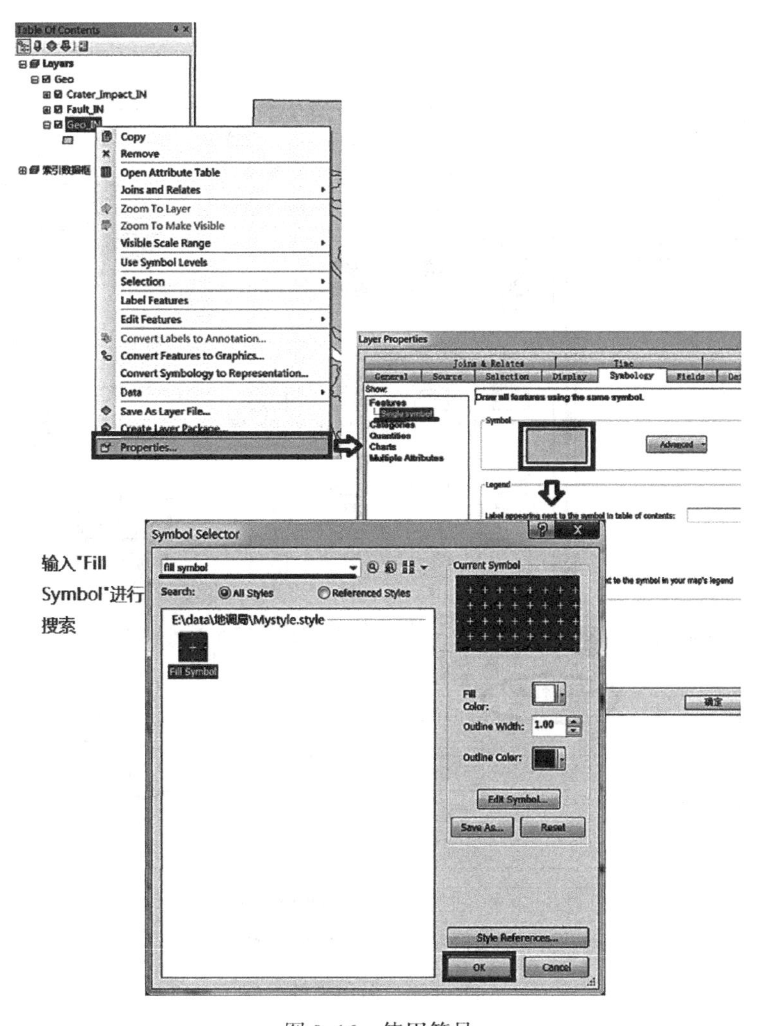

图 9.16　使用符号

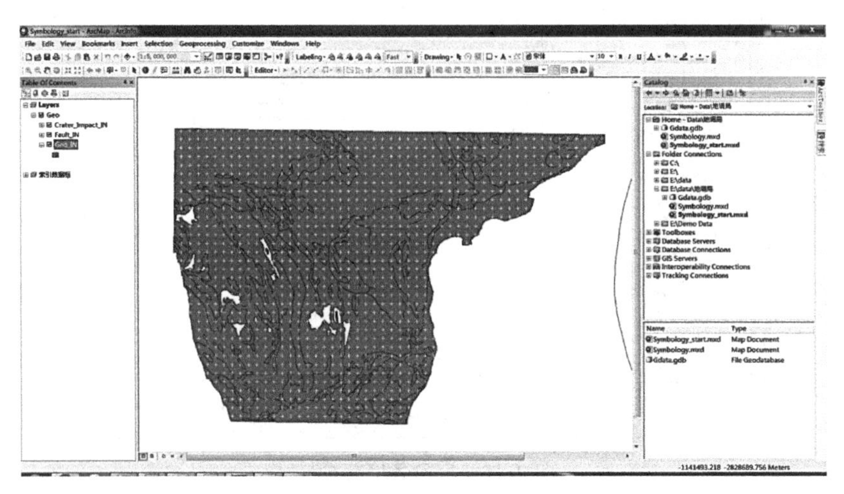

图 9.17　使用唯一符号

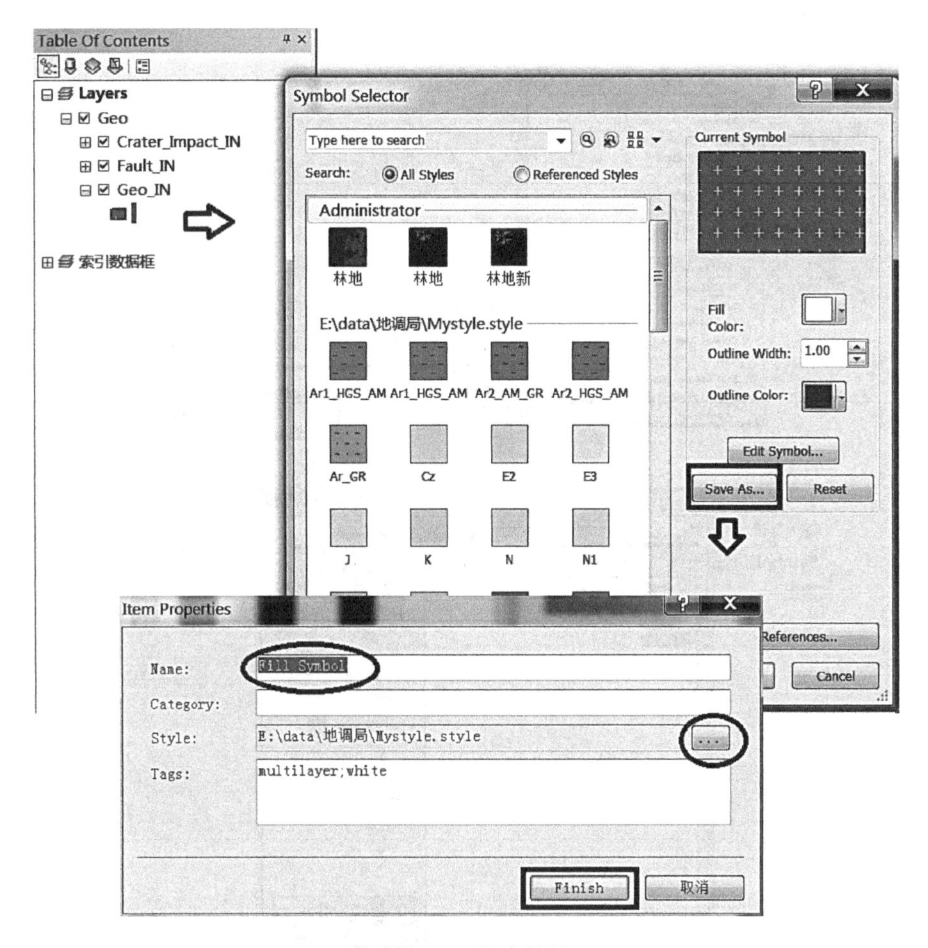

图 9.18　保存符号

第三节 按类别制作专题图

一、实践目的

掌握在 ArcGIS 中制作专题地图的基本方法。

二、方法步骤

第一步，对面文件使用样式文件匹配。在 TOC 窗口中，右键单击 Geo_ IN 图层，选择属性，弹出图层属性对话框。选择 Symbology 选项卡，选择“Categories”→“Match to symbols in a style”，值字段选择 Symbol 字段，匹配样式文件选择“Mystyle. style”，单击“Match Symbols”，完成符号匹配，单击“确定”，如图 9. 19 所示。

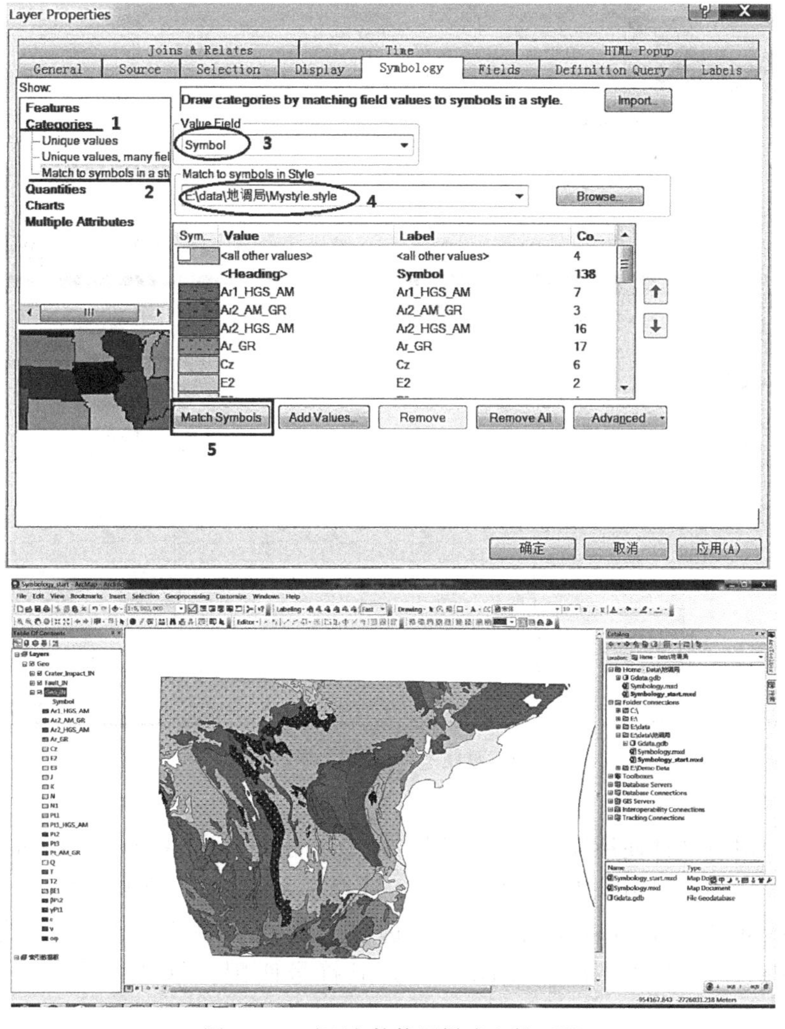

图 9. 19 对面文件使用样式文件匹配

第二步，对线文件使用样式文件匹配。在 TOC 窗口中，右键单击 Fault_ IN 图层，选择属性，弹出图层属性对话框。选择 Symbology 选项卡，选择“Categories”→“Match to symbols in a style”，值字段选择“Type”字段，匹配样式文件选择“Mystyle. style”，单击“Match Symbols”，完成符号匹配，单击“确定”，如图 9. 20 所示。

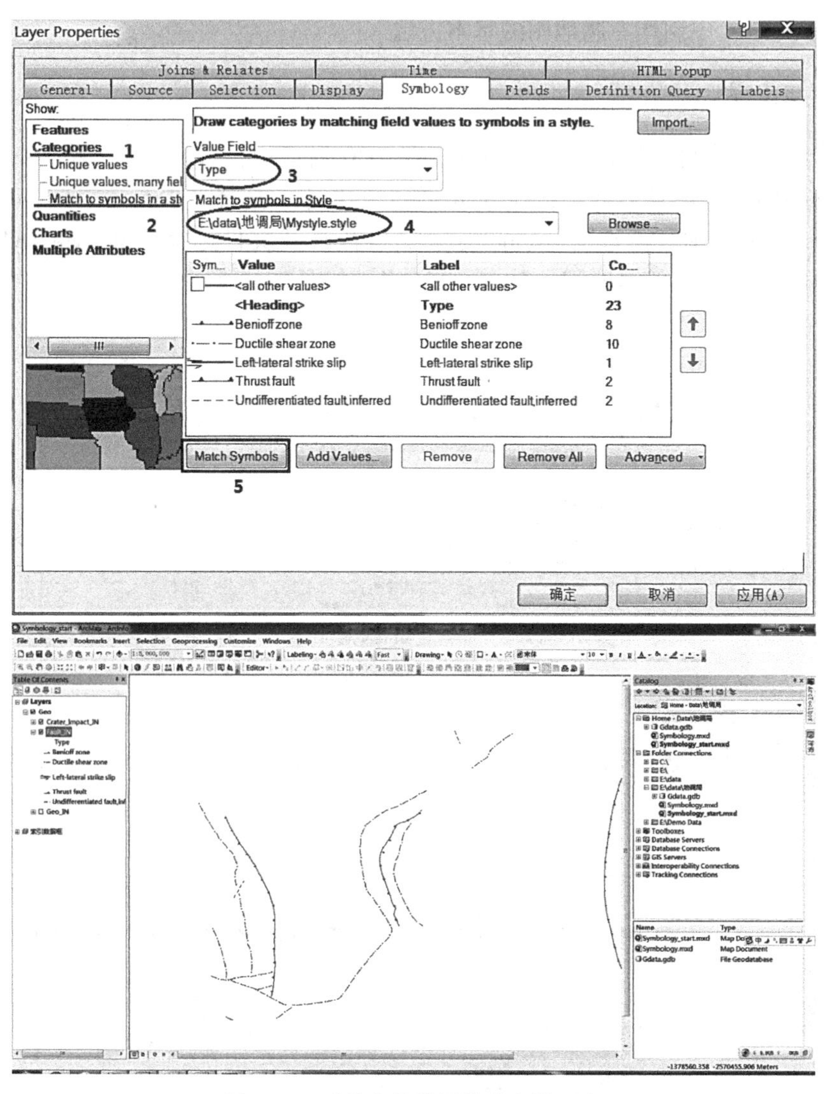

图 9. 20 对线文件使用样式文件匹配

第三步，对点文件使用样式文件匹配。在 TOC 窗口中，右键单击 Crater_ Impact_ IN 图层，选择属性，弹出图层属性对话框。选择 Symbology 选项卡，选择“Categories”→“Match to symbols in a style”，值字段选择 Str_ type 字段，匹配样式文件选择“Mystyle. style”，单击“Match Symbols”，完成符号匹配，单击“确定”，如图 9. 21 所示。

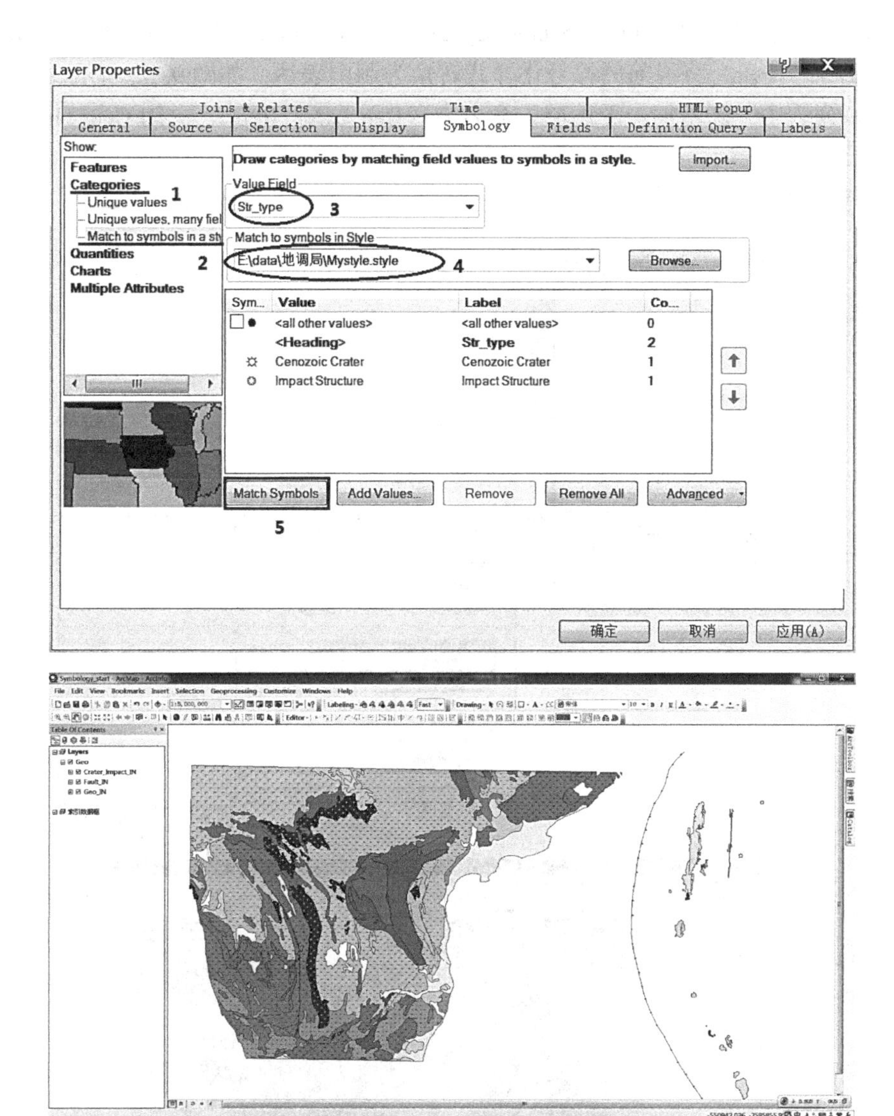

图 9.21　对点文件使用样式文件匹配

第四节　制图表达创建及规则定义

一、实践目的

掌握在 ArcGIS 中创建制图表达及定义规则的基本方法。

二、方法步骤

1. 创建制图表达

第一步，在 TOC 窗口中，右键单击 Geo_ IN 图层，选择 “Convert Symbology to

Representation…"，弹出"Convert Symbology to Representation"对话框，使用默认选项，单击"Convert"按钮，将当前的符号化样式转换为制图表达，如图 9.22 所示。

在 TOC 列表中，新增加一个图层，命名为"Geo_ IN_ Rep"，关闭 Geo_ IN 图层。

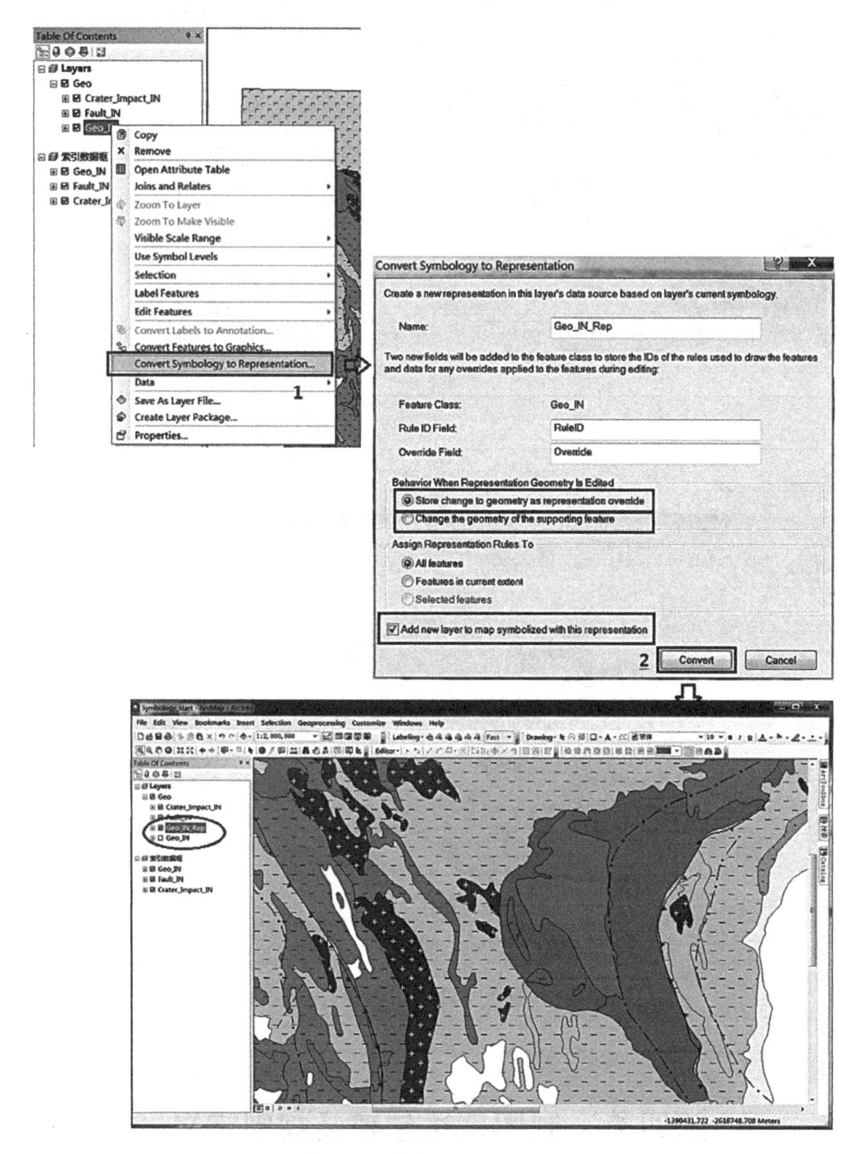

图 9.22　将当前的符号化样式转换为制图表达

第二步，在 TOC 列表中，右键单击 Geo_ IN_ Rep 图层，选择属性，弹出图层属性对话框，选择 Symbology 选项卡，如图 9.23 所示，可以看到 Show 列表框中增加了 Representations 项。

2. 定义制图表达规则

第一步，在 Symbology 选项卡中，选择"Representations"→"Geo_ IN_ Rep"，在右侧选择"［22］γPt1"，选择 Marker 层（上层），单击右侧黑三角，对标记符号的分布进

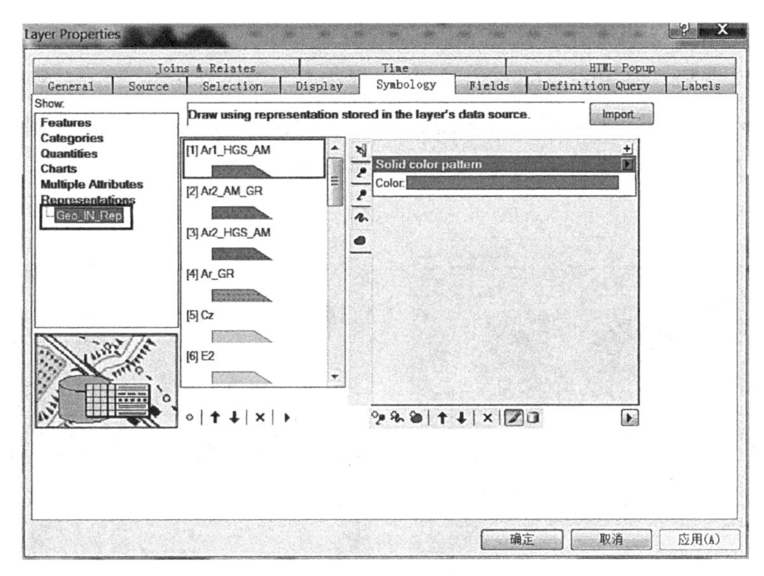

图 9.23　选择 Symbology 选项卡

行设置，选择“Inside polygon”（在多边形内部），在 Clipping 选项中，选择“No markers touch boundary”（标记符号不接触边界），单击“确定”，如图 9.24 所示。

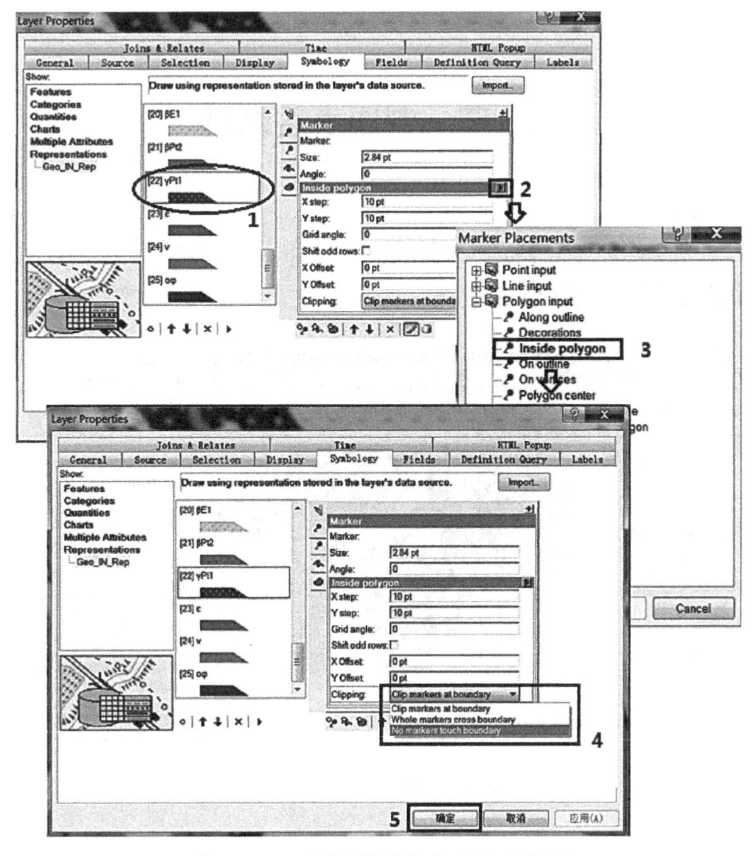

图 9.24　对标记符号的分布进行设置

第二步，利用同样的方式，选择 Marker 层（下层），单击右侧黑三角，对标记符号的分布进行设置，选择“Inside polygon（在多边形内部）”，在 Clipping 选项中，选择“No markers touch boundary”（标记符号不接触边界），单击“确定”。可以看到，通过制图表达规则调整，边界处的十字符号已经不显示，如图 9. 25 所示。

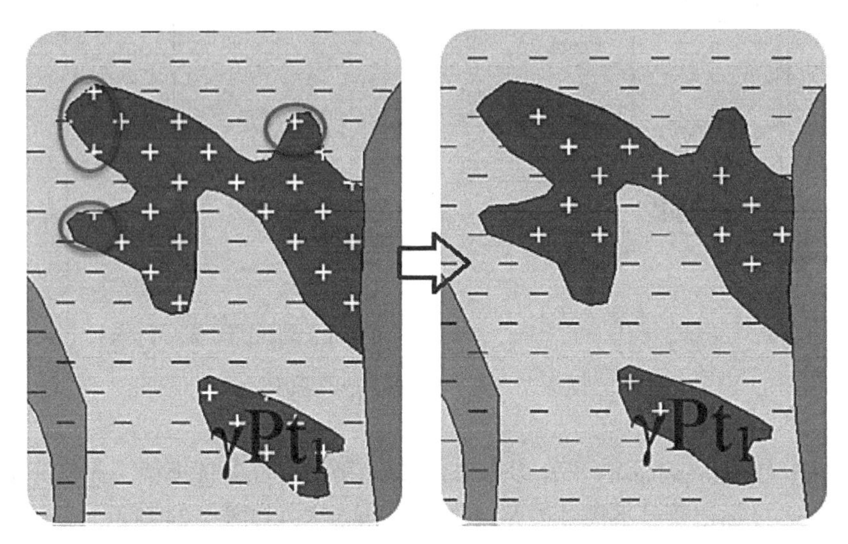

图 9. 25　对标记符号的分布进行设置

第五节　制图表达编辑

1. 制图表达规则覆盖

第一步，打开编辑和制图表达工具条。右键单击工具栏空白，选择 Editor 工具、Representation 工具，如图 9. 26 所示。

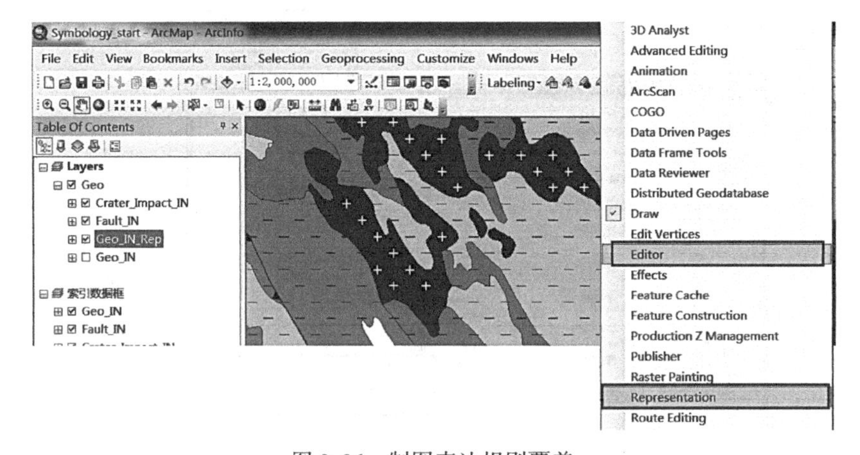

图 9. 26　制图表达规则覆盖

第二步，制图表达属性编辑。在 Editor 工具条上，选择“Editor”→“Start Editing”，开启编辑功能。在 Representation 工具条上，选择“Select Tool”工具，在地图窗口中选择要素，返回 Representation 工具条，打开“Representation Properties”窗口，过程如图 9.27 所示。

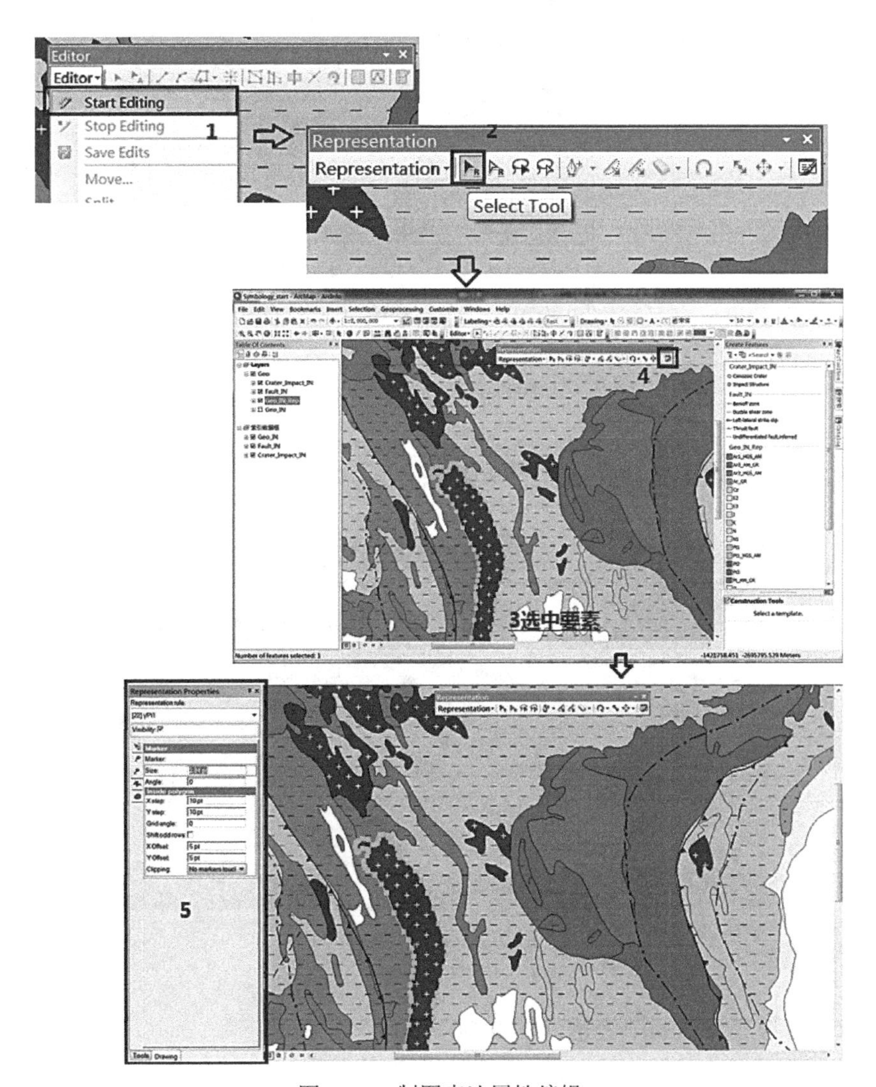

图 9.27　制图表达属性编辑

第三步，在“Representation Properties”窗口中，选择 Marker 层（下层），设置大小为“6 pt”，可以看到地图窗口中，符号的大小发生改变，同时出现红色笔型标志，代表当前的修改是对规则的覆盖，如图 9.28 所示。

2. 编辑自由制图表达

本 Demo 仅用于演示，不参与上机操作。为方便大家课后演练，以下是一些关键步骤截图和简要说明，仅供参考。

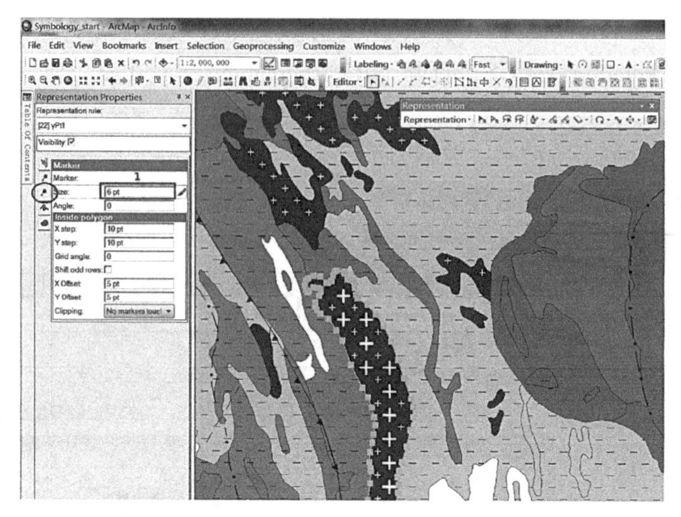

图 9.28　Representation Properties 窗口

第一步，编辑状态下选择要素（图 9.29）；

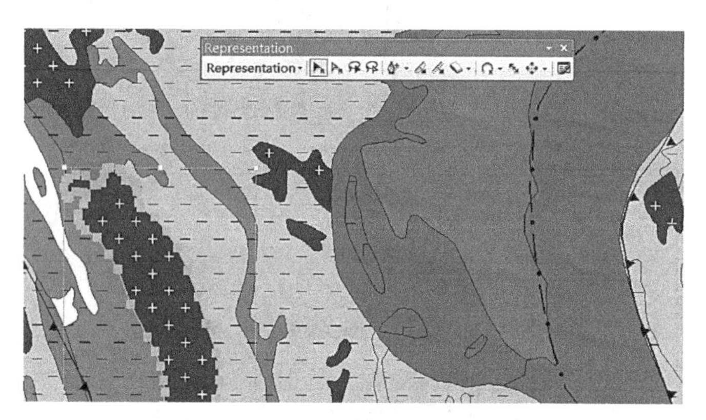

图 9.29　选择要素

第二步，转换成自由制图表达（图 9.30）；

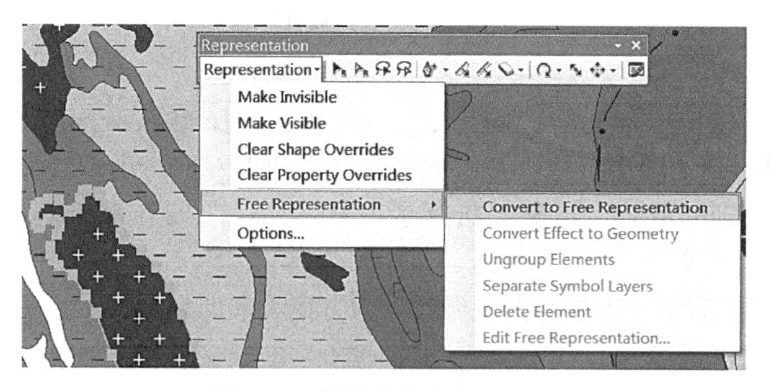

图 9.30　转换成自由制图表达

第三步，分离符号图层（图 9.31）；

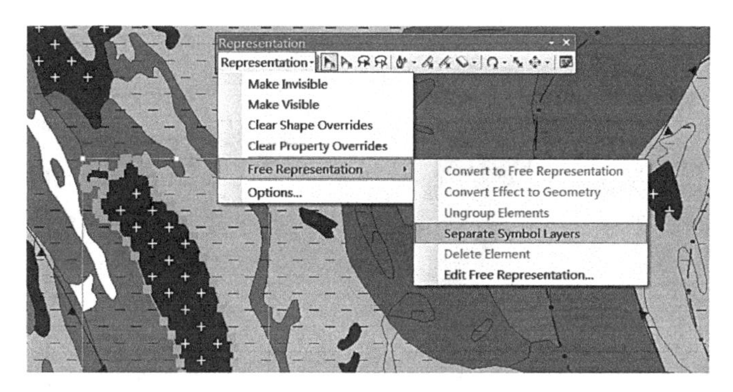

图 9.31　分离符号图层

第四步，编辑自由制图表达（图 9.32）；

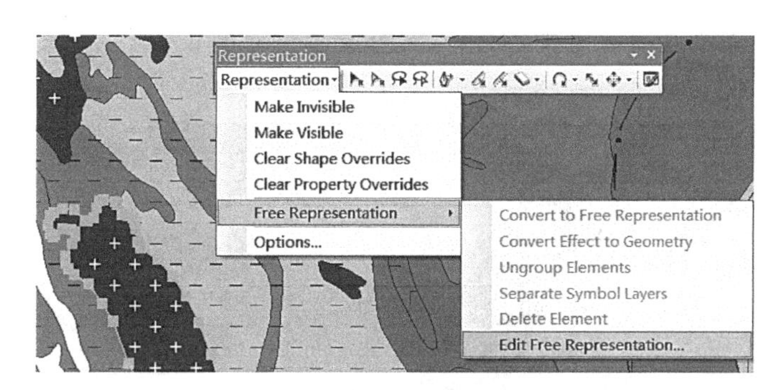

图 9.32　编辑自由制图表达

第五步，转换效果为几何要素（图 9.33）；

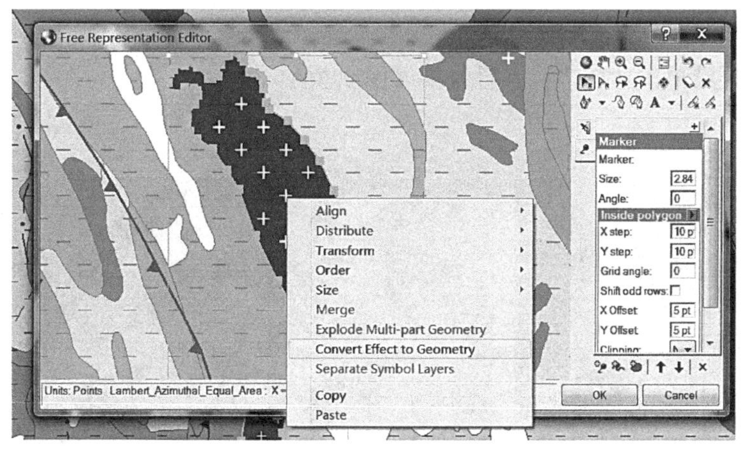

图 9.33　转换效果为几何要素

第六步，炸开多部分几何（图 9.34）；

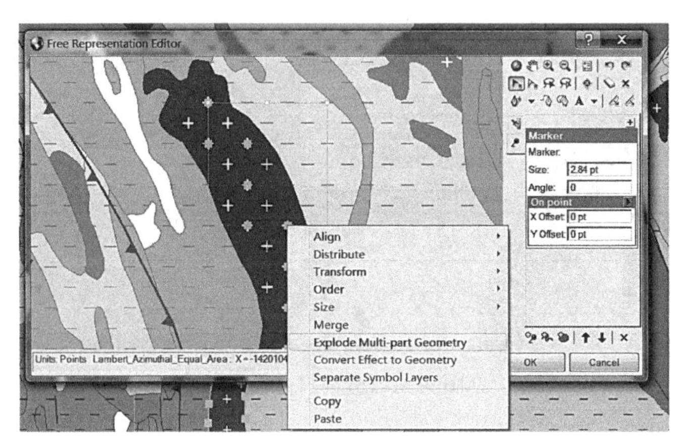

图 9.34　炸开多部分几何

第七步，选中单个几何（十字符号），移动其位置（图 9.35）；

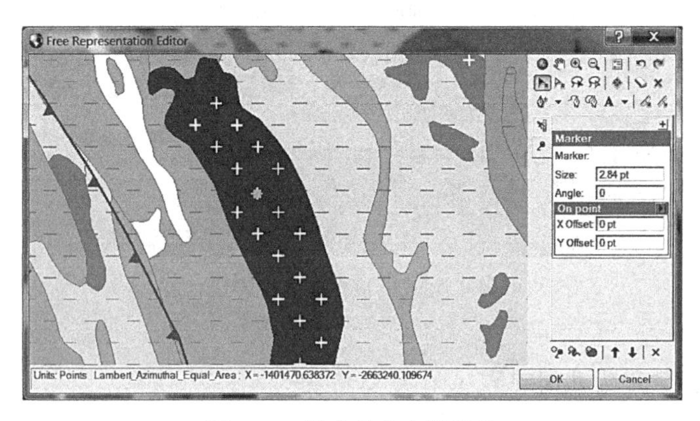

图 9.35　选中单个十字符号

第八步，连续单击“OK”，查看效果（图 9.36）。

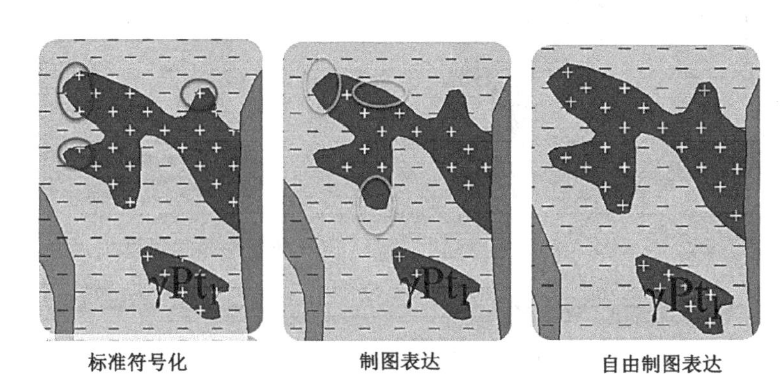

图 9.36　查看效果

第六节　标注及管理

一、实践目的

掌握在 ArcGIS 中进行标注及管理的基本方法。

二、方法步骤

1. 标注要素

在 TOC 窗口中，右键单击 Geo_ IN 图层，选择属性，弹出图层属性对话框，选择 Labels 选项卡，选中“Label Features in this layer”，标注字段选择“Label”，设置字体、大小、颜色等，单击“确定”，标注内容被加载到地图窗口，如图 9.37 所示。

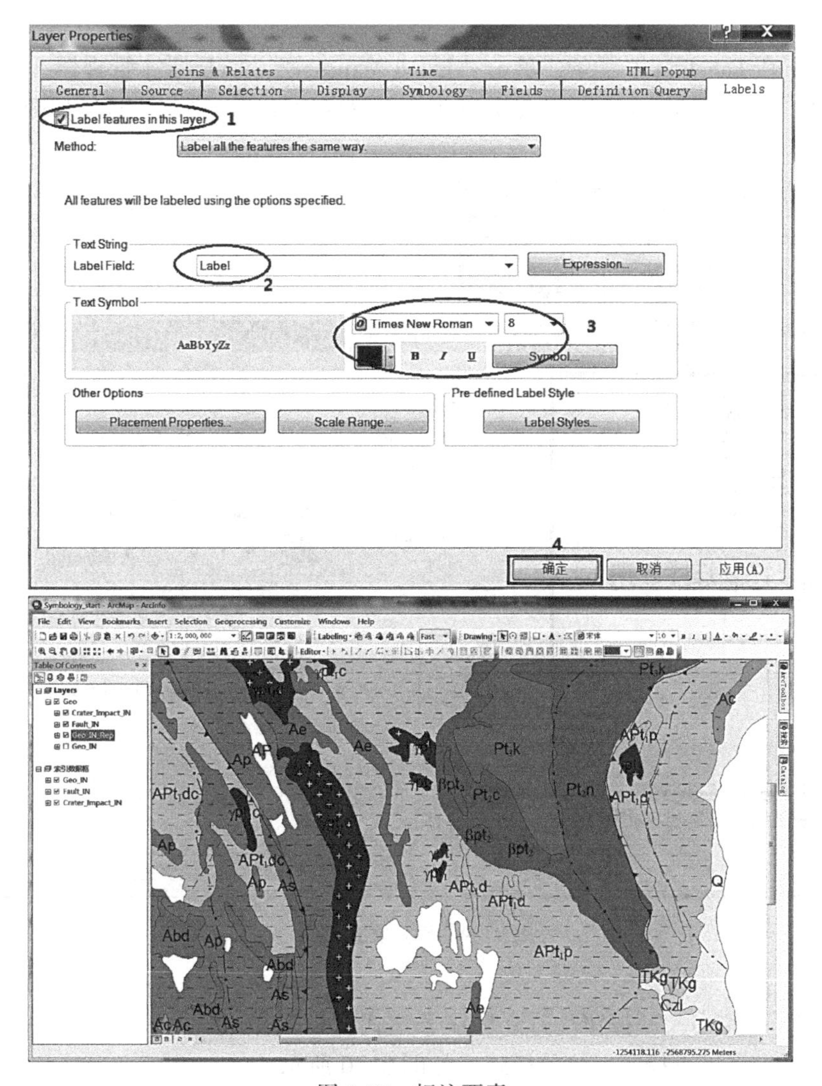

图 9.37　标注要素

2. 标注管理

第一步，打开标注工具条。右键单击工具栏空白，选择 Labeling 工具，如图 9.38 所示。

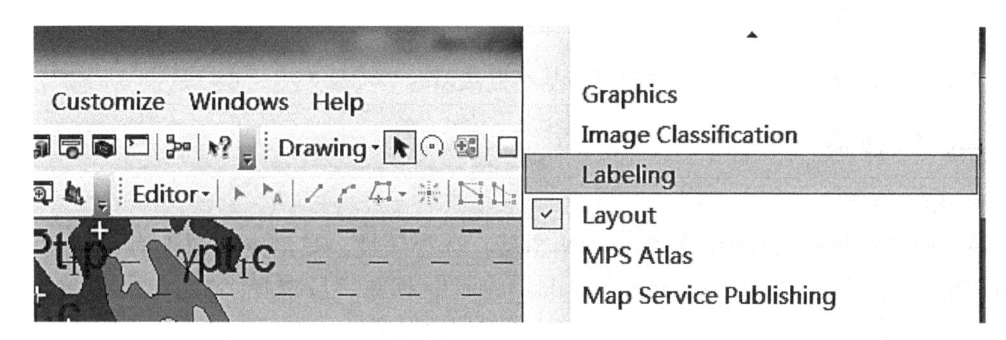

图 9.38 选择 Labeling 工具

第二步，在 Labeling 工具条，单击 “Label Manager”，打开标注管理器。通过标注管理器，可以控制图层的显示，设置文本样式，设置标注放置规则等，具体如图 9.39 所示。

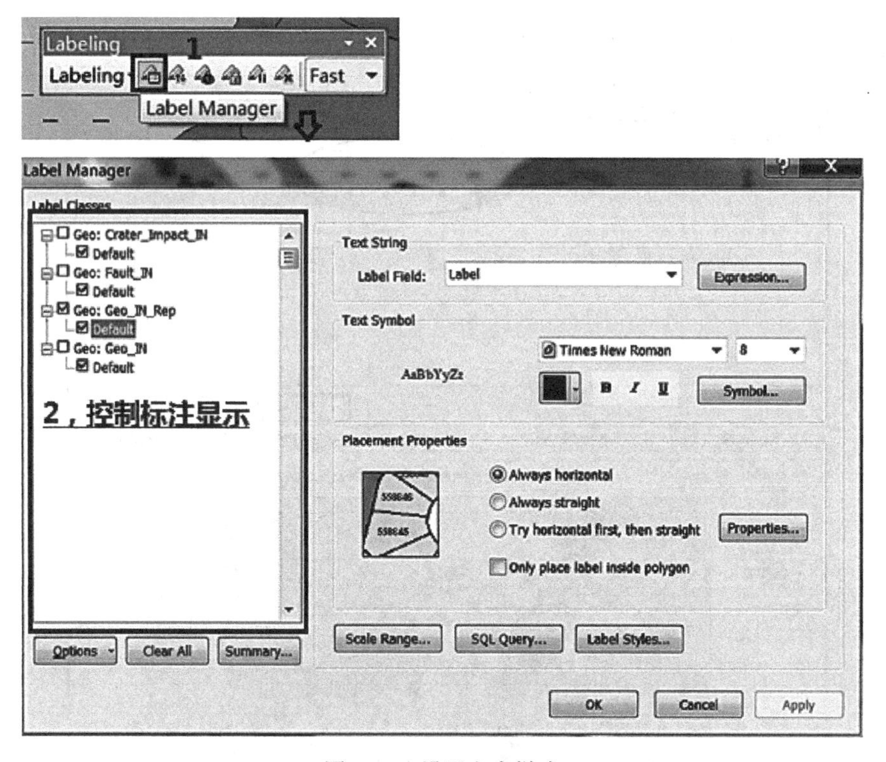

图 9.39 设置文本样式

单击 “Expression...” 按钮，打开标注表达式窗口，在这里可以定义标注的内容，使用 VBScript 脚本还可以控制标注的样式，如图 9.40 所示。

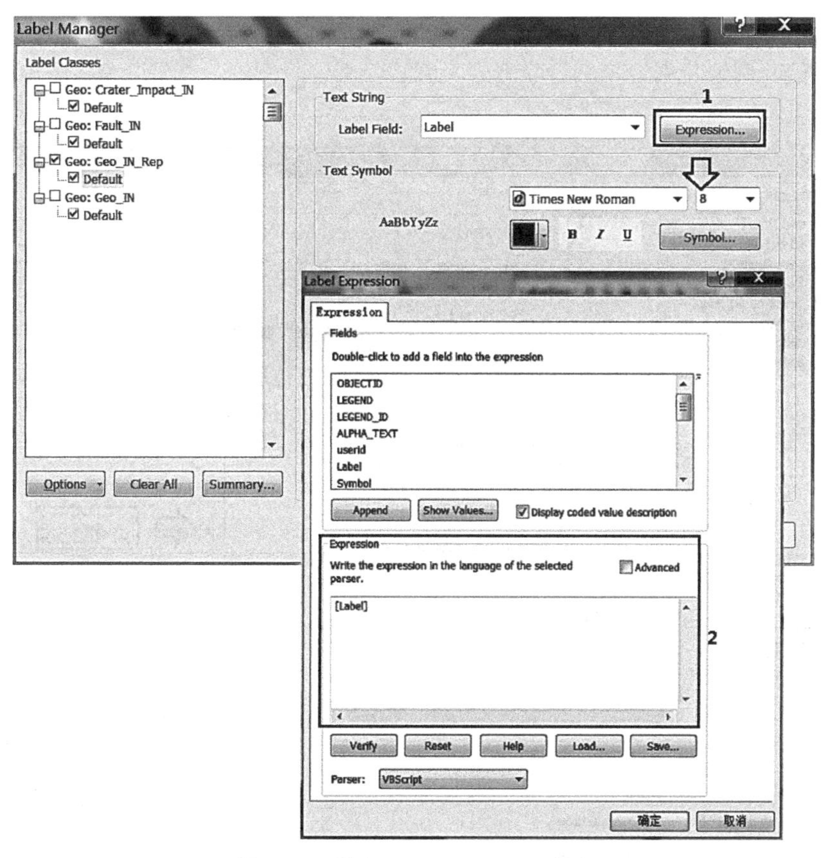

图 9.40　单击“Expression...”按钮

单击“Scale Range...”按钮，弹出“Scale Range”对话框，设置标注的显示范围，如图 9.41 所示。

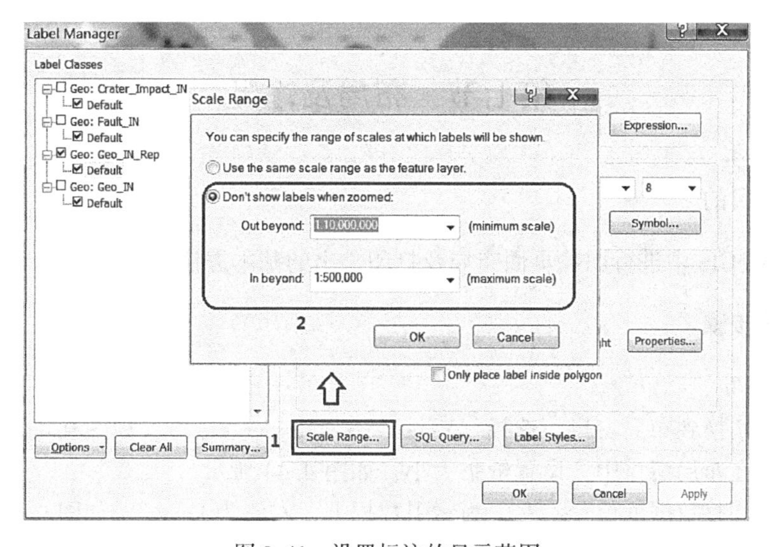

图 9.41　设置标注的显示范围

单击“Properties…”按钮，弹出放置属性对话框，设置标注放置位置以及冲突检测，如图 9.42 所示。

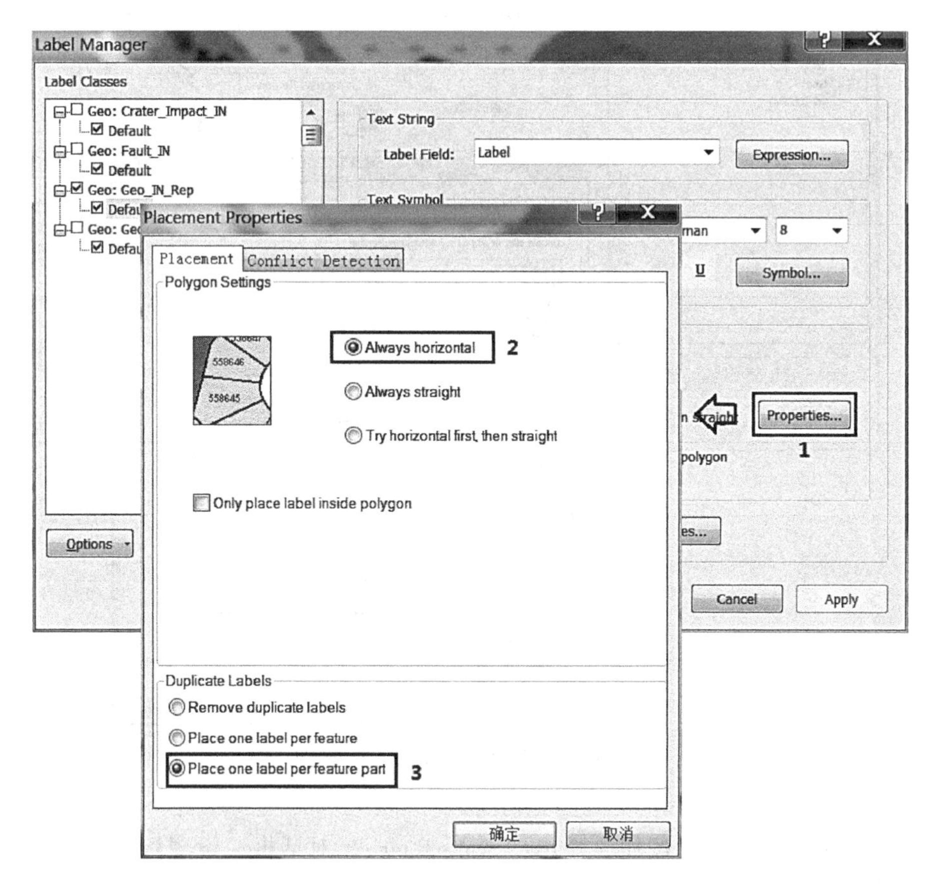

图 9.42　设置标注放置位置以及冲突检测

第七节　布局及输出

一、实践目的

掌握在 ArcGIS 中进行图件页面布局及打印输出的基本方法。

二、方法步骤

1. *页面布局*

第一步，切换到布局窗口。选择“View”→“Layout View”，如图 9.43 所示。

第二步，在布局窗口中，设置纸张大小，如图 9.44 所示。

第三步，调整数据框位置，左下为索引数据框，右侧为 Layers，如图 9.45 所示。

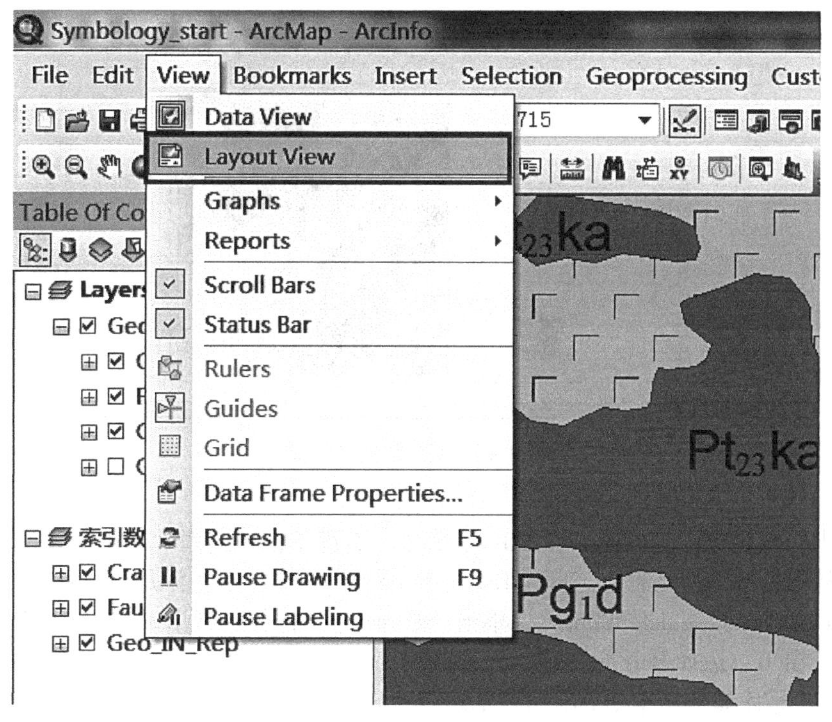

图 9.43　切换到布局窗口

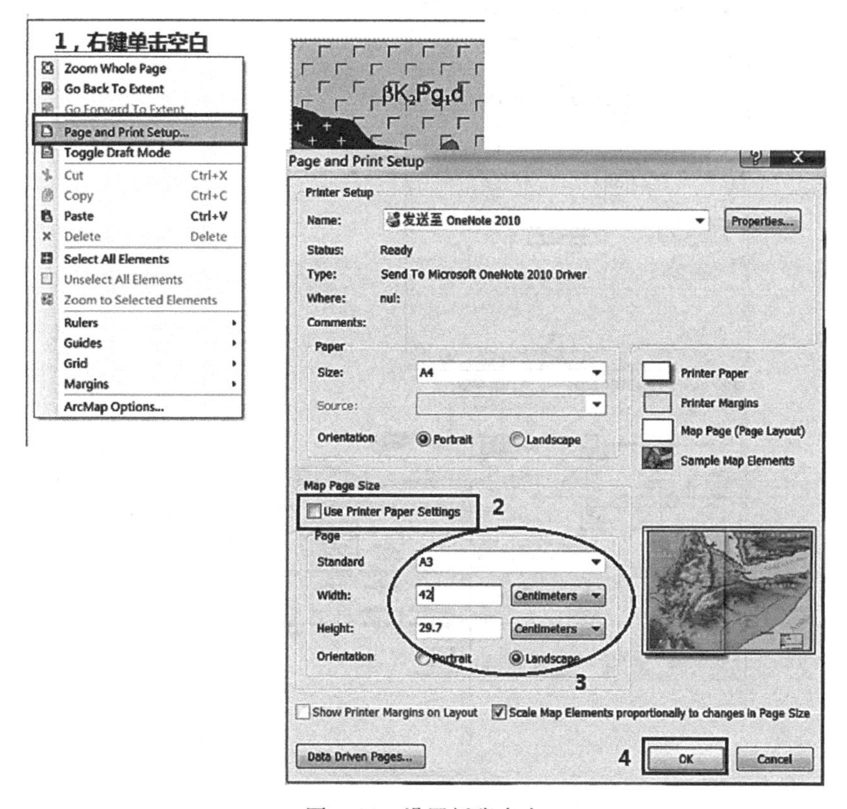

图 9.44　设置纸张大小

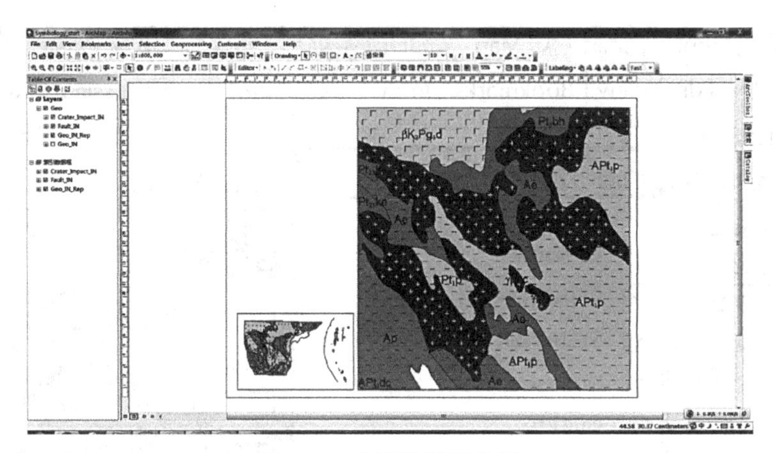

图 9.45 调整数据框位置

第四步，使用范围指示器。在 TOC 列表中，右键单击数据框“索引数据框”，选择属性，弹出数据框属性对话框，选择“Extent Indicators”选项卡，添加“Layers”至“Show extent indicator for these data frames”，单击“Frame...”按钮，弹出“Extent Indicator Frame Properties”窗口，选择 Border 样式，设置颜色为“红色”，选择“Use simple extent”，单击“确定”，具体如图 9.46、图 9.47 所示。

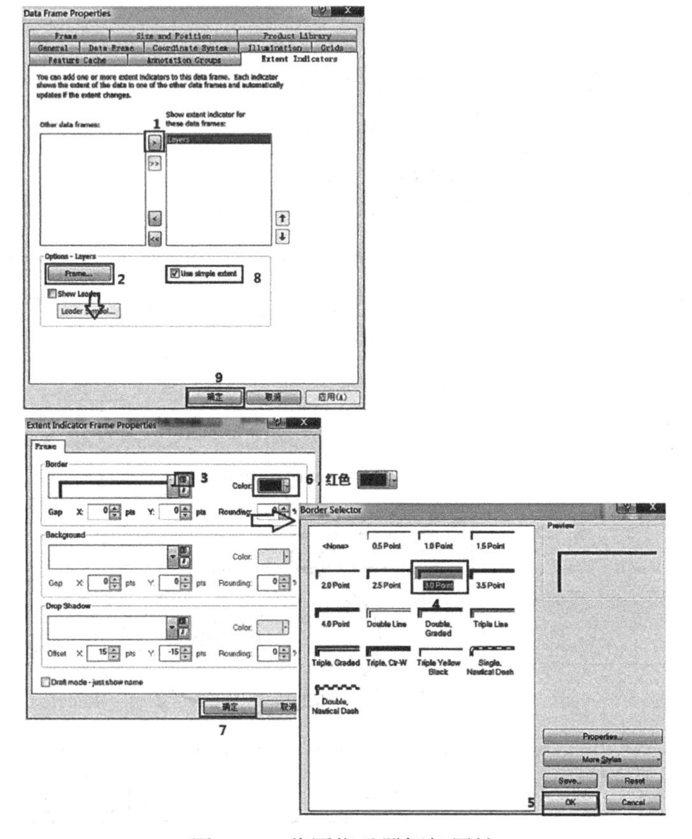

图 9.46 范围指示器框架属性

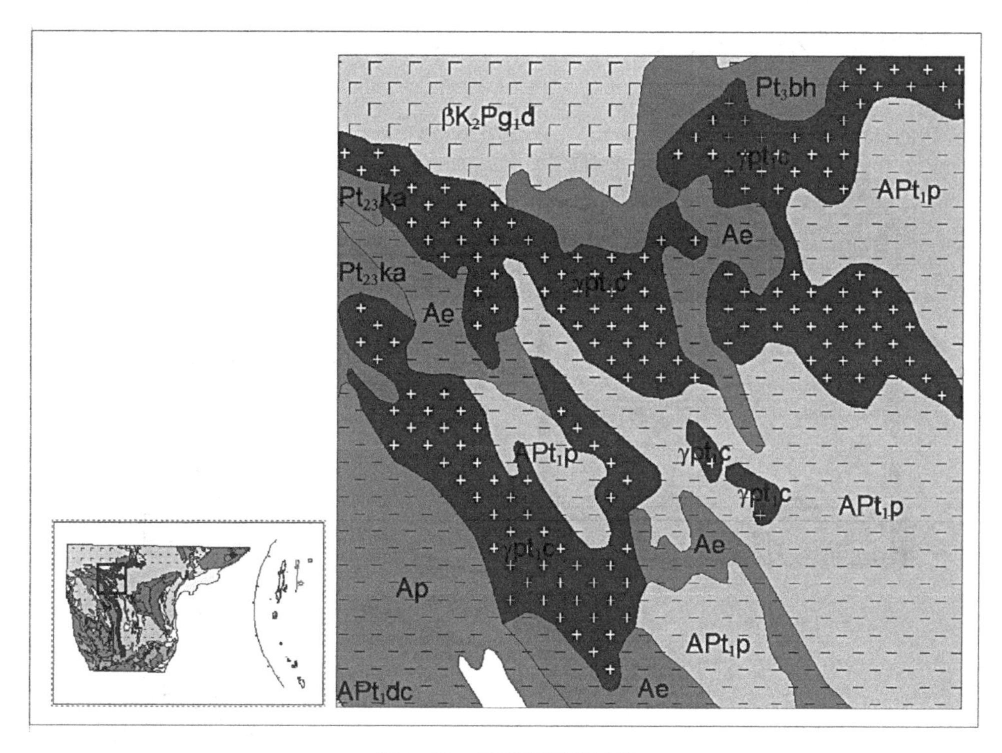

图 9.47　使用范围指示器

第五步，插入标题。选择“Insert”→“Title”，弹出插入标题对话框，输入标题名，单击“OK”，如图 9.48 所示。

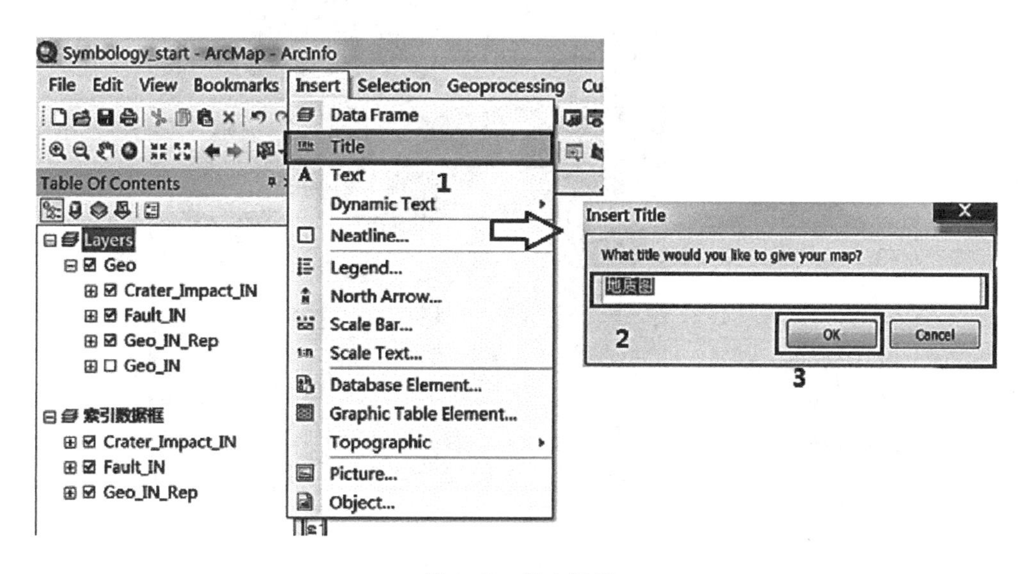

图 9.48　插入标题

第六步，修改标题式样。双击标题，弹出属性对话框，单击“Change Symbol…”按钮，可以修改标题文本式样，如图 9.49 所示，移动标题到合适位置，具体如图 9.50 所示。

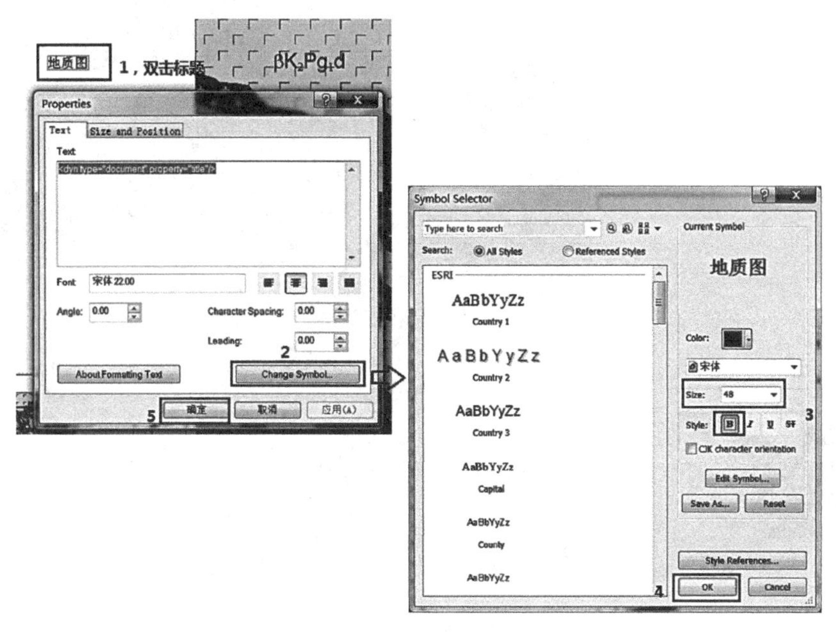

图 9.49　修改标题式样

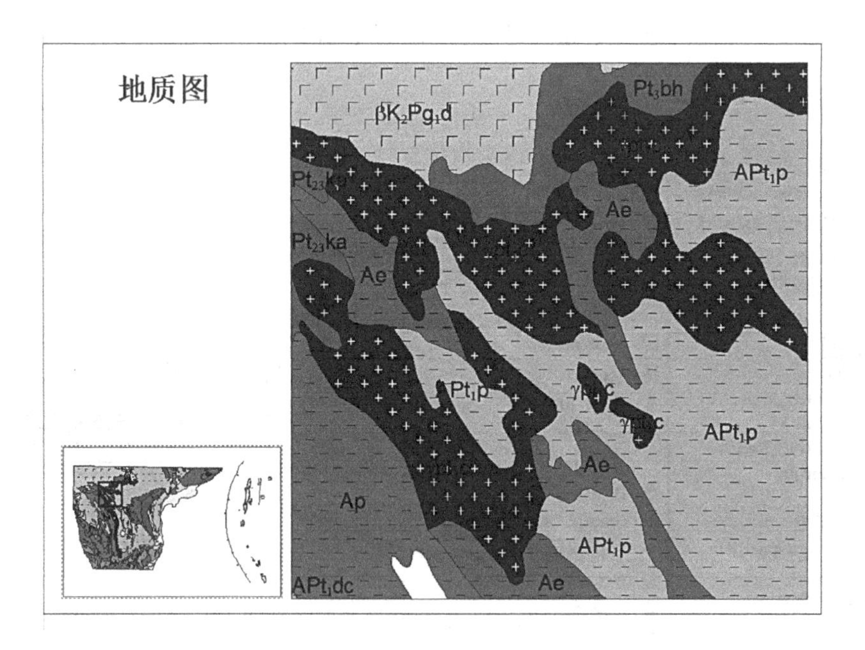

图 9.50　移动标题到合适位置

第七步，插入图例。选择“Insert”→“Legend...”，弹出图例向导，具体过程分别如图 9.51、图 9.52、图 9.53、图 9.54 所示。

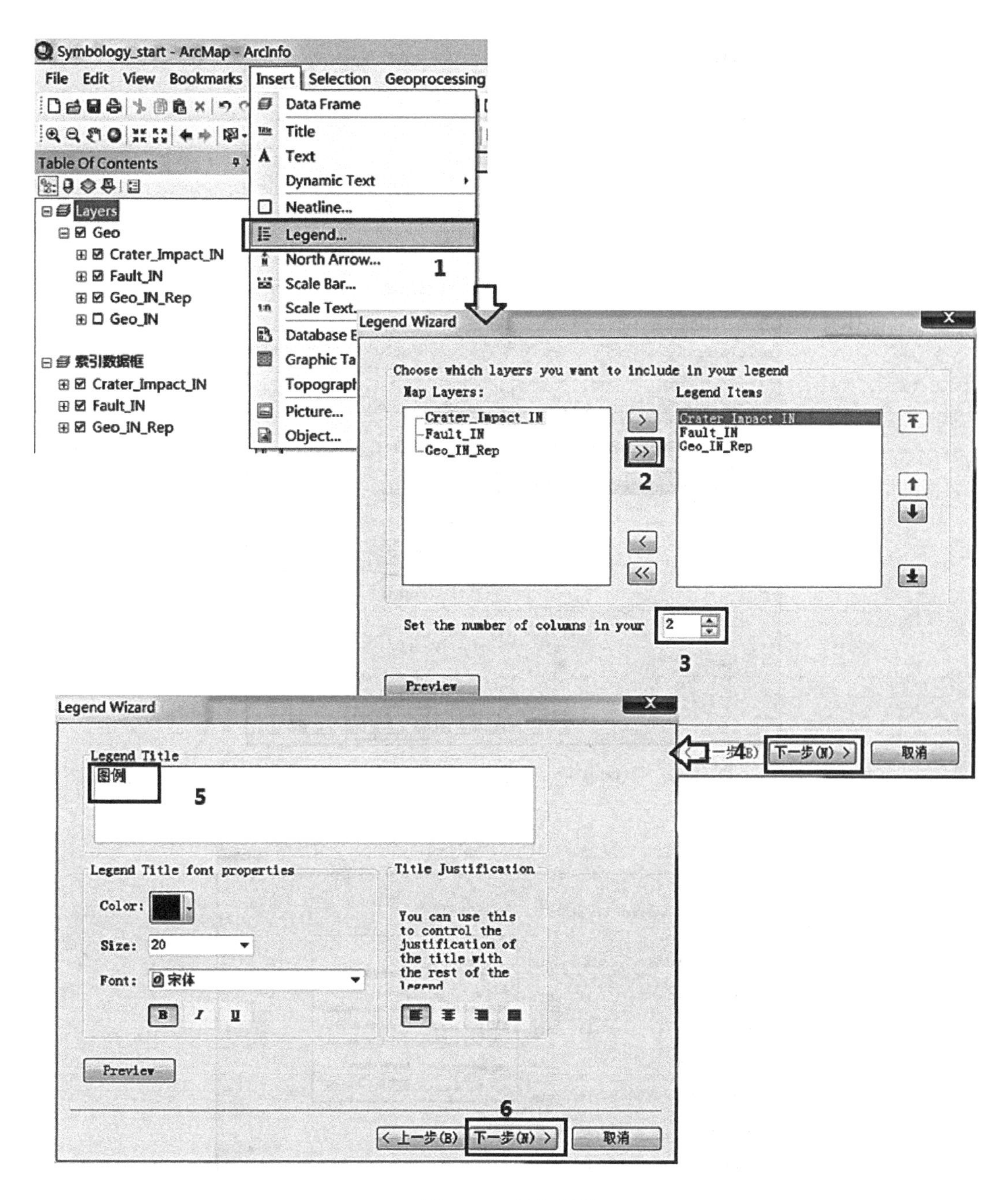

图 9.51　插入图例

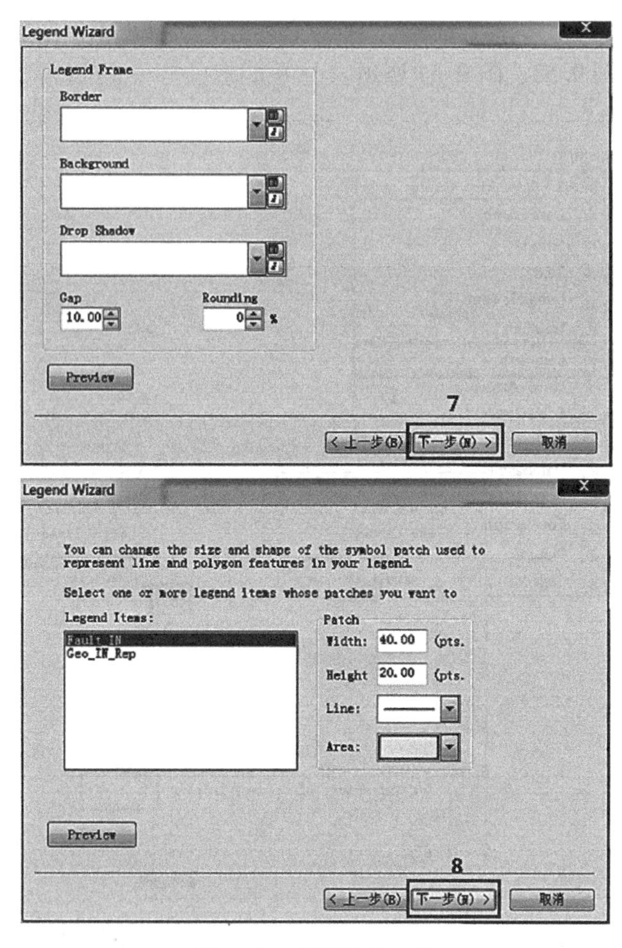

图 9.52　弹出图例向导

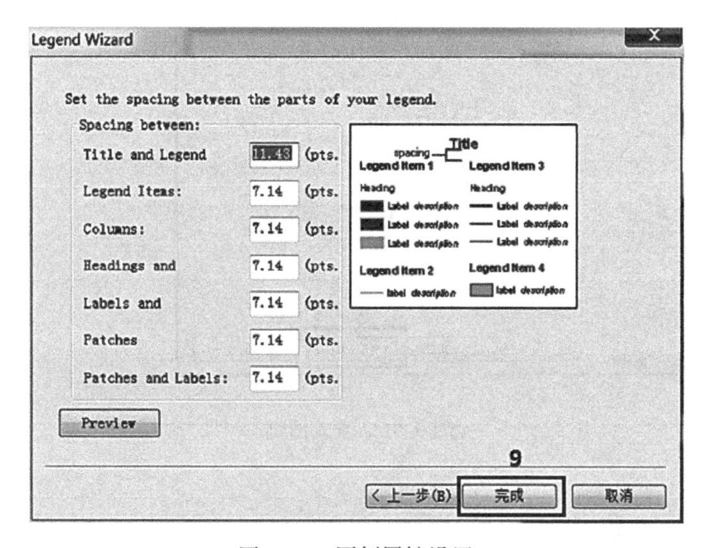

图 9.53　图例属性设置

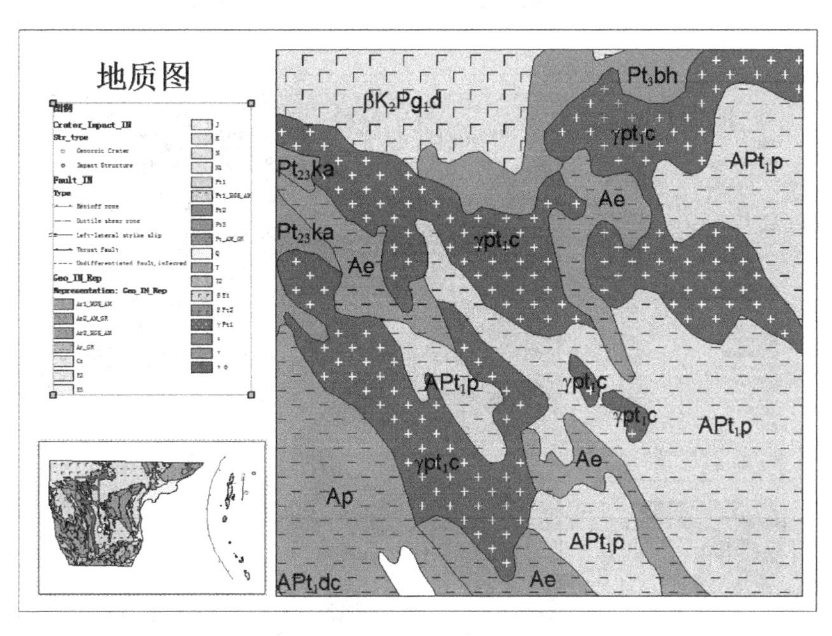

图 9.54　增加图例后的效果

第八步，插入比例尺。选择“Insert”→“Legend…”，弹出比例尺选择窗口，选择比例尺样式，单击“OK”，如图 9.55 所示。

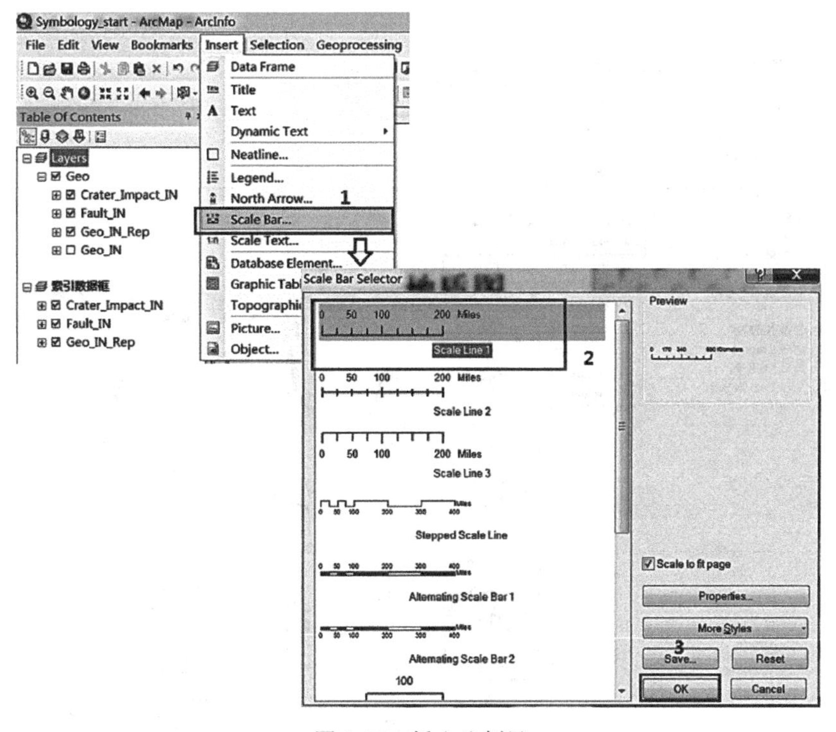

图 9.55　插入比例尺

第九步，调整比例尺位置及刻度，使比例尺刻度为 5 的倍数间隔，如图 9.56 所示。

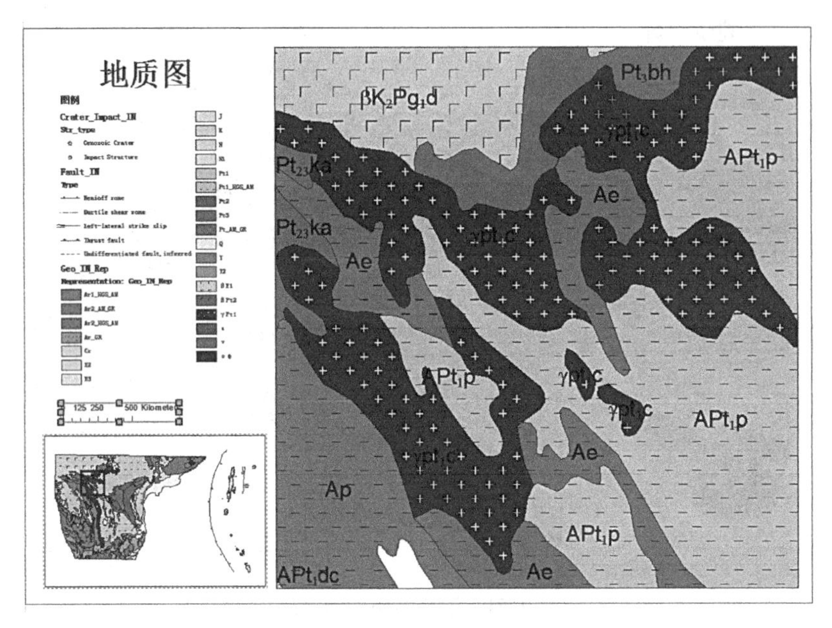

图 9.56　调整比例尺位置及刻度

第十步，插入指北针。选择“Insert”→“North Arrow...”，弹出指北针选择窗口，选择指北针样式，单击“OK”，如图 9.57 所示。

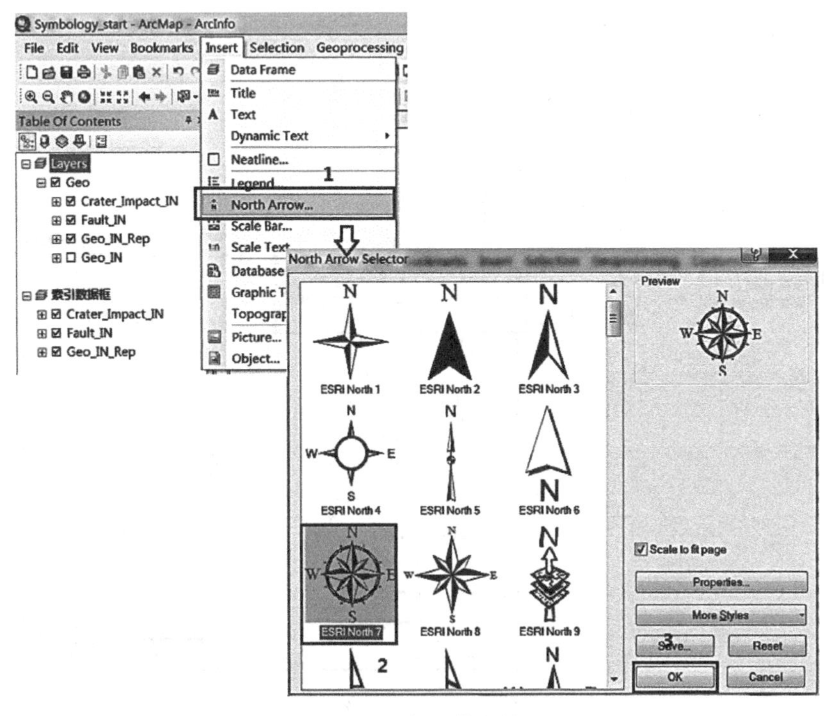

图 9.57　插入指北针

第十一步，调整指北针位置，如图 9.58 所示。

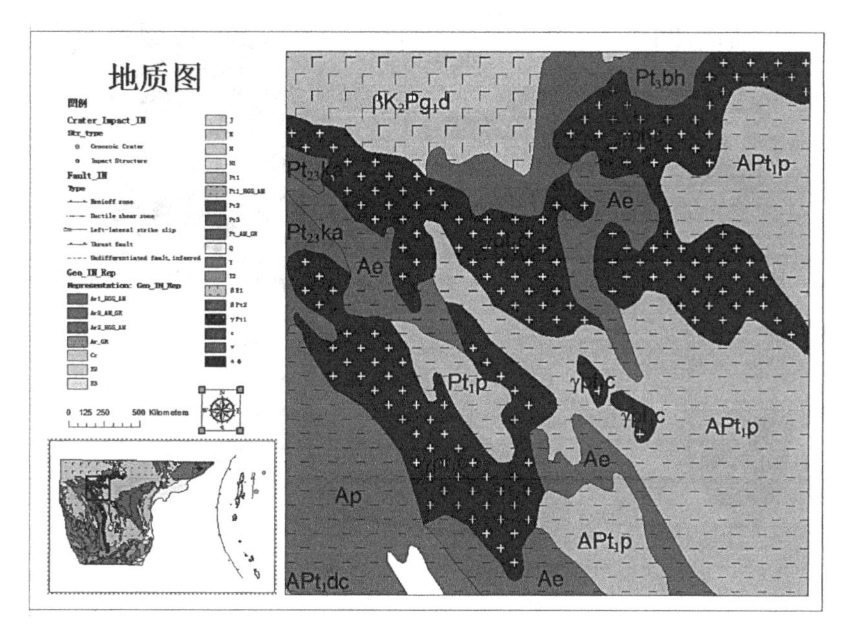

图 9.58　调整指北针位置

第十二步，插入文本。选择“Insert”→“Text”，插入文本（图 9.59），双击修改文本属性，如图 9.60 所示。

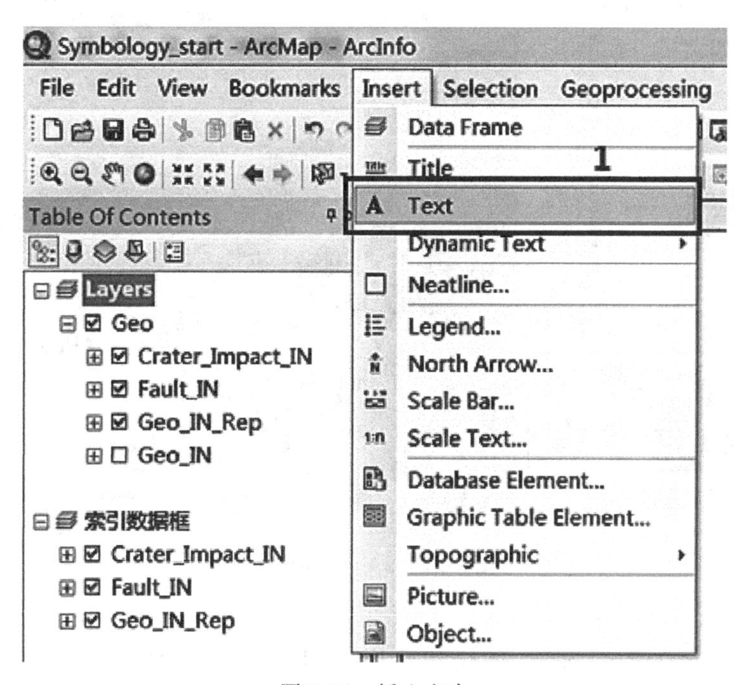

图 9.59　插入文本

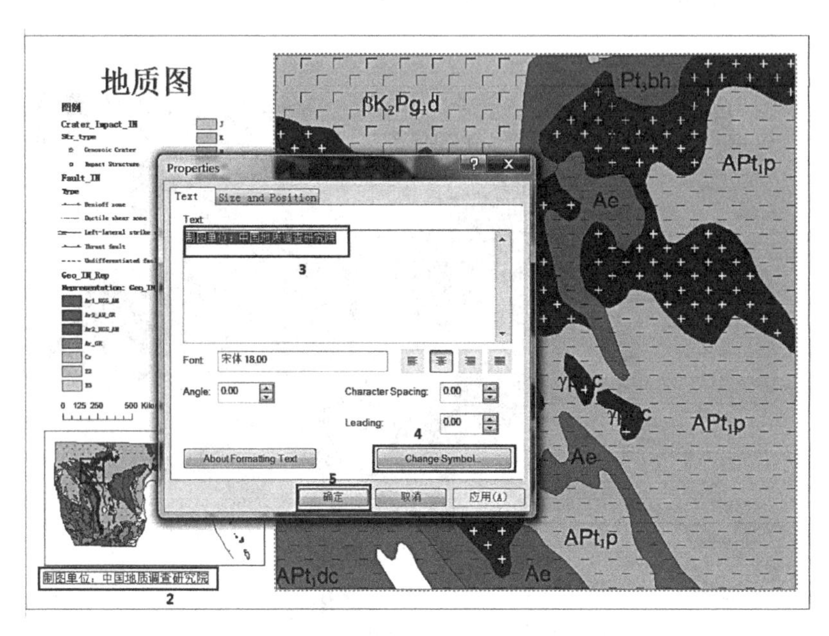

图 9.60 修改文本属性

此时，布局设计基本完成，如图 9.61 所示。

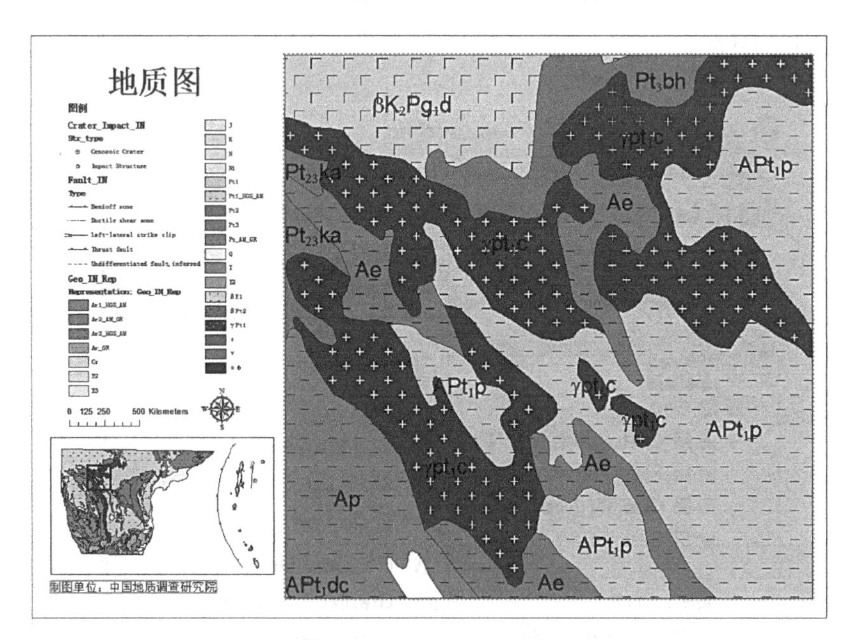

图 9.61 布局设计完成

第十三步（该步骤可选），创建和使用格网。在 TOC 列表中，右键单击数据框 Layers，选择属性，弹出数据框属性对话框，单击“New Grid…”按钮，弹出格网和经纬网向导。具体如图 9.62、图 9.63、图 9.64、图 9.65 所示。

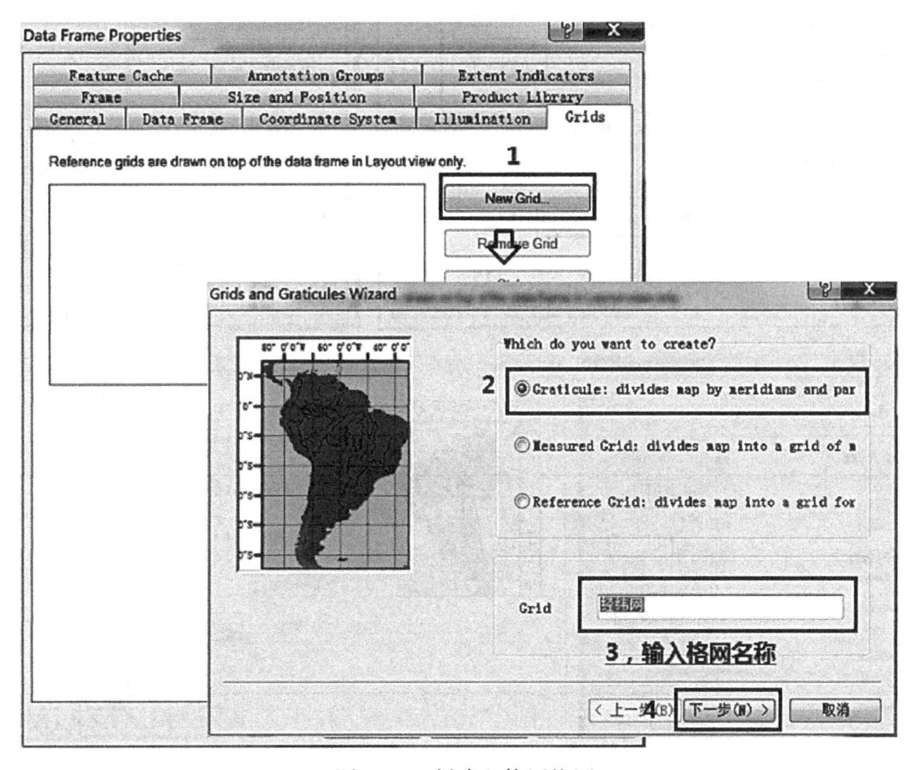

图 9.62　创建和使用格网

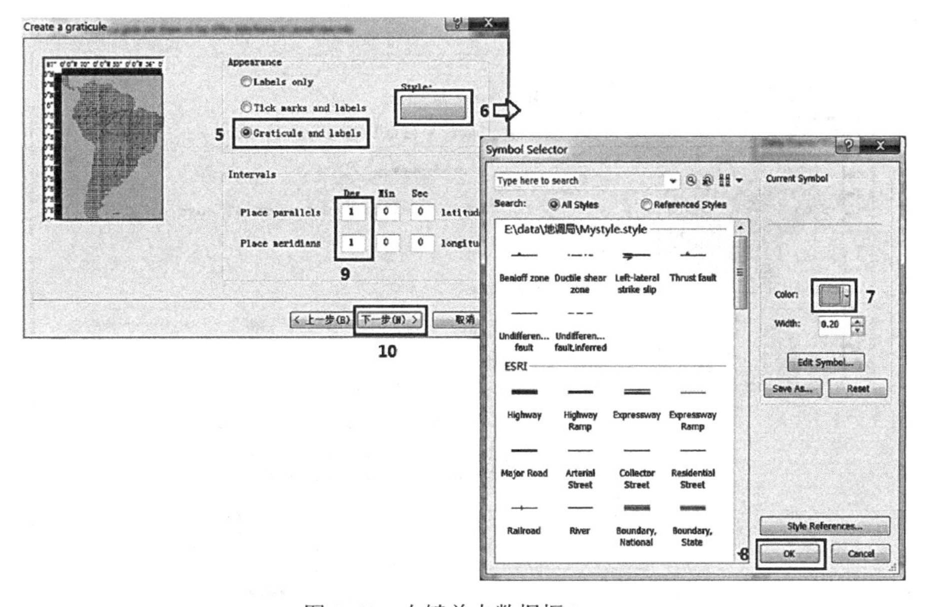

图 9.63　右键单击数据框 Layers

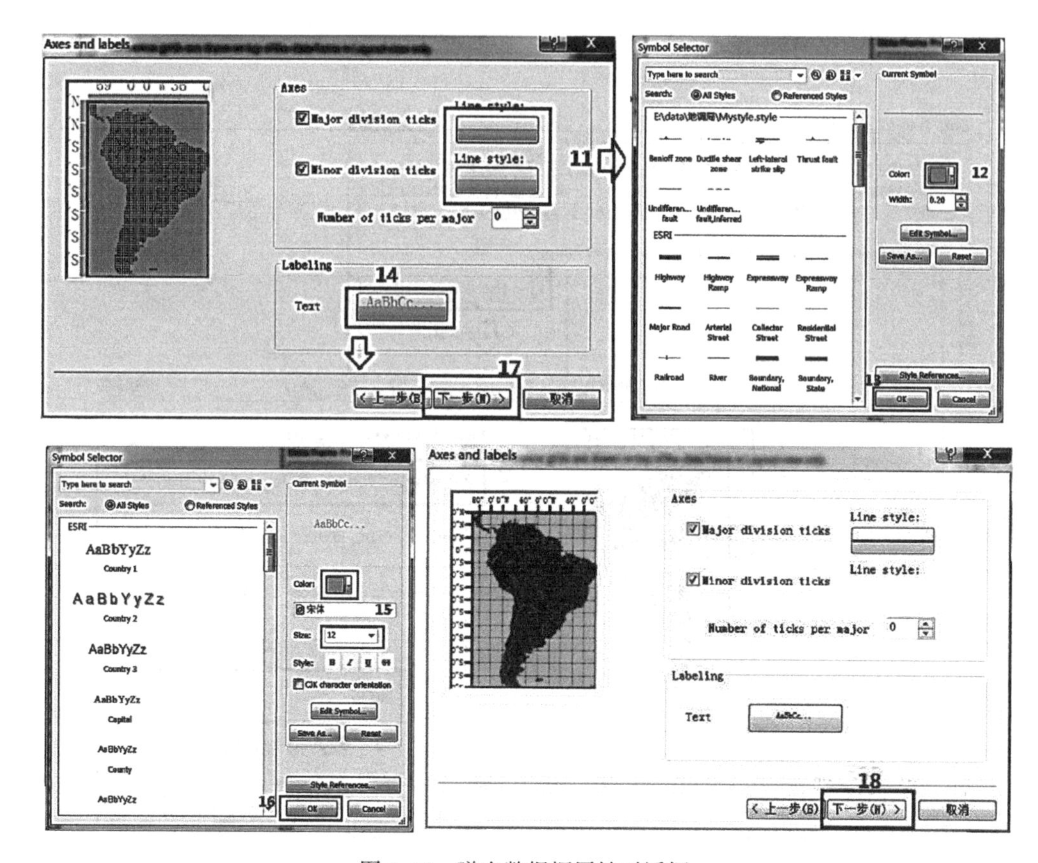

图 9.64　弹出数据框属性对话框

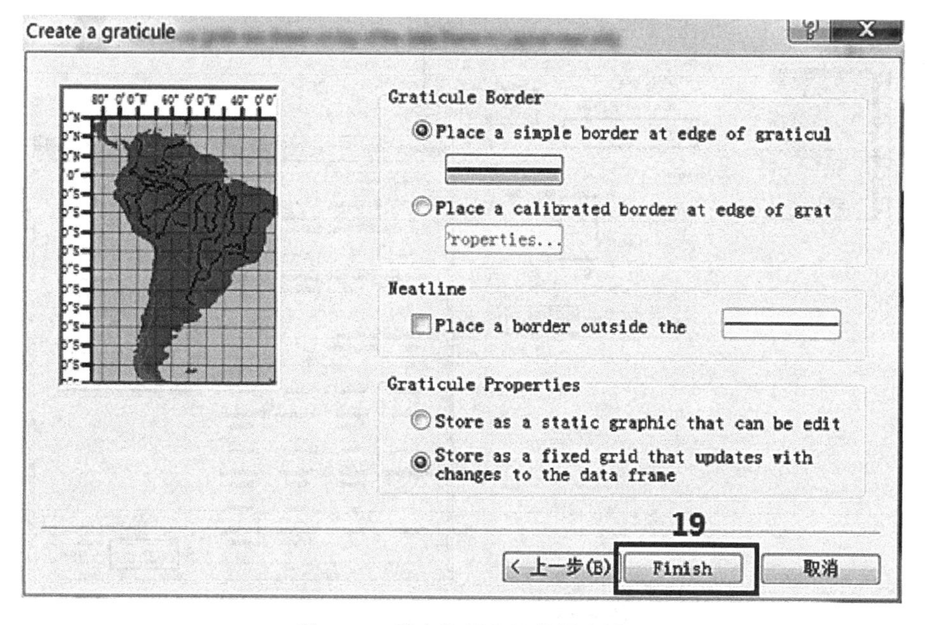

图 9.65　弹出格网和经纬网向导

2. 打印输出 PDF 格式

选择“File” → “Export Map...”，弹出导出地图对话框，设置文件名，保存类型选择“PDF”。在 Options 中，切换到 Advanced 选项卡，选择“Export PDF Layers ”，选择“Features Attributes”（输出图层和属性），单击“保存”，完成导出 PDF 格式地图。

第十章　GIS 工程设计与开发

GIS 相关工程软件的设计与开发是较为高级的内容，本章主要介绍软件工程的基本思想及一个基于 ArcGIS 的油气资源综合评价系统的设计与开发实例。

第一节　软件工程简介

一、基本概念

计算机软件工程是一类求解的工程。它应用计算机科学、数学及管理科学等原理，借鉴传统工程的原则、方法，创建软件以达到提高质量，降低成本的目的。其中，计算机科学、数学应用于构造模型与算法；工程科学用于制定规范、设计范型，评估成本及确定权衡；管理科学用于计划、资源、质量、成本等管理。从学科角度来看，软件工程是一门指导计算机软件开发和维护的工程学科。

软件工程的提出，是为了解决 20 世纪 60 年代出现的软件危机，当时在大型软件开发中存在着价格高，开发不容易控制，软件开发工作量估计困难，软件质量低，项目失败率高等许多问题，给软件行业带来了巨大的冲击。软件工程的研究，提出了一系列理论、原则、方法以及工具，试图解决软件危机。

和其他工程一样，软件工程有其目标、活动和原则，其框架可以概括为图 10.1 所表示的内容。

软件工程的目标可以概括为“生产具有正确性、可用性以及开销合宜的产品”，其活动包括需求、设计、实现、确认以及支持等活动，围绕工程设计、支持以及管理，应遵循以下 4 个基本原则：

①选取适宜的开发模型，可以认识需求的易变性，并加以控制，以保证软件产品满足用户的需求。

②采用合适的设计方法，通常要考虑实现软件的模块化、抽象与信息隐蔽、局部化、一致性以及适应性等特征。

③提供高质量的工程支持，在软件工程中，软件工具与环境对软件过程的支持颇为重要。

④重视开发过程的管理，软件工程的管理，直接影响可用资源的有效利用、生产满足目标的软件产品，提高软件组织的生产能力等问题。只有当软件过程予以有效管理时，才能实现有效的软件工程。

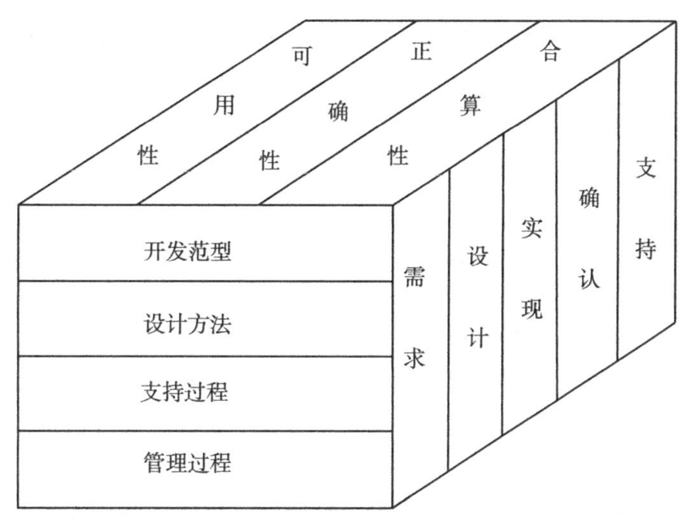

图 10.1 软件工程框架（王立福，2003）

二、软件工程活动

软件工程活动包括需求、设计、实现、确认及支持等，它们对应于软件开发活动的不同阶段，一般来说，软件开发都要经历从分析设计到实现确认的过程。在每个阶段按照相应的规范进行工作，并得到该阶段的成果，是保证整个开发活动成功的关键。

1. 需求分析

需求分析阶段处于软件开发的前期，其基本活动是准确定义未来系统的目标，确定为了满足用户的需求必须做什么。需求分析又划分为两个阶段，即需求获取和需求规约，前者是用自然语言清楚地描述用户的要求，而需求规约的目的是消除获取需求的二义性和不一致性。

在软件生命周期中，一个错误发现得越晚，修复错误的费用就越高，所以，高质量的需求工程是软件项目得以正确、高效完成的前提。对于系统分析人员，建立需求面临着以下 3 个方面的困难：

①问题空间的理解。系统开发人员通常是计算机专业人员，难以深入理解各种业务系统所要解决的问题空间。

②人与人之间的通信。对于系统分析人员而言，通信主要包括同用户的通信以及同事之间的通信，由于自然语言的二义性，会给准确刻画需求造成障碍。

③需求的不断变化。造成需求变化的原因很多，包括技术、用户方、市场，等等，作为分析人员，必须采用一些策略以适应变化。面向对象的分析方法被认为是解决上述困难较好的技术，但是完整、准确地刻画问题空间始终是分析人员所面临的挑战。

2. 系统设计

软件设计可以分为概要设计和详细设计两个阶段。实际上，软件设计的主要任务就是将软件分解成模块，并能实现某个功能的数据和程序说明、可执行程序的程序单元。它可以是一个函数、过程、子程序，一段带有程序说明的独立的程序和数据，也可以是可组合、可分解和可更换的功能单元或模块，然后进行模块设计。概要设计就是结构设计，其主要目标就是给出软件的模块结构，用软件结构图表示。详细设计的首要任务就是设计模块的程序流程、算法和数据结构，次要任务就是设计数据库，常用方法还是结构化程序设计方法。

3. 实现阶段

软件编码是指把软件设计转换成计算机可以接受的程序，即写成以某一程序设计语言表示的“源程序清单”。充分了解软件开发语言、工具的特性和编程风格，有助于开发工具的选择以及保证软件产品的开发质量。

目前，软件开发中除在专用场合，已经很少使用20世纪80年代的高级语言了，取而代之的是面向对象的开发语言。而且面向对象的开发语言和开发环境大多合为一体，大大提高了开发的速度。

无论采用哪一种编程语言，都要求编写高质量的源程序代码，程序质量通常包含正确性、可读性、可移植性、程序效率等指标。考虑到系统的维护和演化，提高源程序的可读性是实现阶段的一个重要目标，其途径包括添加注释、规范书写格式、确定标识符命名原则、采用结构化的程序设计（不用或减少使用goto语句），等等。

4. 确认活动

尽管确认活动贯穿于软件开发活动的始终，但是系统完成后的软件测试是主要的确认活动。软件测试的目的是以较小的代价发现尽可能多的错误。要实现这个目标的关键就在于设计一套出色的测试用例（测试数据与功能和预期的输出结果组成了测试用例）。如何才能设计出一套出色的测试用例，关键在于理解测试方法。不同的测试方法有不同的测试用例设计方法。两种常用的测试方法是白盒法和黑盒法。测试对象是源程序，依据的是程序内部的逻辑结构来发现软件的编程错误、结构错误和数据错误。其中，结构错误包括逻辑、数据流、初始化等错误。用例设计的关键是以较少的用例覆盖尽可能多的内部程序的逻辑结果。白盒法和黑盒法依据的是软件的功能或软件行为描述，发现软件的接口、功能和结构错误。其中，接口错误包括内部/外部接口、资源管理、集成化以及系统错误。黑盒法用例设计的关键同样也是以较少的用例覆盖模块输出和输入接口。

5. 软件维护

当软件开发完成并交付用户使用后，就进入运行/维护阶段，在运行/维护阶段仍需要对软件进行修改，称为软件维护，软件维护活动可以分为以下几类：

①改正性维护，目的是为了纠正运行阶段发现的软件错误，性能上的缺陷以及排除实施中的误用。

②适应性维护。随着计算机的发展，软件的外部环境或者数据环境发生了变化，为了使其适应这种变化而对软件的修改称为适应性维护。

③完善性维护，在使用过程中，用户往往会对软件提出新的功能和性能需求，为了满足这些需求，需要修改或再开发软件，称为完善性维护。

④预防性维护，预防性维护的目的是为了提高软件的可维护性和可靠性等，为进一步的软件维护打下良好的基础。预防性维护一般由开发单位主动进行。

三、结构化方法和面向对象方法

在进行系统分析设计的过程中，逐渐形成了一些系统化的方法，以便于更好地描述问题域和进行系统设计，目前经常采用的两种方法是结构化方法和面向对象的方法。

1. 结构化分析和设计

结构化的方法基于模块化的思想，采用“自顶向下，逐步求精”的技术对系统进行划分，分解和抽象是它的两个基本手段。

结构化分析将软件视为一个数据变换装置，接受各种输入，通过变换产生输出。数据流图（Data-Flow Diagram，DFD）是一种描述数据变换的工具，是结构化分析普遍采用的表示手段。数据流图由5个部分组成，即加工、数据流、数据存储、数据源和数据潭，其中数据流表示数据和数据的流向，而加工是对数据进行处理的单元（图10.2）。除了数据流图以外，还需要数据字典和说明分别对数据流和加工进行描述。

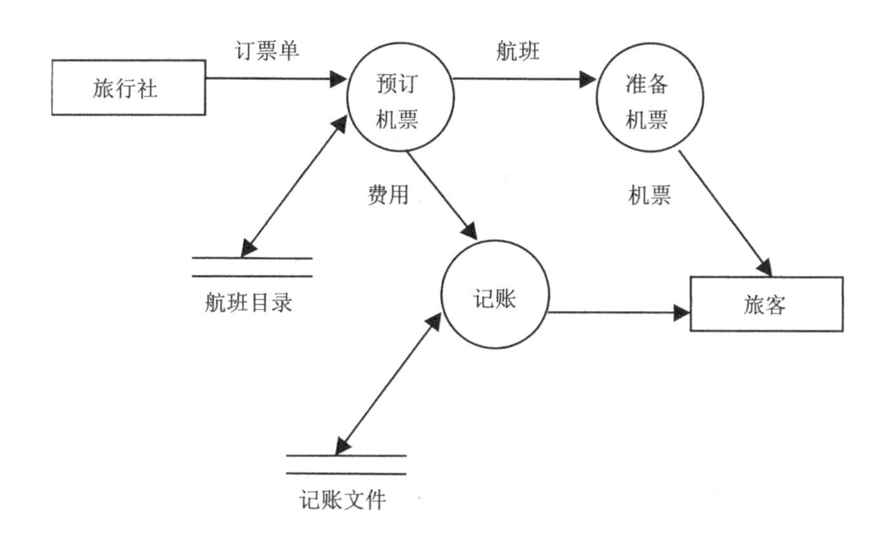

图10.2　一个典型的数据流图：预订飞机票

结构化的系统总体设计主要是确定模块结构图，以描述功能模块之间的关系，一些主要的表示形式有层次图、HIPO（层次+输入/处理/输出）图、结构图，等等。结构化的设计定义了一些原则和方法，可以将数据流图“映射”成为模块结构图。

2. 面向对象的分析和设计

面向对象的方法学认为，客观世界是由许多各种各样的类组成的，每种对象都有各自的内部状态和运动规律，对象之间的作用和联系就构成了各种不同的系统。面向对象方法学所追求的是使解决问题的方法空间与客观世界的问题空间结构达成一致。由于面向对象的技术在理解问题空间、控制需求变化、消除从分析设计到编码的“鸿沟”、支持软件复用等各个方面优于其他方法，使之成为目前软件开发的主流方法。

目前已经提出了多种不同的面向对象的分析、设计方法，如Cord-Yourdon方法、Booch方法、OMT方法、Jacobson的Use Case驱动方法等，这些方法在侧重点、符号表示和实施策略上有所不同，但是其基本的概念是一致的，这些概念有对象、类、属性、服务、消息、继承、封装等。近年来，综合 Booch 方法、OMT 方法以及 Use Case 的 UML (Unified Modeling Language，统一建模语言）逐渐成为主要的面向对象方法。图 10.3 给出了用 UML 表达几何体的例子。

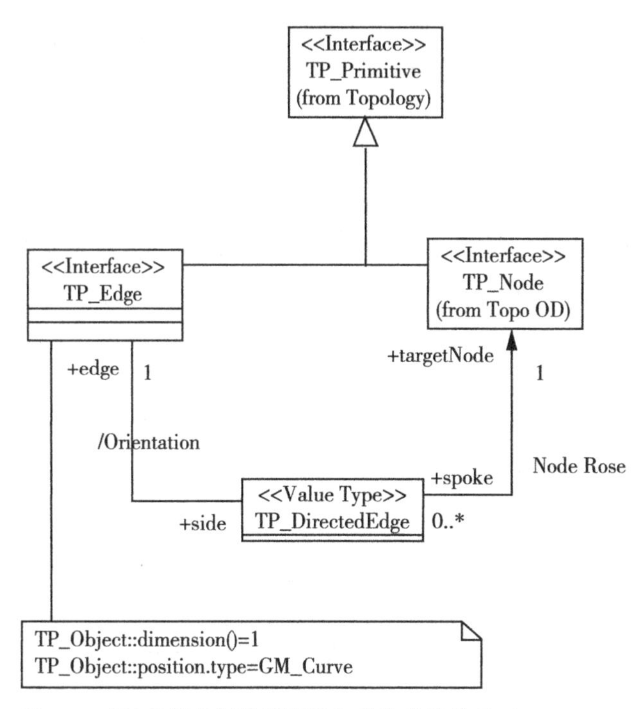

图 10.3　用 UML 表达的线几何体类以及和其他类的关系（OpenGIS Consortium）

四、开发过程模型

软件开发模型是软件开发全部过程、活动和任务的结构框架。软件开发模型能够清晰、直观地表达软件开发过程，明确规定要完成的主要活动和任务，可以作为软件项目工作的基础。随着软件工程的大量实践，一系列开发模型相继被提出。

1. 瀑布模型

在瀑布模型中，将各项活动规定为依照固定顺序连接的若干阶段工作，形如瀑布流水（图 10.4），瀑布模型的特征是：每一阶段接受上一阶段的工作结果作为输入；其工作输出传入下一阶段；每一阶段工作都要进行评审，得到确认后，才能继续下阶段工作。瀑布模型较好地支持了结构化软件开发，但缺乏灵活性，无法通过软件开发活动澄清本来不够确切的需求。

2. 演化模型

演化模型主要针对事先不能完整定义需求的软件开发。用户可以先给出核心需求，当开发人员将核心需求实现后，用户提出反馈意见，以支持系统的最终设计和实现。

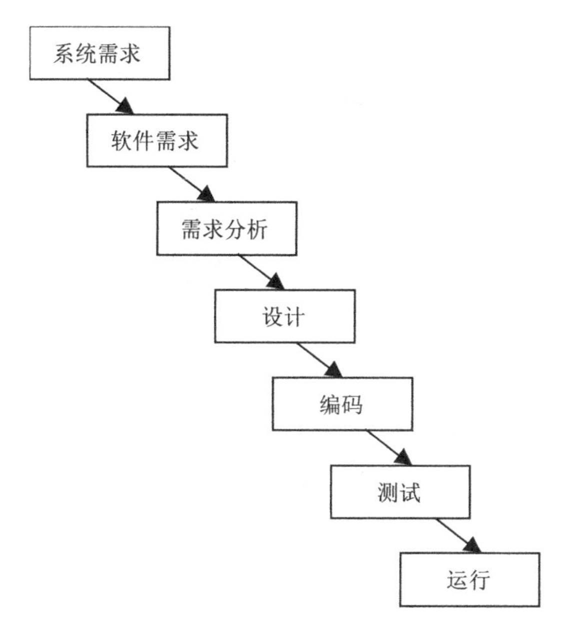

图 10.4　瀑布模型

3. 螺旋模型

螺旋模型是在瀑布模型以及演化模型的基础上，加入风险分析所建立的模型。在螺旋模型每一次演化的过程中，都会经历以下 4 个方面的活动：

①制订计划——确定软件目标，选定实施方案，弄清项目开发的限制条件。

②风险分析——分析所选方案，考虑如何识别和消除风险。

③实施工程——实施软件开发。

④客户评估——评价开发工作，提出修正建议。

每一次演化都开发出更为完善的一个新的软件版本，形成了螺旋模型的一圈。螺旋模型借助于原型，获取用户需求，进行软件开发的风险分析，对于大型软件的开发，这是一种颇为实际的方法。

4. 喷泉模型

喷泉模型体现了软件开发过程中所固有的迭代和无间隙的特征（图 10.5）。喷泉模型表明了软件刻画活动需要多次重复。例如，在编码之前，再次进行分析和设计，并添加有关功能，使系统得以演化。同时，该模型还表明活动之间没有明显的间隙，如在分析和设计之间没有明确的界限。

在面向对象技术中，由于对象概念的引入，使分析、设计、实现之间的表达连贯而一致，所以，喷泉模型主要用于支持面向对象的开发过程。

目前，随着面向对象技术的发展和 UML 建模语言的成熟，统一软件开发过程（Unified Software Development Process，USDP）被提出，并用来指导软件开发；它是一个用例（Use Case）驱动的、体系结构为中心的、增量迭代的开发过程模型，适用于利用面向对象技术进行软件开发。

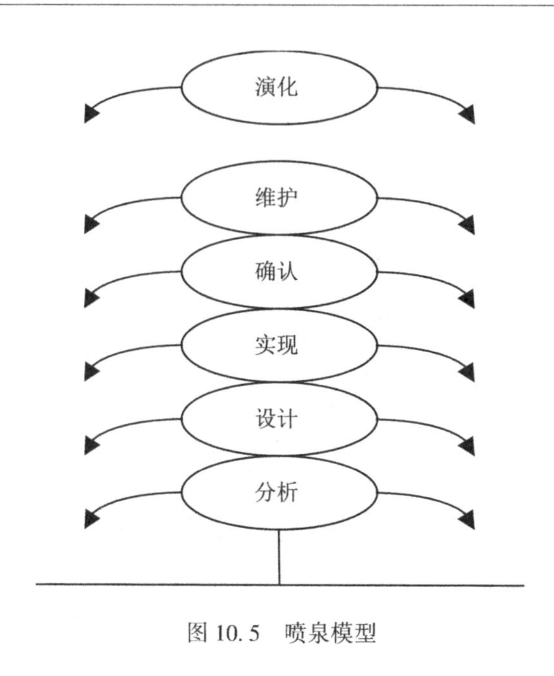

图 10.5　喷泉模型

第二节　基于 GIS 的油气资源评价系统设计与开发

基于 GIS 的油气资源评价系统（PetroGIAS）是以含油气系统理论为指导思想，在 GIS 平台上通过扩展 GIS 分析功能来实现油气资源的综合评价系统。系统的目标是在含油气系统、地理信息系统技术的基础上，以油气资源评价为主线，通过计算机来实现油气资源评价中的数据输入、管理、分析、可视化等功能，最终实现含油气盆地内各评价单元的油气资源综合评价，从而预测有利靶区和勘探区目标。

一、ArcGIS Engine 简介

美国 ESRI 公司的 ArcGIS 系列是一个全面的、完善的、可伸缩的 GIS 软件平台，ArcGIS Desktop 桌面系统完全能满足用户的各种需求。这些软件要求简单、有针对性的用户界面。它们通过高级的 GIS 逻辑执行一些具体的任务。因此，软件开发者需要有一个可编程的 GIS 工具包，在构建应用时提供常规的 GIS 功能。ArcGIS Engine 为此提供了一个低成本的、轻量级的选择。

ArcGIS Engine 包含一个构建定制应用的开发包。程序设计者可以在自己的计算机上安装 ArcGIS Engine 开发工具包，工作于自己熟悉的编程语言和开发环境中。ArcGIS Engine 通过在开发环境中添加控件、工具、菜单和对象库，在应用中嵌入 GIS 功能。除了支持 COM 环境之外，ArcGIS Engine 还支持 C++、. NET、JAVA。使开发者能够跨操作系统、选择多种开发构架，通过 ArcGIS Engine 进行开发。

1. ArcGIS Engine 的组成

ArcGIS Engine 是一个基于 ArcObjects 构建的可编程的嵌入式 GIS 工具包。基于 ArcGIS Engine 开发出的 GIS 应用系统最大的特点就是能够完全脱离 ArcGIS 软件系统，而功能却

可以完全不逊于 ArcGIS 软件。ArcGIS Engine 开发包括以下 3 个关键部分。

(1) 控件

控件是 ArcGIS 用户界面的组成部分，可以嵌入在应用程序中使用。控件主要包括地图控件（MapControl）、内容表控件（TOCControl）和布局控件（PageLayoutControl）等。

(2) 工具条和工具

工具条是 GIS 工具的集合，在应用程序中用它与地图和地理信息交互。工具包括平移、缩放、点击查询和与地图交互的各种选择工具。工具在应用界面上以工具条的方式展现。通过调用一套丰富的常规工具和工具条，使建立定制应用的过程被简化了。开发者可以很容易地将选择的工具拖放到定制应用中或创建自己定制的工具来实现与地图的交互。

(3) 对象库

对象库是可编程 ArcObjects 组件的集合，包括几何图形到制图、GIS 数据源和 Geodatabase 等一系列库。在 Windows、UNIX 和 Linux 平台的开发环境下使用这些库，程序员可以开发出从低级到高级的各种定制的应用。相同的 GIS 库也是构成 ArcGIS 桌面软件和 ArcGIS Server 软件的基础。

2. ArcGIS Engine 的主要功能和组件

ArcGIS Engine 通过在开发平台中添加控件、工具条、工具和对象库，在应用中嵌入 GIS 功能。ArcGIS Engine 主要包括如下功能：

①基础服务：ArcObjects 的核心，几乎所有的 GIS 应用都会用到，如地理要素制图和显示。

②数据访问：ArcGIS Engine 提供的访问各种矢量和栅格数据的格式，包括各种复杂的数据模型。

③地图表现：通过符号化、标注和专题制图的方式制作和显示地图，包括一些自定义的应用。

④开发组件：为高端用户快速开发提供的交互控件和全面的帮助系统。

⑤运行选项：ArcGIS Engine 的运行可通过配置设置来选择标准的功能模块和为实现功能所附加的功能选项。

所用到的主要组件如下：

①DataSource：数据管理控件，实现数据管理和数据处理接口。

②Display：用于地图显示的有关组件。

③OutPut：地图制图输出组件。

④SystemUI：GIS 应用系统与用户交互的接口实现组件。

⑤Controls：包含了在程序开发中可以使用的可视化组件对象。

⑥System：ArcGIS 框架中最底层的一个库，它提供了一些可以被其他组件库使用的组件。

各组件的交互和调用关系如图 10.6 所示。

3. ArcGIS Engine 实现的主要功能

运用 ArcGIS Engine 组件开发包，用户可以实现如下功能：

①显示多个图层组成的地图；

②漫游和缩放地图；

③查找地图中的要素；
④标注图层字段；
⑤显示航片和遥感影像的栅格数据；
⑥绘制几何要素；
⑦绘制描述性的文字；
⑧沿线或者用多边形、圆等选择要素；
⑨通过 SQL 表达式查询要素；
⑩渲染要素；
⑪动态显示实时数据或时间序列数据；
⑫地图定位；
⑬几何操作；
⑭维护几何要素；
⑮创建和更新地理要素和属性。

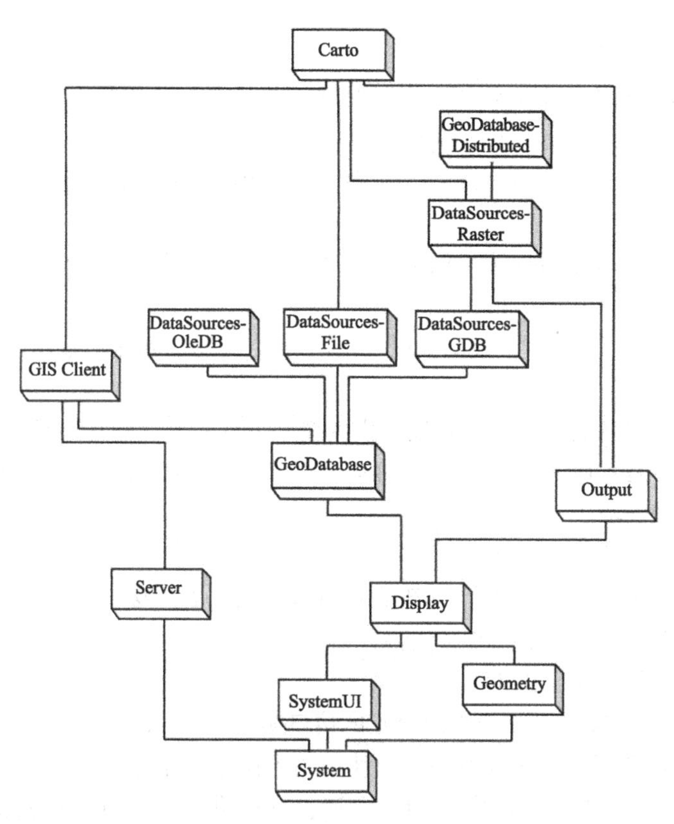

图 10.6 ArcGIS Engine 各组件的交互和调用关系图

二、PetroGIAS 系统体系结构

PetroGIAS 是建立在空间数据库管理的基础上，从油气资源评价所需的数据出发，从静态和动态两个方面对油气储藏条件进行评价，并结合 GIS 空间分析功能实现多因素油气资源综合评价，最终圈定有利目标区。系统的体系结构如图 10.7 所示。

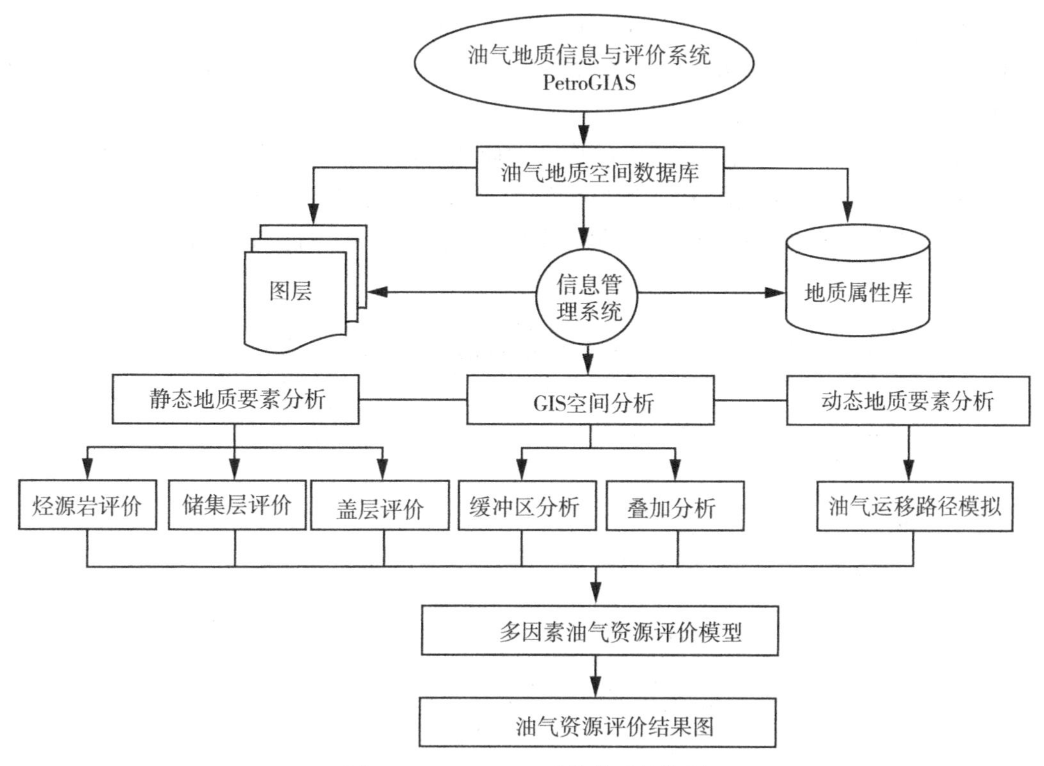

图 10.7　PetroGIAS 系统体系结构图

1. 系统开发环境

本系统的开发和使用平台为微机 Windows 2000 和 Windows XP 系统，采用美国 ESRI 公司的 AcrGIS Engine 组件技术，并利用 C#语言研制开发。数据库采用 SQL Server 数据库平台，数据接口采用 ADO 连接方式。

2. 系统用户界面

PetroGIAS 的主界面如图 10.8 所示。

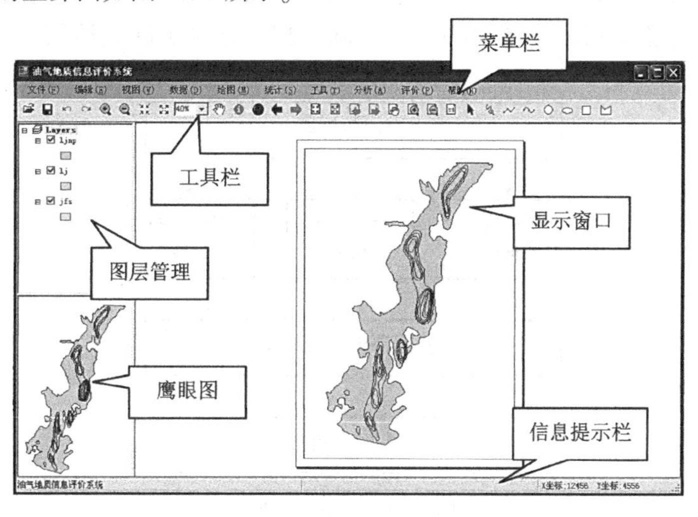

图 10.8　系统主界面

系统界面的设计以简单明了、方便用户使用为目的。本系统在设计界面时主要参考了常用的 Windows 风格，按照标准菜单布局进行设计，并对重要功能定义热键，进一步方便熟练操作的用户。

在界面顶部是菜单栏和工具栏，用户可方便地使用系统各项功能，各菜单构成如图 10.9 所示。左边的图层控制栏中，用户可任意选择需要的图层进行显示。底部的坐标栏和状态栏则显示了图层中鼠标所在点的实际经纬度坐标和系统的状态提示。

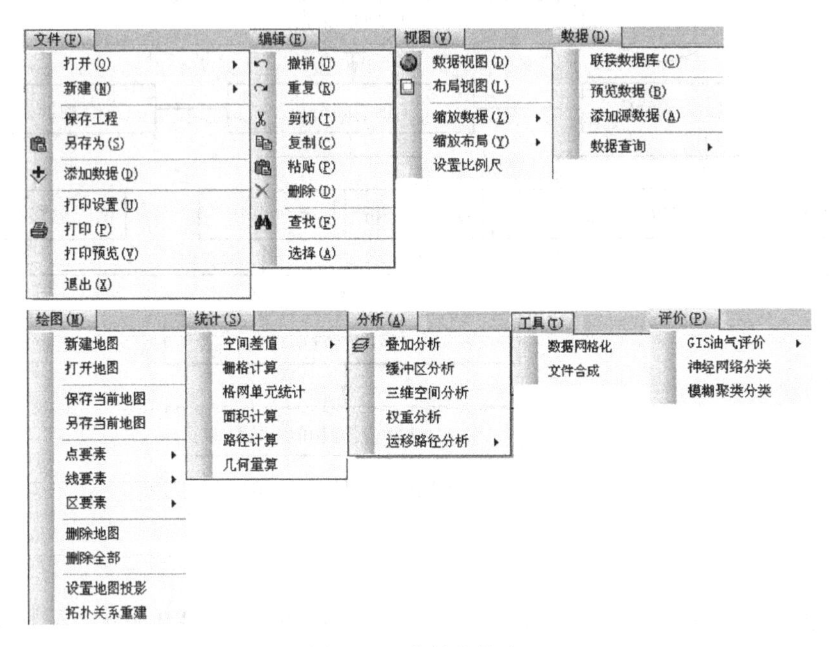

图 10.9　菜单的构成

三、系统功能设计

PetroGIAS 系统在功能上主要是由空间数据库管理、数据分析与解释、油气资源评价以及可视化这 4 个部分组成（图 10.10）。空间数据库记录了区域地质、地球物理特征及

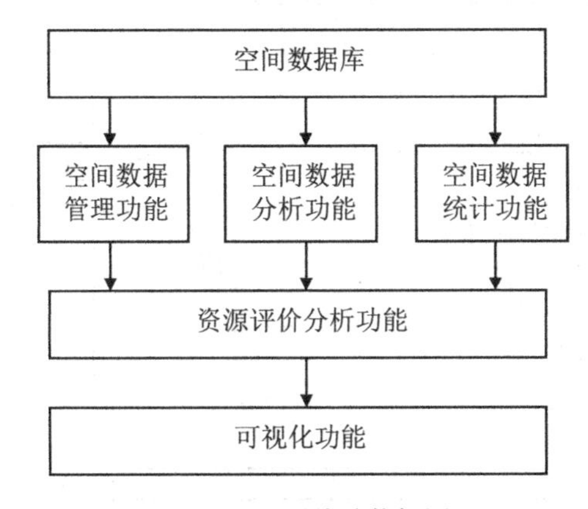

图 10.10　系统功能框图

测试的定量化数据等原始数据；空间数据分析功能、空间数据管理功能用于浏览数据库中数据、对数据进行处理、分析和显示等；资源评价分析功能是在数据库基础上结合空间数据分析功能的分析结果，来对各个盆地的油气资源进行科学的评价，从而进行盆地的优选分类；可视化功能包括评价要素的二维和三维显示，图形的制作、打印输出等。

1. 空间数据管理功能

通过ADO数据库访问技术，实现了图形数据与其对应的属性数据的建库以及对数据库中的数据进行输入、输出、查询、编辑与维护，从而进一步实现了一个图形数据和其对应的某一个属性数据集合的双向连接功能。空间数据库管理功能结构如图10.11所示。

2. 空间数据统计功能

该功能主要是提取和计算油气资源评价所需的评价参数。主要包括：栅格计算、空间差值、格网单元统计、面积统计、最短路径计算、几何量算等。

3. 空间数据分析功能

空间数据分析功能主要是对油气资源评价所需要的参数进行分析与解释。其中包括：叠加分析、缓冲区分析、三维空间分析等。

4. 评价分析功能

这一功能模块是本系统的核心部分，该功能实现了油气资源的静态地质要素评价和动态地质作用的模拟，确定有利的勘探远景区。主要包括以下几个方面：

①烃源岩综合评价：通过对烃源岩的有机质丰度、有机质类型、有机质成熟度3个方面的参数进行分析研究，对表征烃源岩生烃能力的参数进行量化分析，并确定每种参数对生烃能力贡献的大小，然后合并各参数的评价结果，对烃源岩生烃能力进行综合评价，确定有利的烃源岩分布区。

②储集层综合评价：在研究储集层物性参数的基础上，利用自组织神经网络方法对储集层参数进行分类，并将分类结果与沉积相图进行叠加分析，从而确定各个分类的级别，最终确定有利的储层分布区。

③盖层综合评价：在盖层评价中利用已经获得的盖层评价参数，通过模糊聚类分析方法对盖层参数进行分类，从而确定盖层封闭能力的级别。

④油气运移路径模拟：通过对流体势的研究，按照油气运移的机理，模拟油气从烃源岩到储集层的运移路径，为油气综合评价提供油气来源及其通道方面的依据。

5. 可视化功能

可视化功能主要实现了评价数据的二维和三维的显示；地图的制作、排版等。

四、系统数据库建立

本系统从综合信息管理与分析角度出发，借助现代计算机技术和日益成熟的地理信息系统技术建立油气地质学科空间数据库，以动态管理数量巨大、种类繁杂的用于含油气盆地研究的信息数据，是含油气盆地信息数据现代化管理的必然途径。

建立油气地质空间数据库的目的就在于实现对大量庞杂含油气盆地地质信息资料的科学管理，直观快捷地为含油气盆地定量分析提供科学、翔实、直观的数据，充分发挥多学科信息资料的潜力及其综合优势，并为含油气盆地的综合分析研究工作提供所需信息，提高工作效率。本节将主要介绍油气地质空间数据库的建立过程方法和过程。

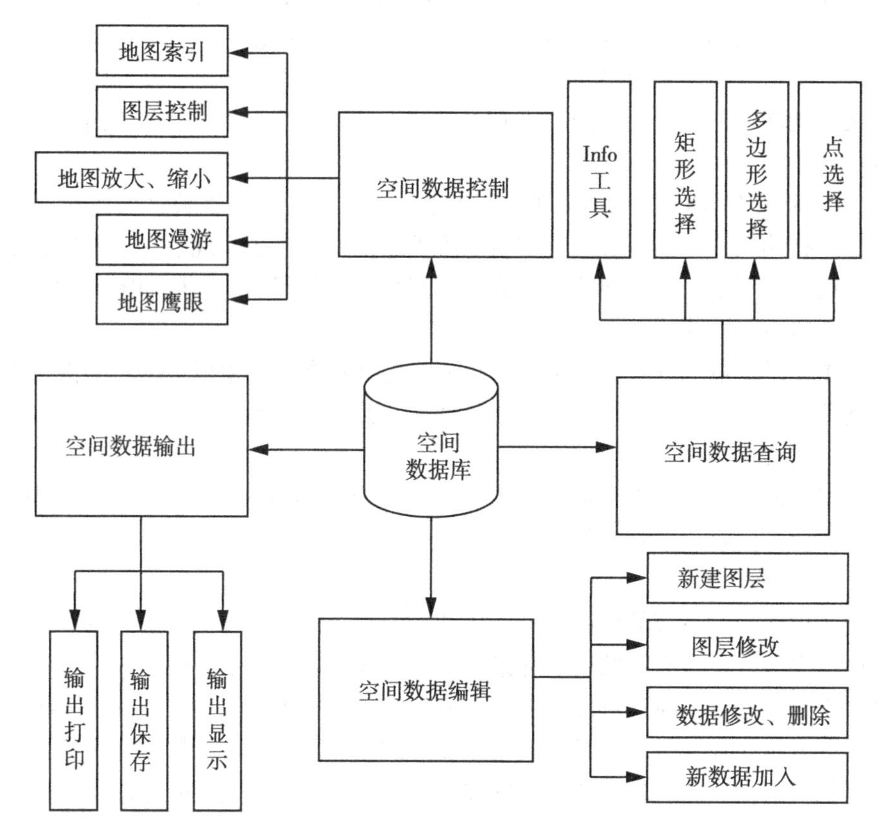

图 10.11 空间数据库管理功能结构图

1. 数据库设计的原则

为了增加系统的可用性，提高空间数据库的使用效率，空间数据库的设计应遵循如下原则：

①可扩展性。随着信息量的不断增加，数据库需要不断更新和扩展。

②通用性。数据在入库之前要根据建库标准，对所有数据种类进行统一分类，并规范每个图层的属性结构。

③安全性。数据库要有严格的分级管理权限，对数据查询、修改要有绝对的权力划分。

④高效性。在数据库设计过程中，要充分考虑数据之间的相互关系，建立完善的数据表结构，能够快速地对数据进行访问。

2. 数据的标准化

标准是信息化的前提，数据的标准化是各种模块调用数据以及各类数据库之间相互通信、连接、实现数据共享的纽带。对数据资料的标准化及编码以现有的国家标准及行业标准为基础，在专业性数据中严格按照国家标准或行业标准来执行，其他数据根据信息种类、分类级别及各子类要素确定编码。在系统设计中直接采用了如下标准：

①《中华人民共和国行政区划代码》GB 2260—98；

②《地理信息技术基本术语》GB/T 17694—99；

③《地质矿产术语分类代码》GB 9649—88；
④《石油钻井地质数据库文件格式》DZ/TO 123—94；
⑤《GIS 图层描述数据内容标准》DDB9702；
⑥《数字化地质图图层及属性文件格式》DZ/T 0197—97。

3. 数据库设计

评价系统所涉及的内容广泛，包括基础地质、石油地质、地球物理和地球化学资料等，这些数据资料以图形描述或文字记录的方式存储在计算机中。数据库的组织是以图层概念为基础的，具体应用时，需要将反映不同信息的图层从数据库中取出，进行叠加分析，以产生新的合成图。根据系统的需求，我们将基础数据统一放在关系数据库系统 SQL Server 中，由 SQL Server 统一管理。应用系统数据库分为空间数据库和属性数据库。空间数据和属性数据之间的连接可以通过赋予该实体和属性数据库某条记录相同的标识 ID 来实现，空间数据与属性数据的连接方式如图 10. 12 所示。

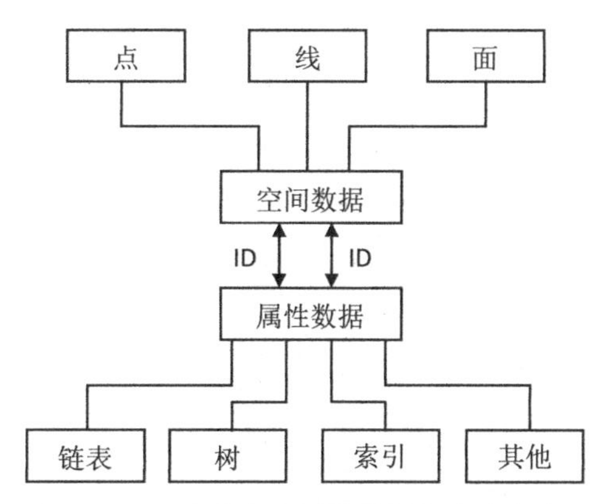

图 10. 12　空间数据与属性数据的连接方式图

4. 空间数据库的建立

将空间数据库中的各种实体对象按其属性、类型划分成不同的集合，每类实体对象集合单独构成一层。这样，一幅地图就成为多个透明的图层，在显示空间数据时只要将这些图层按照一定的顺序叠加在同一界面上，就会给人以一张完整地图的印象，这就是空间数据分层的基本思想。它的优点是使数据的含义更加明确，能减少内外存储数据的交换量，提高系统效率，更方便地获取理想的显示效果。因此，在本系统中按照油气资源评价所需要的评价因素设计了如下的评价图层，见表 10. 1。

表 10. 1　**油气资源评价图层**

图层类别	图层子类别
基础底图	行政区中心位置
	钻井分布图
	区域边界

续表

图层类别	图层子类别
区域基础地质	地层分布
	区域构造单元划分图
	区域构造断裂分布图
烃源岩评价因素	暗色泥岩分布图
	总有机碳（TOC）分布图
	泥岩百分率分布图
	氯仿沥青“*A*”分布图
	有机质类型分布图
	烃源岩沉积相分布图
	镜质体反射率（Ro）分布图
	暗色泥岩评价分值图
	总有机碳（TOC）分值图
	泥岩百分率分值图
	氯仿沥青“*A*”分值图
	有机质类型分值图
	烃源岩沉积相分布分值图
	镜质体反射率（Ro）分值图
	烃源岩综合评价分值图
	烃源岩综合评价等级图
储集层评价因素	砂岩有效厚度图
	储集层孔隙度分布图
	储集层渗透率分布图
	储集层沉积环境展布图
	储集层埋深图
	储集层综合评价分类图
	储集层综合评价等级图
盖层评价因素	盖层厚度图
	盖层渗透率分布图
	盖层孔隙度分布图
	盖层综合评价分类图
	盖层综合评价等级图

续表

图层类别	图层子类别
油气运移模拟	油气运移路径图
	油气运移路径控制图
	流体势等值线图
油气资源综合评价	油气资源综合评价图

5. 属性数据库的建立

在 GIS 中，空间数据是用于表示事物或现象的分布位置，而属性数据则用于说明事物和现象是什么，因而属性数据在 GIS 中是不可缺少的。一个数据集对应连接一个属性表，系统通过唯一标识 ID 将数据集的每一个对象与对应属性表中的记录进行连接，建立起一一对应的关系。属性数据库采用 SQL Server 数据库平台进行管理，通过 ArcGIS Engine 组件的内置接口来进行访问。属性数据库的设计主要是属性表结构的设计，根据系统需求对属性表进行设计并建立相应的数据表。

（1）油气地质基础数据表

该属性表与钻井位置点数据相关联，它是油气资源评价系统最核心的基础数据表，表结构见表 10.2。

表 10.2　**油气地质基础数据表结构**

数据项中文名称	数据项名称	唯一标识	数据类型	长度	可否为空
标识码	ID	是	Integer	6	N
盆地名称	BasinName	是	Varchar	10	N
钻井名称	WellName	是	Varchar	10	N
X 坐标	Xaxis	是	Float	8	N
Y 坐标	Yaxis	是	Float	8	N

（2）测井曲线表结构

该表用于油气资源评价参数的分析，从测井曲线中提取出评价所需参数，通过钻井名称字段进行关联，表结构见表 10.3。

表 10.3　**测井曲线表结构**

数据项中文名称	数据项名称	唯一标识	数据类型	长度	可否为空
钻井名称	WellName	是	Varchar	10	N
X 坐标	Xaxis	是	Float	8	N
Y 坐标	Yaxis	是	Float	8	N
所属盆地	Basin		Varchar	10	Y

续表

数据项中文名称	数据项名称	唯一标识	数据类型	长度	可否为空
声波时差	WellAC		Float	8	Y
自然伽马	WellGR		Float	8	Y
自然电位	WellSP		Float	8	Y

（3）烃源岩评价参数表结构

该表描述的是烃源岩评价的参数内容，是直接用于烃源岩评价的参数数据表，表结构见表 10.4。

表 10.4　**烃源岩评价参数表结构**

数据项中文名称	数据项名称	唯一标识	数据类型	长度	可否为空
钻井名称	WellName	是	Varchar	10	N
层位	Layer	是	Varchar	10	N
总有机碳	TOC		Float	8	Y
泥岩含量	Ndata		Float	8	Y
生烃潜量	Sdata		Float	8	Y
氯仿沥青“A”	Adata		Float	8	Y
Tmax	Tdata		Float	8	Y
镜质体反射率	Rdata		Float	8	Y

（4）储集层评价参数表结构

该表描述的是储集层评价的参数内容，是直接用于储集层评价的参数数据表，表结构见表 10.5。

表 10.5　**储集层评价参数表结构**

数据项中文名称	数据项名称	唯一标识	数据类型	长度	可否为空
钻井名称	WellName	是	Varchar	10	N
层位	Layer	是	Varchar	10	N
砂岩含量	Sanddata		Float	8	Y
孔隙度	Pordata		Float	8	Y
渗透率	Perdata		Float	8	Y
变异系数	Vkdata		Float	8	Y
突进系数	Skdata		Float	8	Y
级差	Nkdata		Float	8	Y

（5）盖层评价参数表结构

该表描述的是盖层评价的参数内容，是直接用于盖层评价的参数数据表，表结构见表 10. 6。

表 10. 6 **盖层评价参数表结构**

数据项中文名称	数据项名称	唯一标识	数据类型	长度	可否为空
钻井名称	WellName	是	Varchar	10	N
层位	Layer	是	Varchar	10	N
砂岩含量	Sanddata		Float	8	Y
泥岩含量	Ndata		Float	8	Y
孔隙度	Pordata		Float	8	Y
渗透率	Perdata		Float	8	Y

（6）沉积环境属性数据表结构

沉积相是用于储集层评价中，对储集层分类结果进行叠加分析，来确定储集层各个分类的级别。因此，给每一类型沉积相分配一个标识号，通过层位字段进行关联，表结构见表 10. 7。

表 10. 7 **盖层评价参数表结构**

数据项中文名称	数据项名称	唯一标识	数据类型	长度	可否为空
层位	Layer	是	Varchar	10	N
沉积环境类型	Typedata		Varchar	10	N
面积	Areadata		Float	8	Y

以上各表之间的关系如图 10. 13 所示。

五、系统核心模块开发

本系统的目的是通过对油气资源评价参数进行分析，最终实现油气资源的综合评价。GIS 软件只包含那些通用的 GIS 功能，本质上是一个数据丰富但理论相对贫乏的系统，在解决复杂空间决策问题上缺乏智能推理功能。不过，GIS 系统又是一个开放的系统，它提供的二次开发能力能结合具体的研究领域，不断扩展 GIS 系统的空间分析能力。PetroGIAS 系统通过二次开发将智能分析模块集成到 GIS 中，来扩展 GIS 的空间分析功能，用于油气资源的综合评价。

1. 空间数据预测子模块

空间数据预测子模块的基本功能是实现通过已知点数据预测未知区域数据，将离散的点数据生成区域的面数据。在该模块下有普通克里金插值法、趋势克里金插值法及专家克里金插值法 3 种插值方法，该模块内容如图 10. 14 所示。

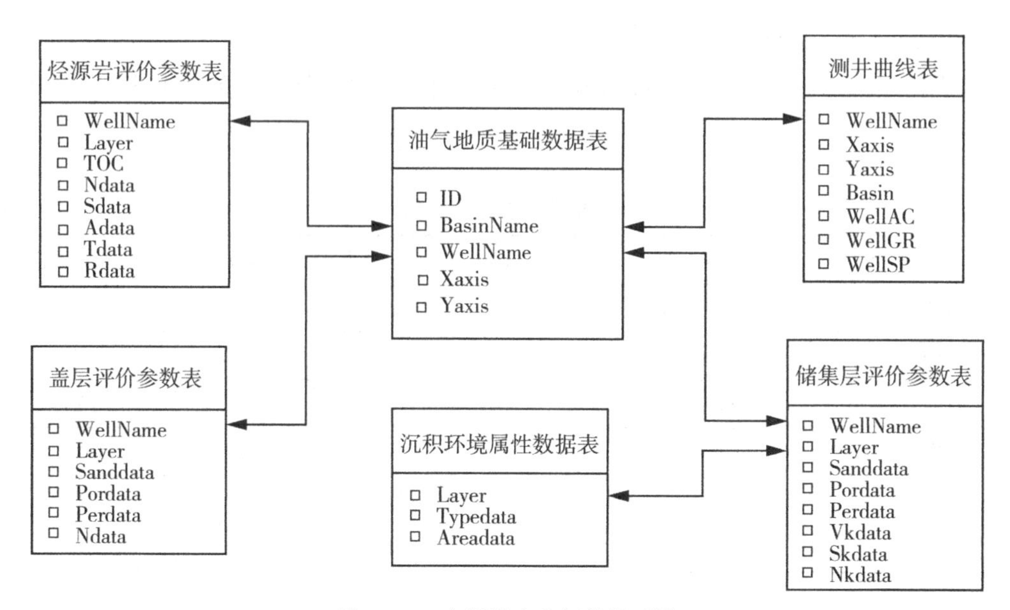

图 10.13　各属性表之间的关系图

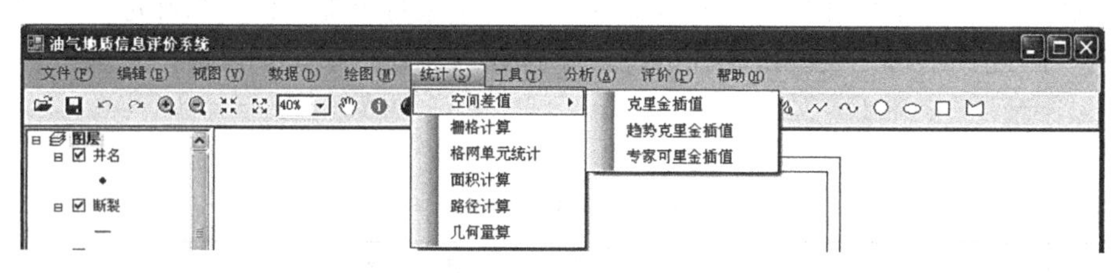

图 10.14　空间插值功能

①克里金插值是利用普通克里金插值算法来计算数据的变异函数，从而进行空间数据预测生成等直线图，克里金插值界面如图 10.15 所示。

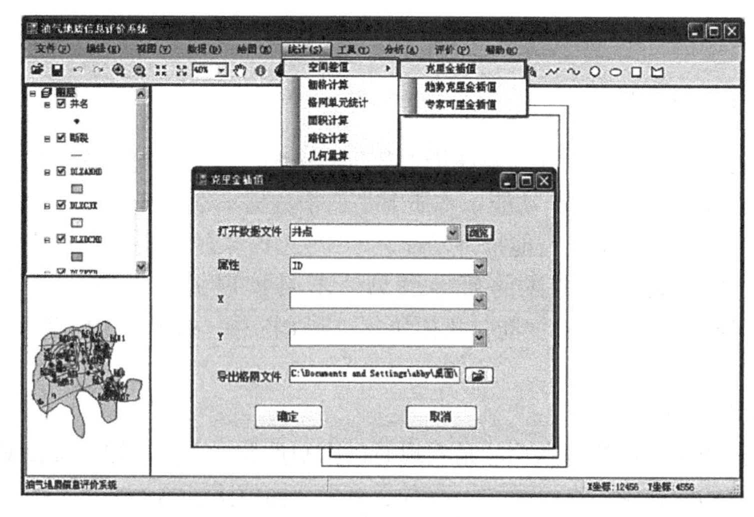

图 10.15　克里金插值界面

②趋势克里金插值是对具有趋势的数据，用一个确定的函数来拟合，界面如图 10.16 所示。在进行趋势克里金分析时，首先，分析数据中存在的变化趋势，获得拟合模型；其次，对残差数据进行克里金分析；最后，将趋势分析和残差分析的克里金结果加和，得到最终结果。

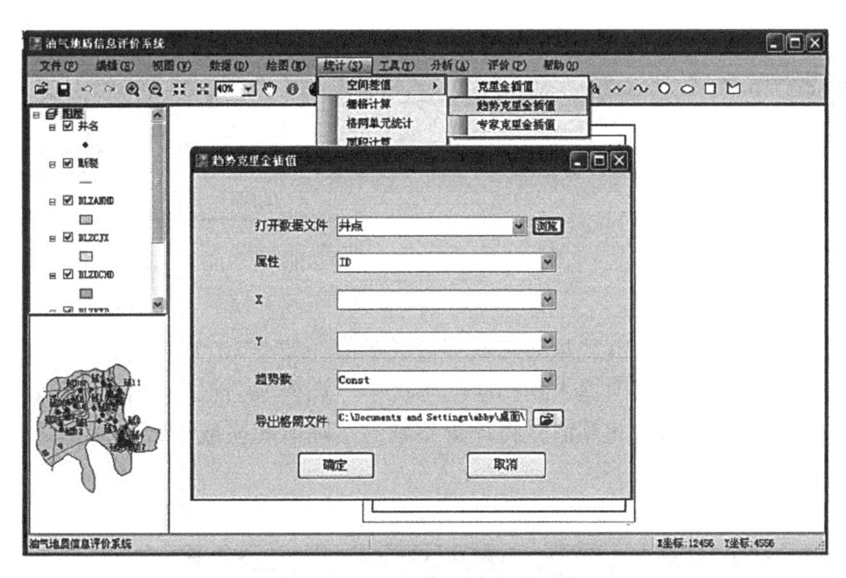

图 10.16　趋势克里金插值界面

③专家克里金插值是在边界条件的限制下进行插值分析，边界条件是地质专家通过对基础地质资料研究的成果的体现，操作界面如图 10.17 所示。

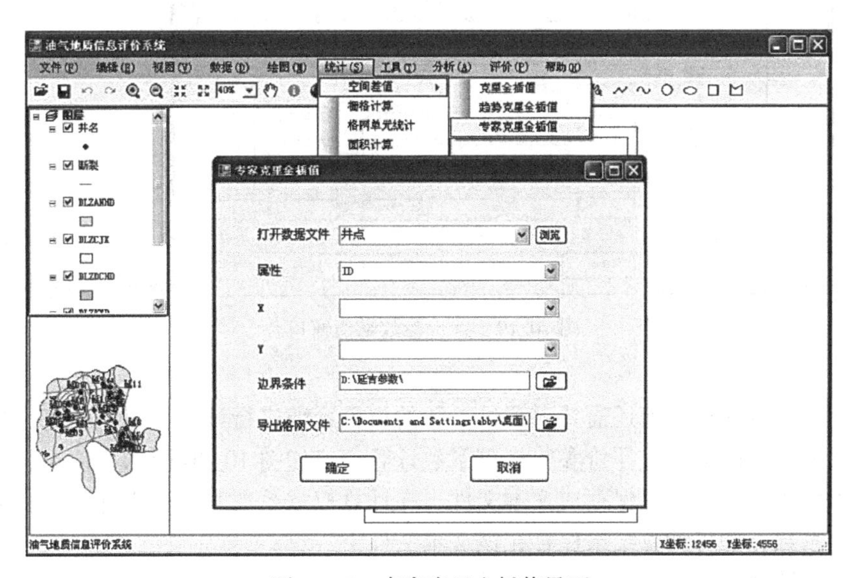

图 10.17　专家克里金插值界面

2. 基于 GIS 的烃源岩评价子模块

基于 GIS 的烃源岩评价子模块输入的数据格式为 GRID 数据集，若不是该数据类型，可以通过本系统转换功能将数据转换为 GRID 数据集来获得所需的数据类型。模块的功能包括评价参数赋值、权重系数计算和多参数综合评价，输出结果直接保存为 GRID 数据类型，该模块内容如图 10.18 所示。

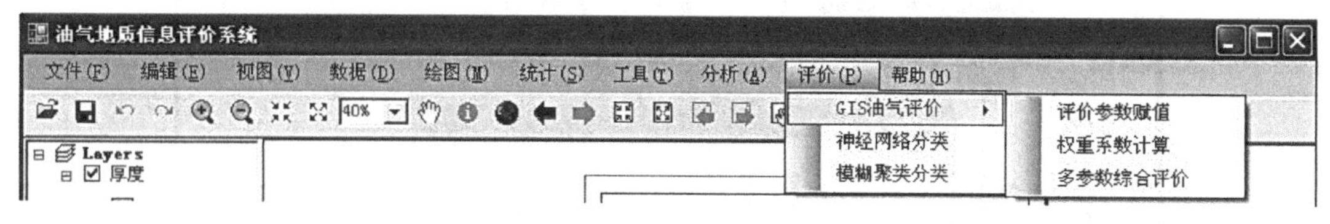

图 10.18　GIS 油气评价功能

评价参数赋值用于对评价参数的选取和等级赋值，如图 10.19 所示。根据评价参数取值标准将每个级别的取值范围填入到相应的等级中，该模块会根据赋值的范围来对每个参数的格网数据进行等级分值的赋值，将评价参数的实际值转换成等级分值，并保存在相应的格网文件中。

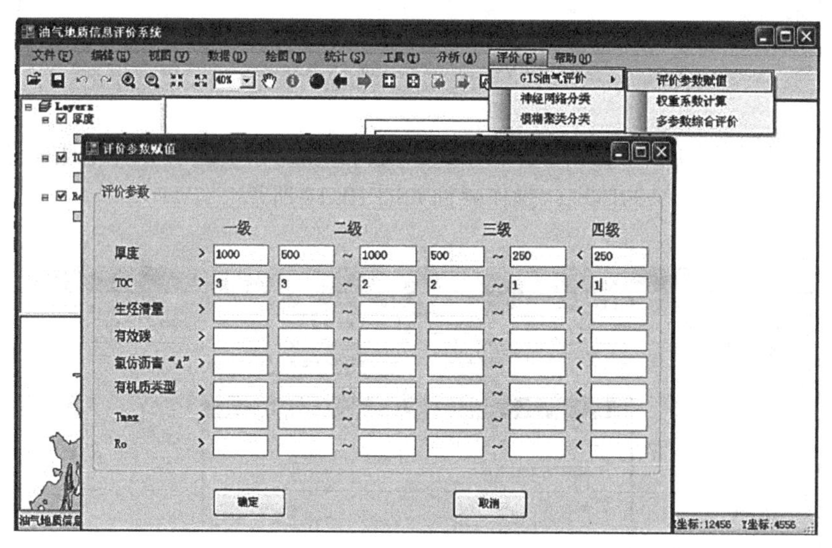

图 10.19　评价参数赋值窗口

在烃源岩综合评价之前还需要对评价参数的权重系数进行计算，以量化每个参数对烃源岩生油性能评价的贡献，评价参数权重系数计算窗口如图 10.20 所示。首先将烃源岩评价参数排列成矩阵形式，并保存成文本文件，在计算权重系数时将该文件读入，系统就自动计算权重系数，并将计算结果保存在该文本文件中。

在经过参数赋值和权重系数计算之后，就能对烃源岩作多参数综合的评价了，多参数综合评价窗口如图 10.21 所示。在这个窗口中主要是对格网数据集的逻辑和代数运算产生新的格网数据集。进行多参数综合评价时，首先添加需要计算的格网数据集，其次将每个

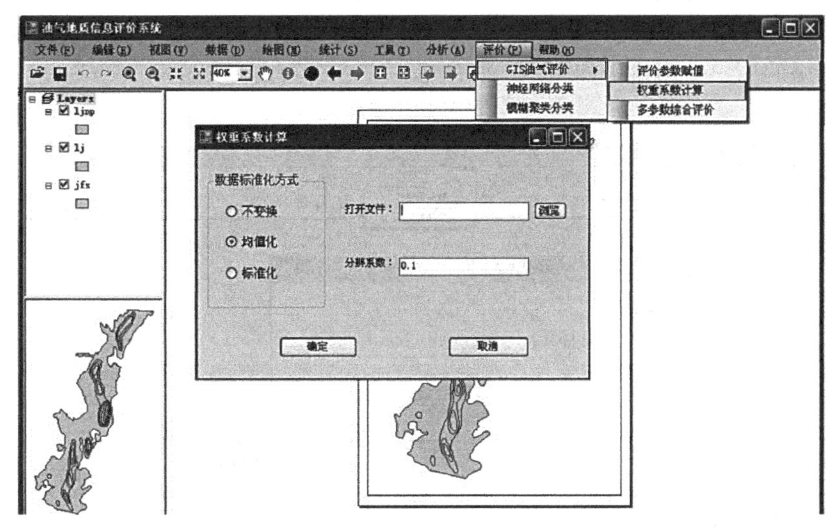

图 10.20　权重系数计算窗口

参数分别乘以各自的权重系数再累积求和，生成新的数据集就是综合评价的结果。

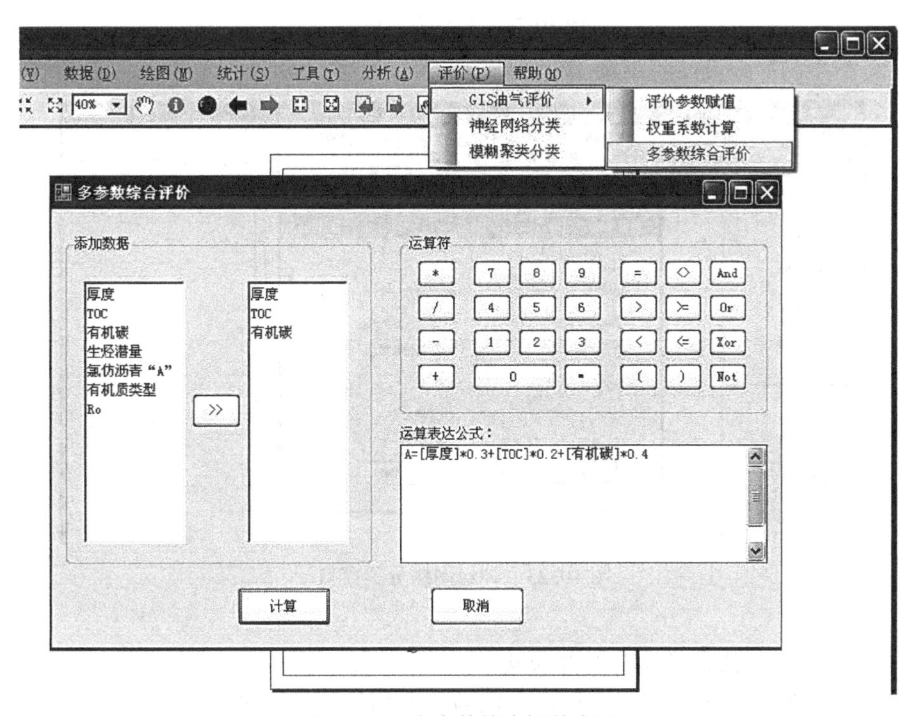

图 10.21　多参数综合评价窗口

3. 基于人工神经网络的储层评价子模块

基于人工神经网络的储层评价子模块是通过自组织神经网络对储集层的参数进行聚类，从而实现对储集层的评价。在这个模块中主要涉及以下两个问题：一个是评价数据的合成，将格网数据集合成一个文本文件，合成数据窗口如图 10.22 所示；另一个是自组织神经网络对数据进行分类，实现对某一区域的储集物性进行分类，从而划分评价单元，自组织神经网络的用户使用窗口如图 10.23 所示。

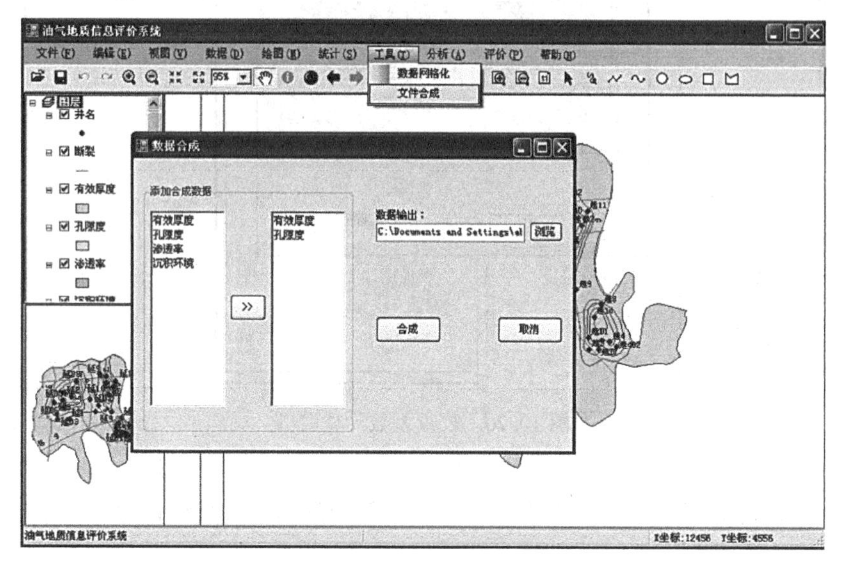

图 10.22　数据合成窗口

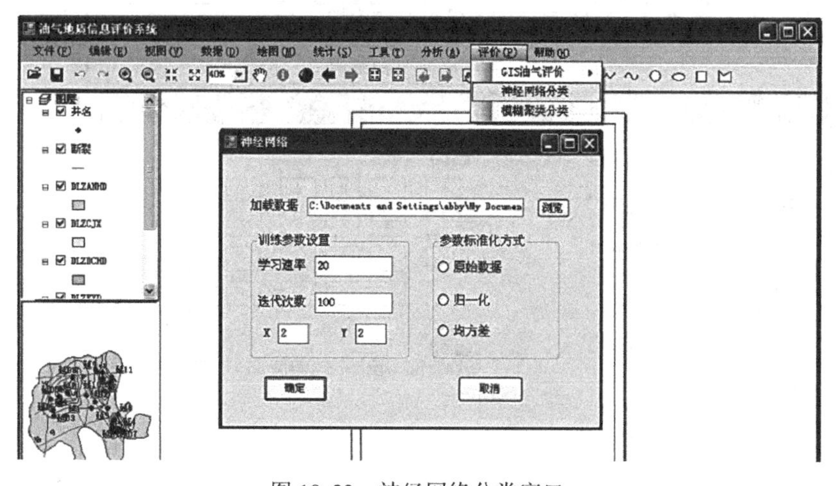

图 10.23　神经网络分类窗口

4. 基于模糊聚类法的盖层评价子模块

基于模糊聚类法的盖层评价子模块的用户界面如图 10.24 所示，当访问评价下的模糊聚类分类时，会弹出“模糊聚类分类”对话窗口，加载合成后的参数文件，设置参数标准化方式和聚类中心，点击“确定”开始进行参数聚类运算，分类结果保存在指定的数据文件中。

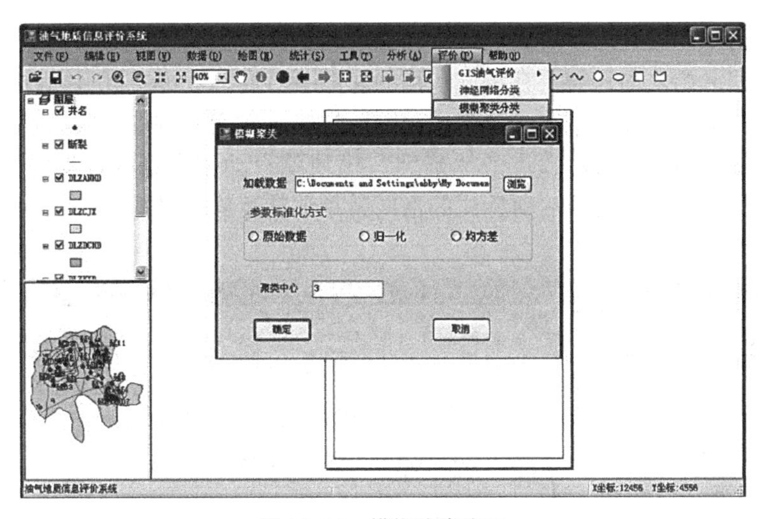

图 10.24 模糊聚类窗口

5. 油气运移路径模拟子模块

进行油气运移路径模拟的首要任务就是要制作出油气运移路径控制图，该图是流体势和油气运移通道通过叠加分析后得到的。

油气运移路径控制图的制作包括流体势的计算和油气运移通道（主要是不整合面和断层转换成渗透率）。流体势图可以通过收集获得，也可以通过井的数据计算得到，再利用差值方法将点文件生成面文件并保存为格网类型。对于运移通道，需要将它们转换成渗透率来体现流体的流通性。骨架砂体直接利用其渗透率进行叠加就可以。不整合面和断层需要通过渗透率乘上一个“渗透系数”来表示不整合面和断层的流通性，这些通过格网计算就可以实现，其中断层在转换渗透率之前还需要进行缓冲区分析（图 10.25），缓冲区半径根据断裂的大小来确定。最后将这些转换后的格网文件进行标准化处理，其中流体

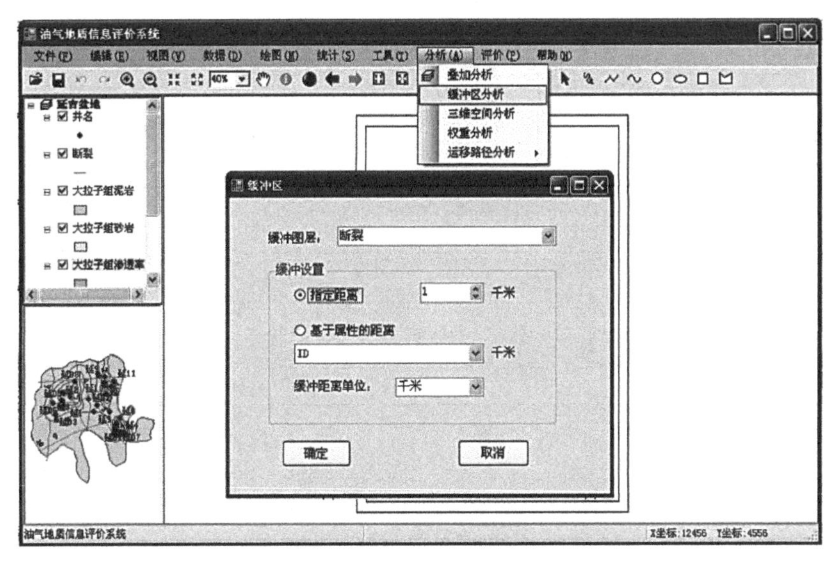

图 10.25 缓冲区分析窗口

势格网文件进行反向处理之后对它们进行叠加求和运算。生成的叠加图就是油气运移的底图。在油气运移开始之前还需要在油气运移的底图上对烃源岩边界进行标注，作为油气运移的起点，也是运移路径模拟算法计算的起点。这些工作完成后将数据加载到油气运移路径模拟窗口，如图 10.26 所示，点击“确定”模块就自动搜索格网数据的大小将最大的格网标注出来，直到算法终止后所标注的格网就是油气运移的路径。

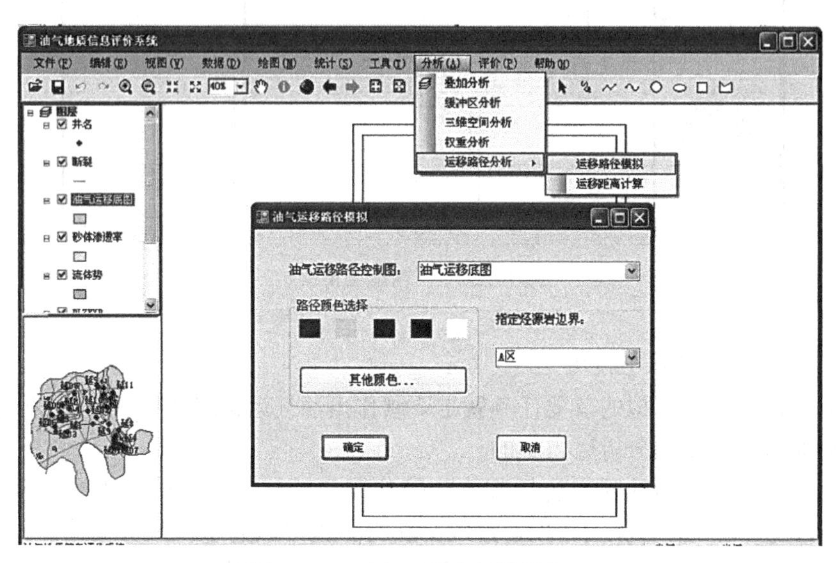

图 10.26　油气运移路径模拟窗口

参考文献

[1] 陈述彭，鲁学军，周成虎. 地理信息系统导论 [M]. 北京：科学出版社，2001.
[2] 黄杏元，马劲松，汤勤. 地理信息系统概论 [M]. 北京：高等教育出版社，2005.
[3] 李超岭，于庆文. 数字区域地质调查基本理论与方法 [M]. 北京：地质出版社，2003.
[4] 李超岭. 数字地质调查系统操作指南 [M]. 北京：地质出版社，2011.
[5] 李河，李舟波，王祝文. GIS 在油气勘探数据管理中的应用研究 [J]. 计算机应用研究，2005 (12)：178-180.
[6] 李跃辉. 地理信息系统（MapGIS）在地质制图中的应用 [J]. 地质力学学报，2006 (2)：274-278.
[7] 李永兰. 地理信息系统在地质学中的应用 [J]. 数字技术与应用，2013 (12)：91.
[8] 刘世翔. 基于 GIS 与含油气系统的油气资源评价方法研究 [D]. 长春：吉林大学，2008.
[9] 刘勇. 基于掌上电脑的空间信息移动服务系统的研究 [D]. 武汉：武汉大学，2002.
[10] 孙达，蒲英霞. 地图投影 [M]. 南京：南京大学出版社，2008.
[11] 汤国安，赵牡丹. 地理信息系统 [M]. 北京：科学出版社，2007.
[12] 田勤虎，周军，刘磊，等. GIS 与地质学的结合应用 [J]. 科技信息，2006 (9)：48-50.
[13] 王慧麟，安如，谈俊忠，等. 测量与地图学 [M]. 南京：南京大学出版社，2009.
[14] 王菁菁，王锡亮，张志华. 地理信息系统在矿产资源勘查领域中的应用 [J]. 技术与创新管理，2009 (2)：247-249.
[15] 邬伦，刘瑜，张晶，等. 地理信息系统——原理、方法和应用 [M]. 北京：科学出版社，2004.
[16] 杨国清，祝国瑞，喻国荣. 可视化与现代地图学的发展 [J]. 测绘通报，2004 (6)：40-42.
[17] 袁勘省，张荣群，王英杰，等. 现代地图与地图学概念认知及学科体系探讨 [J]. 地球信息科学，2007，9 (4)：100-108.
[18] 叶水盛，王世称，马生忠，等. 实用性地理信息系统的开发与应用 [M]. 长春：吉林科学技术出版社，2000.
[19] 叶水盛，王世称，刘万崧，等. GIS 基本原理与应用开发 [M]. 长春：吉林大学出版社，2004.
[20] 张军，涂丹，李国辉. 3S 技术基础 [M]. 北京：清华大学出版社，2013.
[21] 周傲英，杨彬，金澈清，马强. 基于位置的服务：架构与进展 [J]. 计算机学报，

2011，34（7）：1 155-1 171.
[22] 钟业勋，童新华，李占元．若干常规地图投影的数学定义［J］．桂林理工大学学报，2011（3）：391-394.
[23] 祝国瑞．地图学［M］．武汉：武汉大学出版社，2005.
[24] 王立福．软件工程标准与软件企业文化的提升——浅谈面向对象建模技术标准［J］．信息技术与标准化，2003（4）：42-44.
[25] 王志永．基于数据仓库和SOA的地学数据集成与应用的关键技术研究［D］．长春：吉林大学，2008.
[26] 熊介．椭球大地测量学［M］．北京：解放军出版社，1988.